资助基金号：国家重点研发计划 2016YFC0502504/2016YFC0502500，
国家自然科学基金 31870707

中国石漠化治理丛书

BENEFIT EVALUATION OF KARST ROCKY DESERTIFICATION CONTROL

喀斯特石漠化治理效益评估研究

周金星　曹建华　崔　明　吴秀芹　但新球　等 编著

中国林业出版社
·北京·

图书在版编目（CIP）数据

喀斯特石漠化治理效益评估研究 / 周金星等编著 . -- 北京 : 中国林业出版社 , 2021.9
（中国石漠化治理丛书）
ISBN 978-7-5219-1280-7

Ⅰ . ①喀… Ⅱ . ①周… Ⅲ . ①喀斯特地区—沙漠化—沙漠治理—效益评价—研究—中国 Ⅳ . ① S288

中国版本图书馆 CIP 数据核字 (2021) 第 143555 号

中国林业出版社
责任编辑：李　顺　薛瑞琦
出版咨询：（010）83143569

出 版：中国林业出版社（100009 北京市西城区刘海胡同 7 号）
网 站：http://www.forestry.gov.cn/lycb.html
印 刷：北京博海升彩色印刷有限公司
发 行：中国林业出版社
电 话：（010）83143500
版 次：2021 年 9 月第 1 版
印 次：2021 年 9 月第 1 次
开 本：1/16
印 张：14.75
字 数：250 千字
定 价：198.00 元

著者名单（按姓氏拼音字母排序）

曹建华　崔　明　但新球　方健梅

郭红艳　李桂静　刘玉国　唐夫凯

唐夫凯　王月容　吴秀芹　闫　帅

尹　亮　赵　森　周　薇　周金星

前 言

我国以滇桂黔为中心的西南八省相邻地带是全球三大喀斯特集中连片区中面积最大、喀斯特发育最强烈的地区，也是石漠化的集中区和多发区，区内自然环境条件恶劣，土层薄，石砾含量高，土被不连续，生态环境极其脆弱。石漠化已成为喀斯特地区最大的生态问题，与三北地区的荒漠化、黄土高原的水土流失并列构成我国主要的三大生态问题。

本书在大量第一手监测资料及科研数据的基础上，以喀斯特区石漠化治理效益评估为切入点，系统研究了石漠化对区域碳汇及土壤碳总量的影响、石漠化对区域生态系统服务功能的影响、石漠化区小流域可持续发展评价等，旨在为喀斯特石漠化区域治理、生态安全及可持续发展提供科学参考和有益借鉴。

全书包含3部分共11章，其内容及编写人员为：第一部分为喀斯特石漠化概述由前三章组成，第一章中国岩溶石漠化概况，由周金星、吴秀芹、周薇、但新球等编写；第二章岩溶石漠化综合治理工程，由曹建华、郭红艳、但新球等编写；第三章西南岩溶区石漠化动态变化，由曹建华、吴秀芹、周金星、郭红艳、赵森等编写。第二部分为喀斯特石漠化治理效益评估指标体系，第四章石漠化治理效益评估指标体系的研究，由曹建华、王月容、方健梅等编写。第三部分为喀斯特石漠化治理效益评估相关研究案例，其中包含三大主题，第一主题关于土壤为第五和第六章内容，第五章岩溶石漠化区土壤厚度空间变化，由崔明、周金星、尹亮等编写；第六章岩溶石漠化区土壤侵蚀及抗蚀性变化，由李桂静、周金星、唐夫凯等编写；第二主题土壤碳库为第七、第八和第九章，第七章石漠化治理对区域土壤碳库的影响，由周金星、李桂静、刘玉国、吴秀芹等编写；第八章石漠化治理对区域土壤碳排放的影响，由郭红艳、周金星等编写；第九章石漠化治理对地下岩溶碳汇的影响，由李桂静、但新球、郭红艳等编写；第三主题生态服务价值与可持续发展为第十和第十一章，第十章岩溶石漠化地区区域生态服务价值评估研究，由王月容、郭红艳、但新球编写；第十一章岩溶石漠化地区小流域可持续发展评价，由方健梅、李桂静、闫帅等编写。吕文凯，高梓欣和王丽娜等参与了校稿工作。

由于著者水平有限，不足之处在所难免，敬请读者和专家批评指正。

著 者

2021年5月

目　录

第一部分
喀斯特石漠化概述

第 1 章　中国岩溶石漠化概况

中国岩溶地貌分布之广泛，类型之多，为世界所罕见，主要集中在云贵高原和四川西南部。在中国，作为岩溶地貌发育的物质基础——碳酸盐类岩石（如石灰石、白云岩、石膏和岩盐等）分布很广。据不完全统计，总面积达200万 km^2，其中裸露的碳酸盐类岩石面积约130万 km^2，约占全国总面积的1/7；埋藏的碳酸盐岩石面积约70万 km^2。碳酸盐岩石在全国各省份均有分布，但以桂、黔和滇东部地区分布最广，其次是湘西、鄂西、川东、鲁、晋等地。

“石漠化”（Rocky Desertification）一词由袁道先先生于20世纪80年代初期提出，原意是指植被、土壤覆盖的喀斯特地区转变为岩石裸露的石漠景观的过程。也被称为“石化”“石山化”“岩漠化”。以区域和岩性进行界定可分为广义石漠化和狭义石漠化。广义石漠化包括了除风蚀荒漠化、盐渍荒漠化外大部分水蚀荒漠化的类型。岩石裸露的荒漠化现象在鄂北、豫南、皖西、桂北、黔西等地都有所发育，集中连片分布在云贵高原地区（表1-1）。狭义石漠化指我国西南碳酸盐岩区形成的喀斯特地貌上，由于人类不合理活动引起的水土流失从而导致的基岩裸露的石质荒漠化。

表 1-1　广义石漠化分类（王德炉等，2004）

编号	区域	岩性	外力作用方式	表现形式
1	闽、粤、桂东南、赣南一带	花岗岩风化壳	在重力作用下，以崩岗方式发展形成	“白沙岗”“红沙岗”荒漠化
2	赣、湘、鄂西、浙、桂、闽等	红壤和第四纪红色岩系	土壤侵蚀	红色荒漠化
3	贵州高原和桂北地区丘陵	碳酸盐岩	植被破坏，流水冲刷	石山荒漠化
4	四川	紫色砂岩	岩性构造疏松，地表侵蚀	基岩裸露的“石质坡地”
5	陡坡峡谷地区		泥石流、滑坡	以沙石堆积为主的“砾质荒漠化”（贵州省林业厅，1998）
6	矿藏丰富地区		采矿、采石、采砂	碎石覆盖地
7	河流下游的冲积平原以及中游的河谷平原的沙质阶地和沙质河漫滩，海成阶地或海成沙堤			

不同的学者都对石漠化提出了自己的理解和定义。袁道先先生认为石漠化是植被、土壤覆盖的喀斯特地区转变为岩石裸露的喀斯特景观的过程，是我国南方亚热带喀斯特地区严峻的生态问题，导致了喀斯特风化残积层土的迅速贫瘠化（袁道先，1997）；此后，屠玉麟先生提出石漠化是在喀斯特的自然背景下，受人为活动干扰造成土壤严重侵蚀、基岩大面积裸露、生产力下降的土地退化过程（屠玉麟，2000）；张殿发等（2001）对上述观点进行了补充，指出石漠化是在亚热带地区发生的土地退化现象；周政贤先生认为人类不合理的干扰破坏，改变了喀斯特地区的土地利用方向，使以化学风化为主的各种形态岩层大面积裸露，其中纯质灰岩区形成仅有稀疏的藤刺灌丛覆盖的石海，白云质灰岩区形成稀疏植被覆盖的坟丘式荒原，类似于干旱少雨地区荒漠化景观的一种退化土地（周政贤，2002）。

中国是世界上对喀斯特地貌现象记述和研究最早的国家，早在晋代即有记载，以明代徐宏祖（1586—1641）所著的《徐霞客游记》记述最为详尽。表1-2列出了古书中对贵州石漠化的记载描述。

表 1-2　贵州石漠化历史记载描述

出处	内容	备注
明·嘉靖年间 《贵州通志·风土》	风土艰于禾稼，惟耕山而食……	对关岭地区的描述，关岭今天的情形实际上是历史的延续
清·康熙年间 《贵州通志序》	今黔田多石，而维草其宅， 土多瘠而舟楫不通	
卷一 《舆图》	田多石，而草易宅，民屡屠而户久凋，城郭虽在，百堵犹未尽兴，学校虽修，弦诵犹未尽溥	
清·雍正年间 《世宗皇帝实录》	有本来似田而难必其成熟者，如山田泥面而石骨，土气本薄，初种一二年，尚可收获，数年之后，虽种籽粒，难以发生，且山形高峻之处，骤雨瀑流，冲去天中浮土，仅存石骨……	这种“冲坍”现象 指的是山区 水土流失现象
《贵州通志》	地埆不可耕	地多石瘠薄
清·康熙年间贵州巡抚阎兴邦对贵州的评价 清·康熙《贵州通志·疆域》	古者六尺为步，三百步为里，庐井满焉。黔则山高箐密，或一里绵二三里之遥，甚者，亘百里无人居。地埆不可耕，土皆石，桑麻不生。入其境者，举足悉蚕丛栈阁矣，然入版图已久，安可不以治内者之哉	

1.1　石漠化的概念、程度划分及其特征

对石漠化进行分类及等级划分，不仅有利于了解石漠化的动态变化，更是制订石

漠化治理方案的重要参考依据。近些年来，众多研究人员对西南岩溶山地石漠化的成因和石漠化程度的分级标准进行了阐述。一类是以裸岩面积占土地面积比例为代表的分级标准，例如裸岩面积＞70% 或80% 为严重石漠化土地，裸岩面积在50% ~70% 或50%~80% 为中度石漠化土地，裸岩面积30% ~50% 为轻度石漠化土地（王宇等，2003；王连庆等，2003）；张信宝（2007）提出了地面物质组成 + 石漠化程度分级 + 土壤流失程度分级的石漠化分类方法；李阳兵（2006）提出“土地利用类型 + 植被 + 岩性 + 地貌 + 石漠化程度”对人为加速石漠化过程中石漠化土地进行类型分类。

图1–1　潜在石漠化土地（潜在石漠化土地多为退耕或弃耕的坡耕地，若有人为干扰，很容易演变为石漠化土地，照片中显示的是贵州关岭花江区的飞播造林坡地，飞播种为白花刺和车桑子，在当地长势良好）

图1–2　轻度石漠化土地（该类土地类型可能会有较高的植被覆盖度，但仍然属于石漠化程度比较严重的类型，农民为了获得更多的粮食，努力开垦一切可以成为耕地的土地，洼地、石旮旯地在石漠化区相当普遍）

图1–3　中度石漠化土地（这是珠江防护林工程的一个片段，石漠化严重，土地贫瘠，土层薄，土壤中砾石含量高，入侵物种紫茎泽兰长势旺盛）

图1–4　重度石漠化土地（特点是岩石裸露率非常高，虽然土壤总量较少，但土壤养分条件较好，利于植被的恢复和生长，这类土地基本没有利用的可能）

图1–5 极重度石漠化土地（图片中展示的极重度石漠化土地与其他论著中的稍有不同，可以看出虽然岩石裸露率很高，几乎看不到土壤，但可能由于较好的水分条件，植物丰富，具有一定的景观观赏价值；同时可以看出岩石缝隙及洞的存在，该地区80%的水和土壤通过这些缝隙和洞流失到地下，一般的水土保持措施难以控制）

本书参照国家林业和草原局中南林业调查规划设计院《西南岩溶地区石漠化监测技术规定》（2005）分级标准，岩溶地区土地类型分为未石漠化土地和石漠化土地两大类，前者又分为非石漠化土地和潜在石漠化土地两类，后者按不同等级的石漠化土地，分为轻度、中度、重度和极重度石漠化土地。

符合下列条件之一的为非石漠化土地：①基岩裸露度（或石砾含量）＜30%的有林地、灌木林地、疏林地、未成林造林地、无立木林地、宜林地；②苗圃地、林业辅助生产用地；③基岩裸露度（或石砾含量）＜30%的旱地；④水田；⑤基岩裸露度（或石砾含量）＜30%的未利用地；⑥建设用地；⑦水域。

潜在石漠化土地是一种非石漠化土地，目前虽然尚有较好的植被覆盖或已修为梯田，但如遇不合理的人为活动干扰，极有可能演变为石漠化土地。潜在石漠化土地为基岩裸露度（或石砾含量）≥30%，且符合下列条件之一：①植被为乔灌草型、乔灌型、乔木型和灌木型，植被综合盖度≥50%的有林地、灌木林地；②植被为草丛型，植被综合盖度≥70%的牧草地、未利用地；③梯土化旱地。

石漠化土地为基岩裸露度（或石砾含量）≥30%，且符合下列条件之一：①植被为乔灌草型、乔灌型、乔木型和灌木型，植被综合盖度＜50%的有林地、灌木林地，以及未成林造林地、疏林地、无立木林地、宜林地、未利用地；②植被为草丛型，植被综合盖度＜70%的牧草地、未利用地；③非梯土化旱地。依据评定因子及指标将石漠化分为：轻度、中度、重度和极重度四个等级。评定石漠化程度的因子包括基岩裸露程度、植被综合盖度、植被类型和土层厚度。评定石漠化程度的方法：先将以上四因子科学地分为不同的等级并量化，再对被调查地（小班）的以上四项因子逐一确定等级 — 记录量化值，并求出该调查小班的四项量化值的和，最后与规程划定的石漠化程度区分段进行比较，确定该小班的石漠化等级。各评定因子及指标评分见表1-3~表1-7。

表 1-3　基岩裸露度评分标准

基岩裸露度	程度	30%~39%	40%~49%	50%~59%	60%~69%	≥70%
	评分	20	26	32	38	44

表 1-4　植被类型评分标准

植被类型	类型	乔木型	灌木型	草丛型	旱地作物型	无植被型
	评分	5	8	12	16	20

表 1-5　植被综合盖度评分标准

植被综合盖度	程度	50%~69%	30%~49%	20%~29%	10%~19%	＜10%
	评分	5	8	14	20	26

注：旱地农作物植被综合盖度按30%~49%计。

表 1-6　土层厚度评分标准

土层厚度	程度	Ⅰ级（＜10cm）	Ⅱ级（10~19cm）	Ⅲ级（20~39cm）	Ⅳ级（＞40cm）
	评分	1	3	6	10

表 1-7　石漠化程度评分标准

综合评分	程度	轻度	中度	重度	极重度
	评分	≤45	46~60	61~75	＞75

1.2　石漠化产生的原因

1.2.1　石漠化地区自然环境恶劣

西南岩溶地区特殊的地质背景和气候条件为石漠化的发生提供了驱动力，其本质是极其严重的水土流失，属于荒漠化的一种类型。首先，特殊的地质结构使得该地区地表不利于水土的保存，流失较为严重，土层薄且土壤总量少，土壤一旦流失以后，植被恢复非常困难；其次，气候方面，降水量丰沛，降雨量大且集中，自然灾害频发；第三，适合生长的植物种类有限，存在外来物种的入侵现象（如紫茎泽兰），目前还没有较好的方法进行控制。西南地区石漠化的发生与该区本身脆弱、敏感的生态环境息息相关。

与西北地区沙漠化不同的是，西南地区石漠化的发生主要是由于人类的不合理活动造成的。西南山区经济落后，农户生活水平普遍低于全国平均水平，大多数还停留在“靠山吃山”的生活状态。主要表现在以下几个方面：①陡坡开垦，只要人能爬上去的山坡，基本都被开垦为农地，同时多种植玉米等易导致水土流失的作物，虽然国家实施了退耕还林（草）政策，但依旧可以看到烧山现象；②放养黑山羊，这种羊专吃植物的嫩枝、嫩芽，对植被破坏严重；③滥砍滥伐，在喀斯特石山地区，农户燃料的主要来源还是山上的薪柴，再加上建房等用材，这对已经恶化的生态环境无疑是雪上加霜；④岩石开采，在西南山区，经常可以看到公路附近的采砂点，裸露的山体甚是显眼；⑤人口增长过快、人口素质偏低，石漠化发生的地区，多为老、少、边、山地区，大多数农户家里未能实施计划生育政策，早婚早育现象较普遍，受教育程度低，这些农户中很多都是依靠国家帮扶生活，人口压力远远超出了土地的承载范围。有学者将西南喀斯特地区的人地关系归纳为农耕农牧型、矿山开采型、开山修路型、工业污染型和城镇扩张型五种类型，研究结果认为，农耕农牧型对石漠化的影响最大（王嘉学，2009）。陡坡开垦是造成石漠化的主要原因，因为陡坡地在叠加了人类活动的影响之后，水土流失加剧，已接近于石漠化（杨晓青等，2009）。因此，喀斯特地区主要是人为加速了石漠化的发展（李阳兵等，2006）。除此之外，由于政治、历史的原因，对森林的破坏，以及对水资源的过度利用，也导致了石漠化的发生。

1.2.2 石漠化地区人、地、资源矛盾突出

石漠化问题已成为制约西南地区经济可持续发展的核心问题之一，成为该地区人口贫穷落后的主要根源之一（李阳兵等，2006）。西南岩溶石漠化地区，人口密度高达217人/km^2，相当于全国人口密度的1.52倍，人口压力大，耕地承载压力更大（国家林业局，2012）。有研究表明，石漠化的严重程度与人口密度、农户居住的聚集程度以及单位面积上的壮劳动力数量等有密切关系，同时不同石漠化的人口影响因子不同，人口主要集中在自然条件较好的区域（白晓永等，2006）。

贵州省1960年、1990年、2010年的坡耕地面积分别为23533.03 km^2、29011.65 km^2、19632.83 km^2（马良瑞等，2012），呈现出先增加后减少的趋势，而1961—1990年贵州省人口从1589.59万增长至3267.53万，耕地面积与人口数量具有相同的变化趋势。贵州和广西两省（自治区）喀斯特较为集中的县（市、区）人均耕地仅为0.06 km^2，坡耕地占耕地总量的70%，这些坡地大都为中、低产田，平均年产量约为全国平均产量的1/4（黄秋昊等，2008），这种坡耕地的耕作成为土地石漠化的主要驱动力。

石漠化地区农村贫困问题突出，西南八省喀斯特贫困县有153个，占喀斯特县总数

的41%，占八省贫困县总数的62%；其中贵州和广西的贫困县都是喀斯特县，湖南、重庆70%的贫困县是喀斯特县，云南喀斯特贫困县也达到26个，形成典型的喀斯特区域贫困现象（但文红等，2011）。

表1-8　三省份贫困人口与收入（2008年）

省份	农村贫困人口数量（万）	人均纯收入（元）	占全国农民人均收入的比例（%）
贵州	585	2414	50.7
云南	555	2391	50.2
广西	180	2810	59

石漠化不仅导致我国西南喀斯特区群众陷入“山光人穷，越穷越垦，越垦越贫，穷山恶水”的恶性循环，而且还加剧了石漠化自身的扩展速度。土地资源严重退化、动植物资源锐减、水资源短缺、矿产资源不合理开采造成巨大浪费等现象频发。

水资源利用难度大：喀斯特地貌特殊的环境条件，使得地下岩溶发育、地形切割强烈，容易造成水土的地下流失、地下水遭到污染。同时由于水资源的时空分布不均，地下水埋藏深，常造成水资源总量丰沛的喀斯特地区人畜饮水困难、旱涝灾害频繁。

图1-6　水土地下漏失现象（右图来源张信宝）

中药资源损失严重：由于石漠化地区自然条件恶劣，导致当地经济发展落后，人民生活水平很低。农民大量采集喀斯特裸岩缝中顽强生长的仙人掌、蕨类等药用植物，用以换取少量现金收入；区内农耕发育慢、耕地地块小、资源开发强度高，人民生活贫困。主要收入来自农作物和养猪，主要农作物玉米的单产极低，人地矛盾、人粮矛盾突出，农村经济结构单一，发展滞后。

矿产资源浪费惊人：由于乡镇企业生产方式落后、管理水平低、对资源破坏浪费严重，致使煤、铝土矿的合理回采率很低。

1.3 石漠化分布概况

2004—2005年，为了查清中国岩溶地区的石漠化状况，包括分布面积和类型，国家林业局分两次组织开展了岩溶地区石漠化土地监测工作。采用地面调查和要干技术相结合，以地面调查为主的技术方法，调查了涉及湖北、湖南、广东、广西、贵州、云南、重庆、四川八省（自治区、直辖市）的460个县（市、区），监测区总面积107.14万 km^2，监测区内岩溶面积45.10万 km^2。监测结果显示，截至2005年底，石漠化土地总面积为12.96万 km^2，占监测区岩溶面积的28.7%；潜在石漠化土地面积12.34万 km^2，占监测区岩溶土地面积的27.4%。中国的石漠化土地多集中分布在岩溶地区构造活动强烈的河流上游及河谷地带，这些区域经济落后，是贫困人口和少数民族的聚集区。除了此次调查的区域外，中国的河南、江西、安徽、山东等地也存在少量的石漠化土地。

1.3.1 贵州省石漠化概况

贵州省石漠化面积331.6万 hm^2，占石漠化总面积的25.6%；潜在石漠化面积最大，为298.4万 hm^2，占潜在石漠化土地总面积的24.1%。特点是分布广、石漠化程度深、扩展速度快。从石漠化在县级行政单元的分布来看，除赤水、榕江、从江、雷山、剑河5县（市）无明显石漠化外，其余都有明显的石漠化现象。从空间分布看，石漠化土地多集中分布在喀斯特发育的南部和西部，以六盘水、黔西南、黔南、安顺、毕节所占面积最多，呈现出南部重北部轻，西部重东部轻的特点。以县级行政单元分，石漠化面积占其土地面积40%以上的有9个县（市、区），小于10%的17个县（市、区），其余均在10%~40%。在贵州50个扶贫开发重点县中，石漠化面积占其土地面积20%以上的有30个县，而且凡是石漠化严重的地方，都是贵州最为贫困的地方。

1.3.2 云南省石漠化概况

云南省石漠化面积288.1万 hm^2，占石漠化总面积的22.2%；潜在石漠化面积为172.6万 hm^2，占潜在石漠化土地总面积的13.9%。云南省石漠化土地主要分布在11个市（州）的65个县（市、区），文山州石漠化分布面积最大，为83.18万 hm^2，占其土地面积的25.83%；其次为曲靖市，为44.45万 hm^2，占15.38%；大理市最小，为2.20万 hm^2，占0.75%。由此可见，从石漠化分布面积和占其土地面积比重来说，在云南11个石漠化市（州）中，文山州为最严重地区，其次为曲靖市，大理州石漠化程度相对较轻。

1.3.3 广西壮族自治区石漠化概况

广西壮族自治区石漠化面积为237.9万 hm^2，占石漠化总面积的18.4%；潜在石漠化土地面积186.7万 hm^2，占潜在石漠化土地总面积的15.1%。特点是主要分布在桂中桂西和桂西北、石漠化程度深、扩展速度快，潜在威胁大。全区碳酸盐岩面积占土地总面积的40.9%，84个县（市、区）有碳酸盐岩出露，是中国岩溶地貌发育最典型分布最广的地区之一，喀斯特峰丛洼地是其地区的主要景观类型（徐劲原等，2012）。广西石漠化最严重的是都安、大化、靖西、忻城、马山、平果、天等、南丹、罗城、来宾等县（市、区）（蒋忠诚等，2011）。

1.3.4　湖南省石漠化概况

湖南省石漠化面积为147.9万 hm^2，占石漠化总面积的11.4%；潜在石漠化土地面积143.8万 hm^2，占潜在石漠化土地总面积的11.6%，全省石漠化涉及81个县（市、区），石漠化面积大于4000 hm^2的有炎陵、攸县、安化、桃源、澧县、隆回、凤凰、永顺、吉首、龙山、古丈、花垣、保靖、新田、桂阳、临武、嘉禾、祁阳、冷水滩等县（市、区）。该地区的石漠化特点有两点，一是，其石漠化土地呈带状分布，如湘中地区的安化、新化、隆回、新邵等县；二是石漠化主要成片分布在湘西州，属西南岩溶区的东部。

1.3.5　湖北省石漠化概况

湖北省石漠化面积为112.5万 hm^2，占石漠化总面积的8.7%；潜在石漠化土地面积236.5万 hm^2，占潜在石漠化土地总面积的19.1%。湖北省石漠化土地主要分布在长江流域的三峡库区，主要集中在宜昌和恩施地区，鄂东南的咸宁等地也有分布。全省石漠化严重县（市、区）主要有利川、咸丰、来凤、宣施、鹤峰、建始、五峰、长阳、巴东、秭归、宜昌、枝城、竹山、竹溪、神农架、保康等地，特点是主要成片集中分布在鄂西、鄂西南的喀斯特发育强烈的江河流域，如三峡库区。

1.3.6　四川省石漠化概况

四川省石漠化面积为77.5万 hm^2，占石漠化总面积的6.0%；潜在石漠化土地面积73.7万 hm^2，占潜在石漠化土地总面积的13.9%；四川岩溶地区分布在116个市（州）的80个县（市、区），出露地表的各类碳酸盐岩裸露区总面积约9万 km^2，集中分布面积5.3万 km^2，该区域总人数约830万，多属老少边穷的集中分布区。岩溶石漠化主要分布于川西南山地区，呈集中连片分布，攀西盐源侵蚀宽谷盆地中山区石漠化最为严重，石漠化类型最多，面积最大。峨眉山大凉山侵蚀中山区石漠化面积及程度都不高，但潜在石漠化面积较大。四川盆地周山地区呈不连续分散分布，川西高原山区也有少量不连续分布，主要以中、轻度石漠化为主。

1.3.7　重庆市石漠化概况

重庆市石漠化面积为92.6万 hm^2，占石漠化土地总面积的7.1%；潜在石漠化面积为85.8万 hm^2，占潜在石漠化土地总面积的6.9%。重庆市石漠化和水土流失都比较严重的区域主要分布在酉阳、秀山、黔江、彭水、巫山、奉节等地（魏兴萍等，2014）。岩溶区石漠化与自然及人为等因素密不可分，重庆市人口密集，其人口密度远远超过了岩溶地区适宜人口承载量。适当促进生态移民，减少人口压力，同时结合自然修复或可改善岩溶区石漠化等问题。

1.3.8 广东省石漠化概况

广东省石漠化面积较少为8.1万 hm^2，占石漠化总面积的0.6%；潜在石漠化面积40.5万 hm^2，占潜在石漠化总面积的3.3%。特点是石漠化土地分布面积比较分散，多为裸露的石山或半石山。共有21个县（市、区）受石漠化困扰，石漠化区域主要集中分布于东江、西江、北江流域中上游，北江流域占全省石漠化区域面积的95%，生态区位十分重要，例如乳源、乐昌、阳山、英德、连平、怀集、阳春等县（市）。石漠化导致的严重缺水，使身处南方多雨带的他们只能分到人均少许旱地，年产数百斤的玉米。

1.4 石漠化在各流域的分布概况

2005年监测结果显示岩溶石漠化主要分布于长江流域和珠江流域，其中长江流域面积最大，为732.1万 hm^2，占石漠化总面积的56.5%；珠江流域次之，为486.5万 hm^2，占37.5%；其他依次为红河流域52.3万 hm^2，占4.0%；怒江流域17.7万 hm^2，占1.4%；澜沧江流域7.6万 hm^2，占0.6%。

潜在石漠化主要分布在长江和珠江流域。长江流域潜在石漠化土地为835.3万 hm^2，占潜在石漠化土地总面积的67.5%；其他依次为珠江流域355.4万 hm^2，占28.7%；红河流域21.0万 hm^2，占1.7%；怒江流域17.5万 hm^2，占1.4%；澜沧江流域8.6万 hm^2，占0.7%。

第 2 章　岩溶石漠化综合治理工程

岩溶石漠化的形成是自然因素和人为因素综合作用的结果，其中人为因素起主导作用，这是实施石漠化综合治理的基本出发点。岩溶区大多是少数民族集聚区，人口自然增长率高，密度大，平均人口密度210人/km^2，超出了区域资源环境的承载能力，农民为了获得生活所必需的粮食、燃料、饲料等，陡坡开垦、过度樵采、过度放牧以及不合理开发建设等行为普遍存在，国家林业和草原局监测数据显示，这四类活动造成的石漠化分别为36.2%、44.9%、8.2%和10.7%。土地石漠化的危害主要表现在：①耕地资源减少，生态环境恶化，缩小了人类生存与发展的空间；②自然灾害频发，威胁人民群众的生命财产安全；③影响江河流域的水利水电设施安全运营，危及长江、珠江流域的生态安全；④区域贫困加剧，制约经济和社会可持续发展，影响社会安定和民族团结。

2.1　早期石漠化治理情况

进入21世纪以来，国家先后在岩溶区实施了天然林保护、退耕还林、天然草地植被恢复与建设、南方草山草坡开发示范、退牧还草、基本农田建设、耕地整理、水土保持、人畜饮水、农村小水电、农村能源建设、易地扶贫搬迁等一系列国家重点工程，从不同角度对石漠化进行治理。“十五”期间，工程区451个县（市、区）中央基本建设累计投资273.09亿元，其中生态修复工程投资75.26亿元，主要工程建设情况如下：退耕还林501.73万hm^2、营造林208.52万hm^2、草地治理93.10万hm^2、水土保持144.89万hm^2、耕地整理14.13万hm^2、沼气池建设158.62万户、移民搬迁48.01万人、解决808.16万人饮水问题、农村小水电652.72万kW。工程实施后，治理区林草植被恢复度有所提高，水土流失减少，生态环境得到一定改善。虽然取得了一定的治理效果和治理经验，但还存在很多问题，例如措施单一、可持续性较差，投入不足、治理速度缓慢等，造成石漠化有效治理速度仍赶不上扩展速度。

2.2　2005—2015年石漠化综合治理规划

2008年国务院批复了《岩溶地区石漠化综合治理工程规划大纲（2006—2015年）》，并由国家发展和改革委员会、国家林业局、水利部、农业部等部门联合编制了石漠化综合治理专项规划，明确了到2015年石漠化治理的目标、任务和政策措施，并在全国确定了100个综合治理试点县。目前石漠化综合治理工程每个试点县基本按照小流域为单元，逐年推进。

总目标是到2015年，完成石漠化治理面积约7万km^2、占工程区石漠化总面积的54%；新增林草植被面积942万hm^2，植被覆盖度提高8.9个百分点；建设和改造坡耕地77万hm^2，每年减少土壤侵蚀量2.8亿t。其中“十一五”目标是在稳定现有石漠化治理资金渠道、逐步增加投入力度继续实施面上治理的基础，安排专项基金开展100个县（市、区）的石漠化综合治理试点工作，到2010年，治理石漠化面积约3万 km^2，占工程区石漠化总面积的23%，植被覆盖度提高3.6个百分点，每年减少土壤侵蚀量5588万 t，试点县要基本遏制石漠化扩展的趋势，生态环境有所改善，农民收入稳步增加。

2.2.1 工程建设布局

根据碳酸盐岩类型、岩性组合特征对岩溶地貌塑造的影响，以及不同岩溶地貌对区域环境和水土资源的制约，石漠化在不同地貌条件下的形成、发育的特征等因素，采用定性与定量相结合的方法，将岩溶区石漠化综合治理区域划分为中高山石漠化综合治理区、岩溶断陷盆地石漠化综合治理区、岩溶高原区石漠化综合治理区、岩溶峡谷石漠化综合治理区、峰丛洼地石漠化综合治理区、岩溶槽谷石漠化综合治理区、峰林平原石漠化综合治理区、溶丘洼地（槽谷）石漠化综合治理区。

2.2.2 建设内容和规模

（1）加强林草植被的保护和建设，提高植被覆盖度。采取封山、造林、种草等多种措施，加强植被建设，提高石漠化地区林草植被盖度。严重陡坡耕地，按土地利用规划，有计划地实施退耕还林还草。其中规划封山育林育草规模634.44万 hm^2，人工造林规模188.21万 hm^2。

（2）合理开发利用草地资源、大力发展草食畜牧业。规划草地建设规模119.5万 hm^2，包括人工种草和改良草地；发展草食畜牧业，其中畜种改良152.51万头，建设棚圈763.38万 m^2，饲草机械15.24万台（套），青贮窖915.17万 m^3。

（3）保护和合理开发利用水土资源，加强基本农田建设。规划坡改梯建设规模77.1万 hm^2，并配套建设田间生产道路、引水渠、排涝渠、拦沙谷坊坝、沉沙池、蓄水池等坡面及沟道水土保持设施，安排建设泉点引水4.3万 km。

（4）加快农村能源建设、开发可再生资源。规划安排沼气池774.93万口，节柴灶660.6万个，太阳能49.01万户，小型水电17.81万 kW。

其他措施还包括稳步推进易地扶贫搬迁和劳务输出，合理开发利用资源，发展区域经济，提供科技支撑。

总之，石漠化综合治理工程的措施可概括为以下四点：①岩溶区地下水探测和水资源的可持续利用；②土壤保护和修复；③植被恢复和经济植物种筛选；④找到生态保护和经济发展之间的平衡点，生态恢复的目的是为了改善当地农户的生产生活水平，帮助他们脱贫。

2.3 岩溶地区石漠化综合治理工程“十三五”建设规划

为加快岩溶地区石漠化治理，积极构建长江经济带生态屏障，推进滇桂黔等集中连片特困地区的脱贫攻坚，发改委会同林业局、农业部、水利部在总结前期治理工作经验的基础上，国家出台了《岩溶地区石漠化综合治理工程“十三五”建设规划》，明确三方面工作安排：一是重点对长江经济带、滇桂黔等区域的集中连片特殊困难地区为主体的200个石漠化县实施综合治理，并带动其余石漠化县统筹推进治理工作；二是遵循岩溶土地自然规律，合理布局造林种草、畜牧业舍饲、小型水利水保等各项建设内容；三是充分利用喀斯特地貌、生物景观与人文资源优势，大力发展特色林果、草食畜牧业、生态旅游等绿色产业，实现“治石”与“治贫”相结合。争取到2020年，治理岩溶土地面积不少于5万 km^2，治理石漠化面积不少于2万 km^2，岩溶地区生态系统逐步趋于稳定，生态经济发展环境稳步好转。

表2-1 石漠化综合治理试点范围

省份	县（市、区）个数	县（市、区）名称
贵州	55	贵阳市（3）：清镇市、开阳县、息烽县；六盘水市（4）：钟山区、水城县、盘县特区、六枝特区；遵义市（7）：仁怀市、遵义县、桐梓县、正安县、道真仡佬族苗族自治县、务川仡佬族苗族自治县、凤冈县；铜仁地区（7）：石阡县、思南县、印江土家族苗族自治县、德江县、沿河土家族自治县、松桃苗族自治县、万山特区；黔西南州（8）：兴义市、兴仁县、普安县、晴隆县、贞丰县、望谟县、册亨县、安龙县；毕节地区（8）：毕节市、大方县、黔西县、金沙县、织金县、纳雍县、威宁彝族回族苗族自治县、赫章县；安顺市（6）：西秀区、平坝县、普定县、关岭布依族苗族自治县、镇宁布依族苗族自治县、紫云苗族布依族自治县；黔东南州（5）：黄平县、施秉县、镇远县、岑巩县、麻江县；黔南州（7）：都匀市、福泉市、瓮安县、平塘县、罗甸县、长顺县、惠水县
云南	12	曲靖市（2）：宣威市、会泽县；玉溪市（1）：易门县；保山市（1）：隆阳区；昭通市（2）：鲁甸县、巧家县；丽江市（1）：玉龙纳西族自治县；文山壮族苗族自治州（3）：文山县、砚山县、广南县；红河哈尼族彝族自治州（2）：泸西县、建水县
广西	12	南宁市（1）：马山县；柳州市（1）：柳江县；桂林市（1）：平乐县；河池市（4）：环江毛南族自治县、凤山县、都安瑶族自治县、大化瑶族自治县；来宾市（1）：忻城县；崇左市（1）：天等县；百色市（3）：田阳县、田东县、平果县
湖南	5	邵阳市（1）：新邵县；张家界市（2）：桑植县、慈利县；益阳市（1）：安化县；湘西土家族苗族自治州（1）：永顺县
湖北	5	襄樊市（1）：南漳县；十堰市（1）：郧县；黄冈市（1）：黄梅县；咸宁市（1）：通山县；恩施土家族苗族自治州（1）：建始县
重庆	5	奉节县、彭水苗族土家族自治县、巫山县、巫溪县、酉阳土家族苗族自治县
四川	5	攀枝花市（1）：仁和区；宜宾市（1）：兴文县；雅安市（1）：汉源县；凉山彝族自治州（1）：宁南县；广安市（1）：华蓥县
广东	1	韶关市（1）：乐昌市
合计	100	

表 2-2　石漠化综合治理分区情况

建设区	省份	个数	县（市、区）名称
中高山石漠化综合治理区（2）	云南	1	丽江市（1）：玉龙纳西族自治县
	四川	1	雅安市（1）：汉源县
岩溶断陷盆地石漠化综合治理区（7）	贵州	2	六盘水市（1）：盘县特区；黔西南州（1）：普安县
	云南	4	玉溪市（1）：易门县；曲靖市（1）：宣威市；红河哈尼族彝族自治州（2）：泸西县、建水县
	四川	1	攀枝花市（1）：仁和区
岩溶高原石漠化综合治理区（22）	贵州	22	贵阳市（3）：清镇市、开阳县、息烽县；遵义市（2）：遵义县、仁怀市；毕节地区（6）：毕节市、大方县、黔西县、金沙县、织金县、纳雍县；安顺市（5）：西秀区、平坝县、普定县、镇宁布依族苗族自治县、紫云苗族布依族自治县；黔东南州（1）：麻江县；黔南州（5）：都匀市、福泉市、瓮安县、长顺县、惠水县
岩溶峡谷石漠化综合治理区（14）	贵州	9	六盘水市（3）：钟山区、六枝特区、水城县；黔西南州（3）：兴仁县、晴隆县、贞丰县；毕节地区（2）：威宁彝族回族苗族自治县、赫章县；安顺市（1）：关岭布依苗族自治县
	云南	4	昭通市（2）：鲁甸县、巧家县；曲靖市（1）：会泽县；保山市（1）：隆阳区
	四川	1	凉山彝族自治州（1）：宁南县
峰丛洼地石漠化综合治理区（20）	贵州	6	黔西南州（4）：兴义市、册亨县、安龙县、望谟县；黔南州（2）：平塘县、罗甸县
	云南	3	文山壮族苗族自治州（3）：文山县、砚山县、广南县
	广西	11	南宁市（1）：马山县；崇左市（1）：天等县；柳州市（1）：柳江县；百色市（3）：田阳县、田东县、平果县；河池市（4）：环江毛南族自治县、凤山县、都安瑶族自治县、大化瑶族自治化县；来宾市（1）：忻城县
岩溶槽谷石漠化综合治理区（29）	贵州	16	遵义市（5）：桐梓县、正安县、道真仡佬族自治县、务川仡佬族苗族自治县、凤冈县；铜仁地区（7）：石阡县、思南县、印江土家苗族自治县、德江县、沿河土家族自治县松桃苗族自治县、万山特区；黔东南州（4）：黄平县、施秉县、镇远县、岑巩县
	重庆	5	奉节县、彭水苗族土家族自治县、巫山县、巫溪县、酉阳上家族苗族自治县
	四川	2	广安市（1）：华蓥市；宜宾市（1）：兴文县
	湖南	3	张家界市（2）：桑植县、慈利县；湘西土家族苗族自治州（1）：永顺县
	湖北	3	恩施土家族苗族自治州（1）：建始县；襄樊市（1）：南漳县；十堰市（1）：郧县
峰林平原石漠化综合治理区（2）	广西	1	桂林市（1）：平乐县
	广东	1	韶关市（1）：乐昌市
溶丘洼地石漠化综合治理区（4）	湖南	2	邵阳市（1）：新邵县；益阳市（1）：安化县
	湖北	2	咸宁市（1）：通山县；黄冈市（1）：黄梅县
合计		100	

表 2-3　石漠化综合治理工程主要内容及规模

省份	林草植被保护和建设（万 hm^2）				草食畜牧业发展				坡改梯（万 hm^2）	水资源利用	农村能源建设			
	合计	封山育林育草	人工造林	草地建设	改良种畜（万头）	建设棚圈（万 m^2）	饲草机械（万台套）	青贮窖（万 m^3）		泉点饮水（km）	太阳能（户）	小水电（kW）	沼气池（万口）	节柴灶（万口）
贵州	151.42	70.98	62.04	18.4	23.14	115.7	2.31	138.84	25.84	3174	0	114000	266.61	44.44
广西	205.84	139.21	24.43	42.2	54.01	270.8	5.4	324.09	10.59	2083	0	0	134.39	209.66
云南	217.47	136.2	48.75	32.52	41.63	208.16	4.16	249.77	13.00	12160	231000	18143	130.40	82.50
湖南	126.95	106	19.5	1.45	1.86	9.31	0.19	11.17	2.51	9500	240000	30000	84.00	120.00
湖北	134.21	109.65	10.30	14.26	18.25	91.3	1.82	109.56	2.14	14470	0	0	151.58	155.52
重庆	57.77	33.06	15.14	9.57	12.25	61.25	1.22	73.5	7.75	1861	0	0	0.81	45.48
四川	30.88	23.21	6.57	1.1	1.37	6.86	0.14	8.24	14.39	0	18060	15500	4.14	0.00
广东	17.61	16.13	1.48	0	0	0	0	0	0.88	0	1040	457	3.00	3.00
合计	942.15	634.44	188.21	119.5	152.51	763.38	15.24	915.17	77.10	43248	490100	178100	774.93	660.60

第 3 章　西南岩溶区石漠化动态变化

我国西南地区以贵州为中心的桂、滇、川、湘等省（自治区）相邻地带是全球三大喀斯特集中连片区中面积最大、喀斯特发育最强烈的地区，也是石漠化的集中区和多发区。石漠化已成为喀斯特地区最大的生态问题，与西北地区的沙漠化、黄土高原的水土流失并列构成我国主要的三大生态问题。2010—2011年，国家林业局先后组织开展了喀斯特地区的石漠化土地监测工作，监测范围涉及湖北、湖南、广东、广西、贵州、云南、重庆、四川八省（自治区、直辖市）的460个县（市、区），监测区总面积107.14万 km^2。

2011年监测结果显示：我国石漠化土地主要分布在贵州、广西、云南三省（自治区），集中分布在贵州、广西、云南、湖南、湖北、广东、四川、重庆八省（自治区、直辖市）451个县（市、区）。分布特征主要有：一是分布相对比较集中。以云贵高原为中心的81个县，石漠化面积却占石漠化总面积的53.4%。二是主要发生于坡度较大的坡面上。发生在16°以上坡面上的石漠化面积达1100万 hm^2，占石漠化土地总面积的84.9%。三是程度以轻度、中度为主。轻度、中度石漠化土地占石漠化总面积的73.2%。四是石漠化发生率与贫困状况密切相关。县财政收入低于2000万元的18个县，石漠化发生率为40.7%，高出监测区平均值12个百分点；在农民年均纯收入低于800元的5个县，石漠化发生率高达52.8%，比监测区平均值高出24.1%。

2016年监测结果显示：岩溶地区石漠化土地总面积为1007万 hm^2，占岩溶面积的22.3%，占区域土地面积的9.4%，涉及湖北、湖南、广东、广西、重庆、四川、贵州和云南八省（自治区、直辖市）457个县（市、区）。对于不同省份的石漠化土地，贵州省石漠化土地面积最大，为247万 hm^2，占石漠化土地总面积的24.5%；其他依次为：云南、广西、湖南、湖北、重庆、四川和广东，面积分别为235.2万 hm^2、153.3万 hm^2、125.1万 hm^2、96.2万 hm^2、77.3万 hm^2、67万 hm^2和5.9万 hm^2，分别占石漠化土地总面积的23.4%、15.2%、12.4%、9.5%、7.7%、6.7%和0.6%。对于不同流域的石漠化土地，长江流域石漠化土地面积为599.3万 hm^2，占石漠化土地总面积的59.5%；珠江流域石漠化土地面积为343.8万 hm^2，占34.1%；红河流域石漠化土地面积为45.9万 hm^2，占4.6%；怒江流域石漠化土地面积为12.3万 hm^2，占1.2%；澜沧江流域石漠化土地面积为5.7万 hm^2，占0.6%。对于不同程度的石漠化土地，轻度石漠化土地面积为391.3万 hm^2，占石漠化土地总面积的38.8%；中度石漠化土地面积为432.6万 hm^2，占43%；重度石漠化土地面积为166.2万 hm^2，占16.5%；极重度石漠化土地面积为16.9万 hm^2，占1.7%。

3.1　2005—2011 年石漠化动态变化

监测结果显示2011年，喀斯特地区潜在石漠化土地面积1331.8万 hm^2，较2005年增加了97.8万 hm^2，增加了7.9%。有石漠化土地12万 km^2，与2005年（第一次石漠化监测信息基准年）相比，石漠化土地面积减少0.96万 km^2，减少了7.4%，年均减少面积0.16万 km^2，年均缩减率为1.27%。其中，轻度石漠化土地面积增加75.2万 hm^2，增加了21.1%；中度石漠化土地面积减少73.0万 hm^2，减少了12.3%；重度石漠化土地面积减少75.7万 hm^2，减少了25.8%；极重度石漠化土地面积减少22.5万 hm^2，减少了41.3%。轻度、中度、重度与极重度石漠化土地面积占石漠化土地总面积的比重由第一次监测的27.5：45.7：22.6：4.2变化为2010年监测的36.0：43.1：18.2：2.7，轻度石漠化土地较2005年增加8.5个百分点。据有关专家研究（国家林业局，2012；曹建华等，2008；黄秋昊等，2008），20世纪90年代，石漠化土地面积年均增加1.86%，“十五”时期，石漠化土地面积年均增加1.37%。

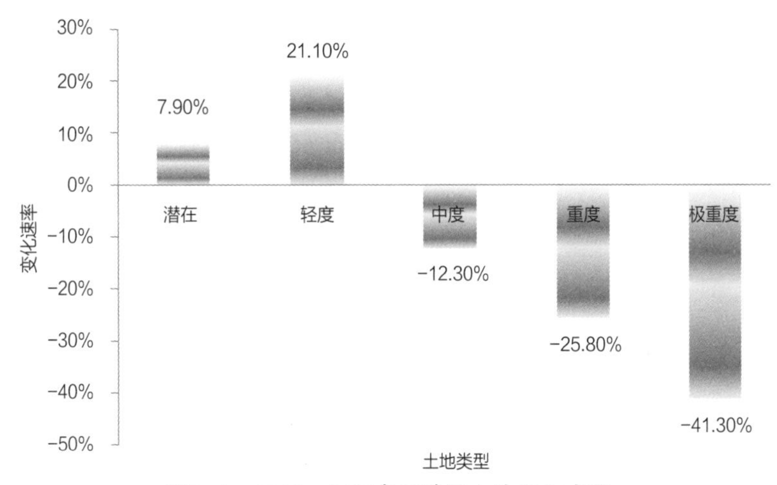

图3-1　2005—2011年石漠化土地面积变化

3.1.1　2005—2011 年各省份石漠化动态变化

2011年的监测数据显示，贵州省潜在石漠化土地面积最大，为325.6万 hm^2，占潜在石漠化土地总面积的24.5%；湖北、广西、云南、湖南、重庆、四川和广东，分别为237.8万 hm^2、229.4万 hm^2、177.1万 hm^2、156.4万 hm^2、87.1万 hm^2、76.9万 hm^2和41.5万 hm^2，分别占潜在石漠化土地总面积的17.9%、17.2%、13.3%、11.7%、6.5%、5.8%和3.1%。各省份潜在石漠化土地面积占总潜在石漠化面积比例变化不大，其中贵州、广西、湖南有小幅度增加，湖北、云南、重庆、广东小幅度减少，四川的面积比例没有变化；贵州、湖北、广西、云南、湖南、重庆、四川、广东潜在石漠化面积同比分别增加了9.12%、0.55%、22.87%、2.61%、8.76%、1.52%、4.34%、2.47%。2011年较2005年，广东和广西的石漠化面积变动率最大，分别是21.57%和19.03%，云南的最小，仅为1.44%，均呈现石漠化面积减少趋势。石漠化治理工程遏制了部分地区的蔓延。

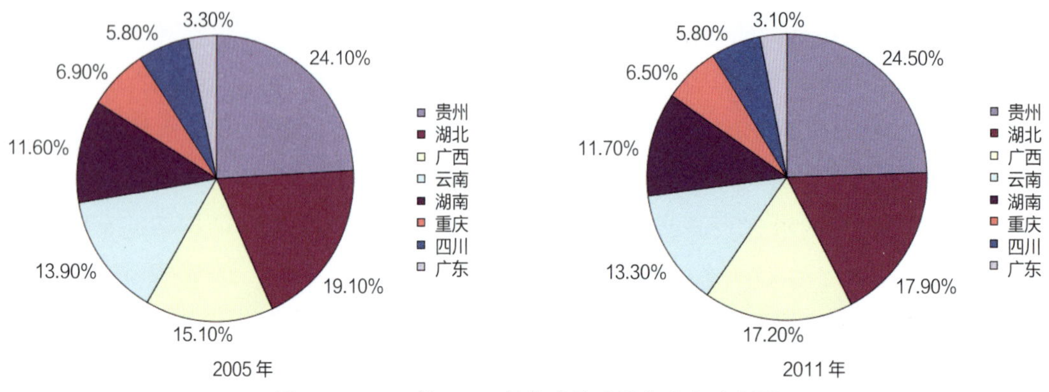

图3-2　2005年、2011年各省份石漠化面积比例图

表 3-1　各省份石漠化土地动态变化表

省份	石漠化		省份	石漠化	
	面积变化（hm^2）	变动率（%）		面积变化（hm^2）	变动率（%）
湖北	-33971.1	-3.02	四川	-43096.2	-5.56
湖南	-48145.6	-3.26	贵州	-292317.5	-8.82
广东	-17553.8	-21.57	云南	-41625.1	-1.44
广西	-452855.5	-19.03			
重庆	-30352.2	-3.28	合计	-959917.0	-7.41

3.1.2　2005—2011 年各流域石漠化动态变化

2010年，长江流域潜在石漠化土地面积最大，为870.7万 hm^2，占潜在石漠化土地总面积的65.4%，较2005年，降低了2.1个百分点；石漠化土地面积695.6万 hm^2，占石漠化土地总面积的58.0%，降低了1.5个百分点。珠江流域潜在石漠化土地面积为405.5万 hm^2，占30.5%，增加了1.8个百分点；石漠化土地面积426.2万 hm^2，占35.5%，降低了2个百分点。红河流域潜在石漠化土地面积为26.9万 hm^2，占2.0%，增加了0.3个百分点；石漠化土地面积57.0万 hm^2，占4.8%，提高了0.8个百分点。澜沧江流域潜在石漠化土地面积为15.0万 hm^2，占1.1%，减少了0.3个百分点；石漠化土地面积6.7万 hm^2，占0.5%，降低了0.1个百分点。怒江流域潜在石漠化土地面积为13.6万 hm^2，占1.0%，增加了0.3个百分点；石漠化土地面积14.7万 hm^2，占1.2%，降低0.2个百分点。

3.1.3 2005—2011 年不同土地利用类型石漠化状况

从土地利用类型看，发生在乔灌木林地上的潜在石漠化土地面积1272.1万 hm^2，占潜在石漠化土地总面积的95.6%。

其中发生在有林地上的潜在石漠化土地面积774.3万 hm^2，占发生在乔灌木林地上潜在石漠化土地面积的60.9%；发生在灌木林地上的潜在石漠化土地面积497.8万 hm^2，占发生在乔灌木林地上潜在石漠化土地面积的39.1%，潜在石漠化土地上以乔木林地为主。

发生在耕地上的潜在石漠化土地面积53.9万 hm^2，占4.0%，均为梯土化旱地。

发生在草地上的潜在石漠化土地面积5.8万 hm^2，占0.4%，主要发生在天然草地上。

表 3-2 不同土地利用类型潜在石漠化土地统计表（2011 年）

省份	小计		乔灌木林地		耕地		牧草地	
	面积（hm^2）	占比（%）	面积（hm^2）	占比（%）	面积（hm^2）	占比（%）	面积（hm^2）	占比（%）
湖北	2377897	100	2327760	97.9	49158.2	2.1	978.8	0
湖南	1564142	100	1558486	99.6	4326.7	0.3	1329.1	0.1
广东	415003.8	100	413205.9	99.6	1338.9	0.3	459	0.1
广西	2293597	100	2252759	98.3	37583.7	1.6	3254.1	0.1
重庆	871480.5	100	858044.8	98.5	12539.9	1.4	895.8	0.1
四川	768797.1	100	748497	97.4	13372.9	1.7	6927.2	0.9
贵州	3255580	100	2882853	88.5	331186.2	10.2	41541	1.3
云南	1771026	100	1679046	94.8	89635.1	5.1	2344.7	0.1
合计	13317524	100	12720652	95.6	539141.6	4	57729.7	0.4

发生在乔灌木林地上的石漠化土地以轻度、中度为主，占乔灌木林地上的石漠化土地面积的82.3%。发生在耕地上的石漠化以中度为主，占发生在耕地上的石漠化土地面积的71.7%。发生在草地上石漠化以中度石漠化为主，占发生在草地上的石漠化土地面积的56.5%。发生在未利用地上石漠化以重度石漠化为主，占发生在未利用地上的石漠化土地面积43.5%。发生在其他林地上石漠化以轻度、中度石漠化为主，占发生在其他林地上的石漠化土地面积的82.4%。

表 3-3 不同土地利用类型石漠化土地分程度统计表

项目	合计		乔灌林地		其他林地		耕地		草地		未利用地	
	面积（hm^2）	占比（%）	面积（hm^2）	占比（%）	面积（hm^2）	占比（%）	面积（hm^2）	占比（%）	面积（hm^2）	占比（%）	面积（hm^2）	占比（%）
轻度	4315305	100	3050329	70.6	790390.8	18.3	395051.2	9.2	32543.6	0.8	46991.1	1.1
中度	5188521	100	2033642	39.2	853349.9	16.4	1972391	38	96871.8	1.9	232266.4	4.5
重度	2178601	100	1088703	50	295185	13.5	363849.6	16.7	33144.1	1.5	397719.6	18.3
极重度	319920.9	100	0	0	55301.2	17.3	18455.7	5.8	8750.7	2.7	237413.3	74.2
合计	12002349	100	6172674	51.5	1994227	16.6	2749747	22.9	171310.2	1.4	914390.4	7.6

3.1.4 2005—2011 年不同植被类型石漠化状况

潜在石漠化土地上植被类型以乔木型为主，按其所占比重依次为灌木林型、旱地作物型和草丛型。其中：乔木型面积774.3万 hm^2，占潜在石漠化土地面积的58.1%；灌木型面积497.8万 hm^2，占潜在石漠化土地面积的37.4%；旱地作物型面积为53.9万 hm^2，占潜在石漠化土地面积的4%；草丛型面积为5.8万 hm^2，占潜在石漠化土地面积的0.5%。

石漠化土地上的植被类型以灌木型为主，面积为435.3万 hm^2，占石漠化土地总面积的36.3%；乔木型次之，面积为296.7万 hm^2，占24.8%；草丛型面积158.9万 hm^2，占13.3%；旱地作物型面积275.4万 hm^2，占22.9%；无植被型面积33.9万 hm^2，占2.8%。

表 3-4 不同植被类型石漠化土地分程度统计表

项目	合计		轻度		中度		重度		极重度	
	面积（hm^2）	占比（%）	面积（hm^2）	占比（%）	面积（hm^2）	占比（%）	面积（hm^2）	占比（%）	面积（hm^2）	占比（%）
乔木型	2971274.3	24.8	1986486.0	46.0	809027.0	15.6	168638.3	7.7	7123.0	2.2
灌木型	4352740.5	36.3	1678326.9	38.9	1604439.6	30.9	1063255.5	48.8	6718.5	2.1
草丛型	1589452.3	13.3	255441.3	5.9	770082.3	14.9	469407.8	21.6	94520.9	29.5
旱地作物型	2749747.4	22.9	395051.2	9.2	1972390.9	38.0	363849.6	16.7	18455.7	5.8
无植被型	339134.0	2.8	0	0	32581.2	0.6	113450.0	5.2	193102.8	60.4
合计	12002348.5	100.0	4315305.4	100.0	5188521.0	100.0	2178601.2	100.0	319920.9	100.0

岩溶地区人地矛盾突出，土地石漠化问题已成为制约我国西南地区经济可持续发展的核心问题之一，成为该地区人口贫穷落后的主要根源之一（周政贤，1987；曹建华等，2008；韦启潘，1996；李阳兵等，2006；熊康宁等，2011）。对坡耕地的耕作，会导致土壤侵蚀的发生，加之扰动的同时缺乏对土壤的保护，使得土壤侵蚀再次发生。因此，在

岩溶地区，土壤侵蚀主要发生在坡耕地上。由于该地区土地资源匮乏，坡耕地仍然是一种重要的耕地资源（马良瑞等，2012）。要有效实施退耕还林还草工程和坡改梯还面临着粮食、投入等许多困难和矛盾。坡耕地的石漠化成为岩溶地区最严重的生态、生计问题。陡坡耕种更是加剧水土流失，导致石山荒漠化的主要原因。在西南岩溶石漠化地区人口压力突出，耕地承载压力较大（李阳兵等，2006），当地群众对坡耕地的需求和依附程度相对较高。而岩溶石漠化地区属亚热带气候，年均降雨量700~2200mm，且集中分布在6—9月份；加上植被覆盖率低，地表土层相对较薄、地下为可溶性的石灰岩或白云岩，独特的地表、地下二元结构使得地表与地下的水土流失非常严重，容易造成土地石漠化。在贵州和广西两省喀斯特较为集中的县（市、区）人均耕地仅为0.06km^2，坡耕地占耕地总量的70%，这些坡地大都为中、低产田，平均年产量约为全国平均产量的1/4（黄秋昊等，2008），且耕作强度较高，目前已成为土地石漠化的主要成因。

与2005年相比，发生在耕地上（主要为坡耕地）的石漠化土地面积增加了43431.9hm^2，年均增加7238.0hm^2，其中失去耕种条件的面积为28616.7hm^2，年均以4769.0hm^{2}的速度弃耕，部分坡耕地质量进一步下降。而目前针对石漠化地区的坡耕地治理模式过于单一，投入高、收益低，农户的贫困问题没有解决；而退耕还林还草、封山育林等政策在实施的同时，由于未能彻底解决农户的燃料、饲料问题，大多数地区存在滥砍、滥牧现象，不利于退耕成果的保护与延续；坡改梯措施和节水灌溉措施有效地改善了坡耕地环境条件，但投入太高，没能产生预期的生态治理效果；因此，如何在控制土地石漠化、水土流失的同时提高农户收入和坡耕地产量是石漠化地区坡耕地治理的关键。

3.2 2011—2016年石漠化动态变化

与2011年相比，2016年，各类型石漠化程度的土地面积均出现减少，轻度石漠化减少40.3万hm^2，减少了9.3%；中度减少86.2万hm^2，减少了16.6%；重度减少51.6万hm^2，减少了23.7%；极重度减少15.1万hm^2，减少了47.1%

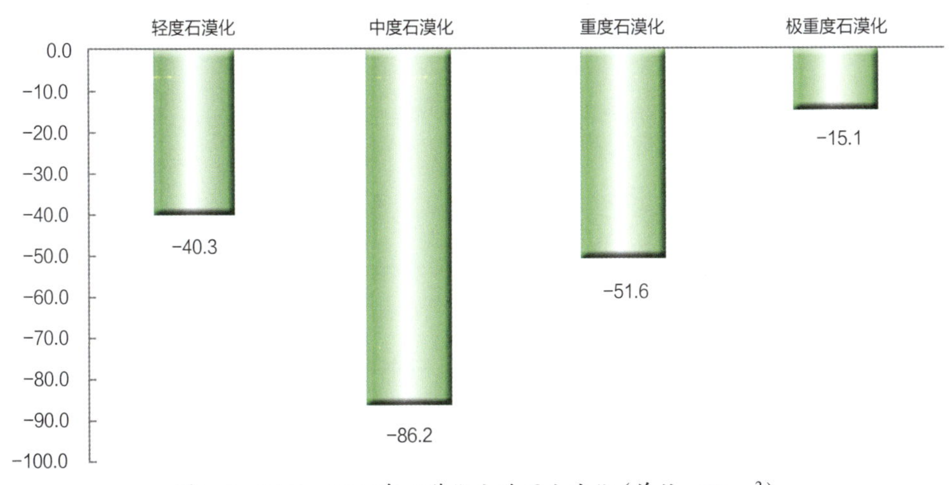

图3-3 2011—2016年石漠化土地面积变化（单位：万hm^2）

3.2.1 2011—2016年各省份石漠化土地动态变化

与2011年相比，各省份石漠化土地面积均为净减少。其中，贵州减少55.4万 hm^2、云南减少48.8万 hm^2、广西减少39.3万 hm^2、湖南减少17.9万 hm^2、湖北减少12.9万 hm^2、重庆减少12.3万 hm^2、四川减少6.2万 hm^2、广东减少0.4万 hm^2；面积减少率分别为18.3%、17.2%、20.4%、12.5%、11.9%、13.7%、8.5%、6.8%。

3.2.2 2011—2016年重点区域石漠化土地动态变化

在2016年发布的监测结果中，选择了石漠化土地分布广、对生态环境和社会经济发展影响大、社会关注度高的毕节地区、三峡库区、珠江中上游百色河池地区、湘西武陵山区、曲靖珠江源区以及本监测期内石漠化面积变动显著的滇桂黔石漠化集中分布特殊困难地区作为重点研究区域，其动态变化情况为：

（1）毕节地区。2016年石漠化土地面积为49.7万 hm^2，比2011年净减少10.2万 hm^2，减少17.0%，年均缩减率3.7%；与上个监测期年均缩减率1.4%相比，高2.3个百分点。

（2）三峡库区。2016年石漠化土地面积为56.3万 hm^2，比2011年净减少10.4万 hm^2，减少15.6%，年均缩减率为3.3%;与上个监测期年均缩减率0.7%相比，高2.6个百分点。

（3）珠江中上游百色河池地区。2016年石漠化土地面积为93.0万 hm^2，比2011年净减少22.6万 hm^2，减少19.6%，年均缩减率为4.3%；与上个监测期年均缩减率3.5%相比，高0.8个百分点。

（4）湘西武陵山区。2016年石漠化土地面积为20.8万 hm^2，比2011年净减少3.9万 hm^2，减少15.8%，年均缩减率为3.4%；与上个监测期年均缩减率2.4%相比，高1.0个百分点。

（5）曲靖珠江源区。2016年石漠化土地面积为6.9万 hm^2，比2011年净减少1.9万 hm^2，减少21.4%，年均缩减率为4.7%，由上个监测期因干旱导致的扩展转为本期的石漠化面积缩减。

（6）滇桂黔石漠化特殊困难地区。2016年石漠化土地面积为264.8万 hm^2，比2011年净减少63.2万 hm^2，减少19.3%，年均缩减率为4.2%;与上个监测期年均缩减率1.7%相比，高2.5个百分点。

3.2.3 2011—2016年潜在石漠化土地动态变化

与2011年相比，潜在石漠化土地面积增加135.1万 hm^2，增加了10.1%，年均增加27万 hm^2（主要为石漠化土地治理后演变的）。从潜在石漠化面积变化情况来看，各省份均有所增加，其中：贵州省增加面积最大，为38.3万 hm^2，占潜在石漠化土地面积增加量的28.3%；其他依次为广西37.6万 hm^2，占27.8%；云南27.1万 hm^2，占20%；湖北11.4万 hm^2，占8.4%；重庆7.8万 hm^2，占5.8%；湖南6.9万 hm^2，占5.2%；四川5.3万 hm^2，占3.9%；广东0.7万 hm^2，占0.6%。

3.3　石漠化总体变化趋势

连续三次监测结果显示，石漠化扩展趋势整体得到有效遏制，岩溶地区石漠化土地面积持续减少、危害不断减轻、生态状况稳步好转。

3.3.1　石漠化面积持续减少，缩减速度加快

三次监测结果显示，2005—2011年间，石漠化土地面积减少了96万 hm^2，减少率为7.4%，年均缩减率为1.27%；2011—2016年间，石漠化土地面积减少了193.2万 hm^2，减少率为16.1%，年均缩减率为3.45%。20世纪90年代，石漠化土地面积年均扩展速率为1.86%；21世纪初，石漠化土地面积年均扩展速率为1.37%。

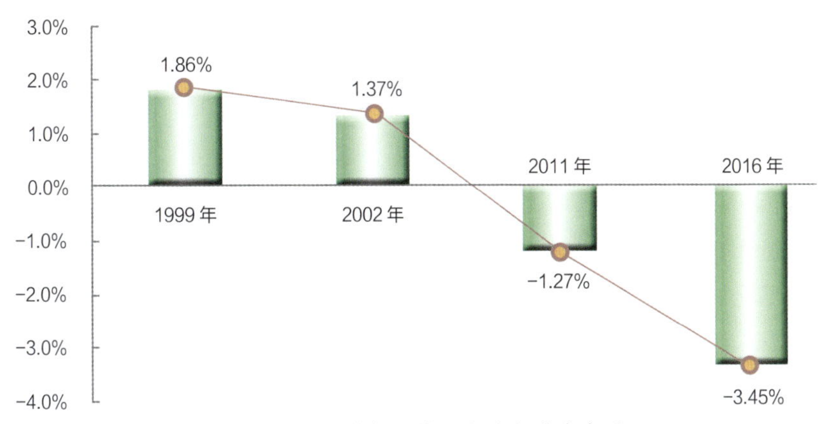

图3-4　不同时期石漠化土地变动速率图

3.3.2　石漠化程度持续减轻，重度和极重度减少明显

综合三次监测结果分析，石漠化程度呈现逐步减轻的趋势，轻度石漠化的占比逐渐增加，由2005年的27.5%，上升到2011年的36%和2016年的38.8%；极重度与重度石漠化土地面积逐步下降，占比由2005年的26.8%，降到2011年的20.9%和2016年的18.2%。

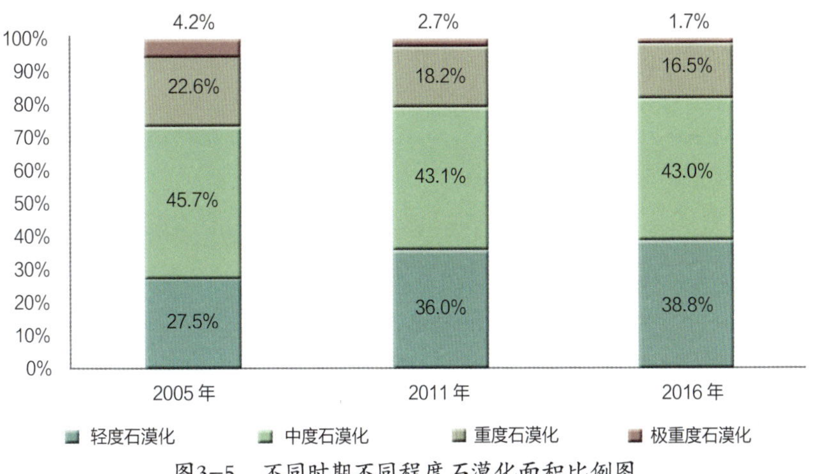

图3-5　不同时期不同程度石漠化面积比例图

3.3.3 水土流失面积减少，侵蚀强度减弱

与2011年相比，石漠化耕地面积减少13.4万 hm^2，岩溶地区水土流失面积减少8.2%，土壤侵蚀模数下降4.2%，土壤流失量减少12%。据长江和珠江流域主要水文站观测显示，珠江流域泥沙减少量在10.7%~38.4%，长江流域泥沙减少量达40%以上。

3.3.4 石漠化发生率下降，敏感性降低

2016年，岩溶地区石漠化发生率为22.3%，较2011年下降4.2个百分点、较2005年下降6.4个百分点，石漠化发生率持续下降。同时，石漠化敏感性监测结果显示，2016年易发生石漠化的高敏感区域为1527.1万 hm^2，较2011年减少111.1万 hm^2，高敏感区所占比降低了2.5个百分点，较2005年下降6.3个百分点，石漠化敏感性在逐步降低。

3.3.5 林草植被结构改善，生态系统稳步好转

岩溶地区植被盖度逐步增加，2016年植被综合盖度为61.4%，较2011年增长3.9个百分点，较2005年增长7.9个百分点。同时，灌木型向乔木型演变，乔木型植被较2011年增加145万 hm^2，乔木型植被占岩溶地区面积比例增加了3.5个百分点。对岩溶地区石漠化演变规律研究显示：演变类型以稳定型为主，稳定型面积占88.5%，改善型面积占8.9%，退化型面积占2.6%，表明岩溶地区整体生态状况趋于稳步好转的态势。

3.3.6 区域经济发展加快，贫困程度减轻

与2011年相比，2016年岩溶地区生产总值增长65.3%，高于全国同期的43.5%，农村居民人均纯收入增长79.9%，高于全国同期的54.4%。5年间，区域贫困人口减少3803万人，贫困发生率由21.1%下降到7.7%，下降13.4个百分点。

3.4 石漠化防治形势

虽然经过多年的持续治理和保护，石漠化防治工作取得了阶段性成果，但因为岩溶生态系统脆弱，石漠化治理具有长期性和艰巨性，且局部石漠化土地仍在扩展，防治形势依然非常严峻。

3.4.1 生态系统脆弱，恢复周期长

岩溶土地具有独特的双层水文结构，基岩裸露度高，土被破碎不连续，土层瘠薄，保水保肥能力差，抵御灾害能力弱，破坏容易，恢复难。目前，植被恢复还是初级的，植被以灌木型为主，占56.5%。研究表明，石漠化土地从退化的草本群落阶段恢复至灌丛、灌木林阶段需要近20年，至乔木林阶段约需47年，至稳定的顶极群落阶段则需近80年。

3.4.2 保护任务重，治理难度大

目前，岩溶地区得到有效保护的乔灌林地面积仅占47%，还有1500万 hm^2 乔灌木林亟待加强保护；有1007万 hm^2 石漠化土地需要治理。同时，随着重点生态工程的推进，一些立地条件较好的石漠化土地已逐步得到治理，下阶段需要治理的地区，治理难度加大，治理成本也越来越高。

3.4.3 经济发展滞后，土地承载压力大

石漠化地区是“老、少、边、山、穷”地区，经济发展严重滞后，人均GDP仅为全国的71%，贫困人口占全国的1/3，是我国贫困人口集中分布地区。截至2017年，岩溶地区仍有211个县（市、区）没有脱贫，群众增收途径有限，对土地依赖性较强。同时区域人口密度达207人/km^2，是全国平均人口密度的1.5倍，是岩溶地区理论最大可承载人口密度（100人/km^2）的2倍多。

3.4.4 石漠化耕地和坡耕地面积依然较大，加剧和产生新的石漠化风险高

经过退耕还林和土地整治，本次监测石漠化耕地面积较上次减少了13.4万 hm^2，但仍有261.6万 hm^2 已经发生石漠化的耕地还在继续耕种中，且93.7%为坡耕旱地（坡度大于5°以上），有继续恶化的风险。此外，岩溶地区还有450.8万 hm^2 尚未石漠化的坡耕旱地，其中坡度在15°以上的140.2万 hm^2，极容易因水土流失而产生新的石漠化。

3.4.5 人为破坏和自然灾害依然存在，局部恶化的局面难以消除

由于种粮及其补助所得收益远高于生态效益补偿标准，导致毁林开垦、陡坡耕种的现象还时有发生。另外，樵采薪材、过度放牧等也给治理成果巩固带来压力。加上自然灾害发生具有不确定性，干旱、冰冻等极端灾害天气以及泥石流、森林火灾、森林病虫害多发，巩固和扩大石漠化治理成果始终面临严重威胁，稍有不慎，很可能发生局部恶化。

综上所述，虽然经过多年的持续治理和保护，石漠化防治取得了阶段性成果，但岩溶地区生态保护任务重，石漠化修复难度大，治理成本高，导致石漠化扩展的人地矛盾等自然因素和社会因素依然存在，石漠化防治依然具有长期性和艰巨性，防治工作任重道远。

第二部分
喀斯特石漠化治理效益评估指标体系研究

第 4 章　石漠化治理效益评估指标体系的研究

科学评价石漠化综合治理试点工程区生态、社会、经济的变化趋势，定量评价石漠化综合治理试点工程所取得的成效，为分析总结试点工程取得的经验和下一步石漠化防治工作提供科学的参考数据。

在地面大量调查资料和数据的基础上，利用遥感、GIS 和综合模型等研究方法，系统研究评价石漠化试点工程区、不同类型治理区植被盖度、植被生产力、碳汇功能、生物多样性、水源涵养、土壤侵蚀、土地承载力、石漠化程度等核心生态问题和区域可持续发展综合指标，客观分析石漠化综合治理试点工程实施的生态效益、经济效益和社会效益，综合评价试点工程功效。

表 4-1　工程效益监测内容及指标体系

A 岩溶地区石漠化综合治理试点工程监测与评估综合指标	B1 生态效益	C1 水土保持作用指标	D1 不同程度石漠化土地面积
			D2 石漠化土地治理面积
			D3 土壤侵蚀程度
			D4 流域输沙模数
			D5 流域径流系数
		C2 土壤改良指标	D6 土壤密度
			D7 土壤总孔隙度
			D8 土壤有机质含量
			D9 土壤全氮含量
			D10 土壤 pH 值
			D11 土壤饱和持水力
		C3 生态系统稳定性维持指标	D12 林地面积
			D13 森林覆盖率
			D14 森林蓄积
			D15 植物组成
			D16 生物多样性
			D17 植被净第一性生产力
		C4 气候变化响应指标	D18 植被碳汇功能
			D19 自然灾害发生频率
			D20 空气质量状况

续表

A 岩溶地区石漠化综合治理试点工程监测与评估综合指标	B2 经济效益	C5 土地承载力指标	D21 区域人口数量
			D22 粮食生产量
			D23 草食畜牧养殖量
			D24 林果产品产量
			D25 薪材数量
		C6 经济发展水平指标	D26 农业生产总值
			D27 林业生产总值
			D28 第三产业生产总值
			D29 社会生产总值
			D30 人均纯收入
	B3 社会效益	C7 社会服务价值	D31 建小型节能设施农户的数量
			D32 建小型节能设施农户比例
			D33 农村公路通车里程
			D34 人均居住面积
			D35 外出劳务人员
			D36 本地从业人员
		C8 潜在公益效益	D37 人均文化设施
			D38 人均受教育年限
			D39 公众对环境意识程度

4.1　石漠化治理工程效益监测评价方法

岩溶石漠化治理试点工程的主要内容包括林草植被保护与建设（主要工程措施有封山育林、人工造林、人工种草）、草食畜牧业发展（改良种畜、建设棚圈、饲草机械、青贮窖）、坡改梯、水资源利用（泉点引水）、农村能源（太阳能、小水电、沼气、节柴灶）。因此，主要针对以上具体实施工程区进行监测调查。针对各试点县，若按小流域为单元治理，各监测指标按照小流域为监测调查单元，统计按照流域内行政村分别统计，若按区域行政单元为治理对象，以最小行政单元为监测调查单元。本章简要介绍了一般的监测方法供相关研究者参考。

4.1.1　监测样地的设置

在重点监测县域范围内，区分不同石漠化程度（潜在、轻度、中度、重度石漠化）区域，分别设置固定监测样地。根据不同石漠化程度面积分布情况，潜在、轻度、中度、重度石漠化分别设置面积监测样地，一般设5个，样地位于典型地段，尽量均匀分布，样地面积为100m×100m。在每个样地内再设置5个10m×10m的样方，分别位于样地的4个顶点和对角线交点。用GPS记录样地和样方中心点坐标，并设置固定标桩。

4.1.2 调查指标与方法

（1）植被调查：在生长季对每个样方进行调查，记录群落盖度、植物种类，每种植物的高度、分盖度、多度等；测量样方内每株乔木树高、胸径，灌木树高、基径；采用收割法测定1m×1m小样方内草本植物生物量。

（2）土壤调查：在生长季对每个样方进行调查，记录凋落物厚度、土层厚度、裸岩面积占样方面积的百分比，并采集土壤样品带回实验室，分析土壤机械组成、有机质、全氮、pH值等。

4.1.3 监测评价指标获取

1. 不同程度石漠化土地面积（D1）

该指标5年监测1次。通过卫星影像，根据固定监测样地调查资料，建立评价指标和解译标志，经解译统计后得出石漠化土地面积和程度。

2. 石漠化土地治理面积（D2）

该指标每年监测1次。由林业部门提供统计数据。

3. 土壤侵蚀模数（D3）

该指标每年监测1次。由林业部门协同水利部门提供。

4. 流域输沙模数（D4）

该指标每年监测1次。由林业部门协同水利部门提供。

5. 流域径流系数（D5）

该指标每年监测1次。由林业部门协同水利部门提供。

6. 土壤改良指标（D6、D7、D8、D9、D10、D11）

该指标每年监测1次。由固定样地监测。

7. 林地面积（D12）、森林覆盖率（D13）和森林蓄积（D14）

该指标5年监测1次。由林业部门提供统计数据。也可考虑用遥感信息处理获取。

8. 植被组成（D15）

根据固定监测样地植物群落调查资料计算。

9. 生物多样性（D16）

根据固定监测样地植物群落调查资料计算。

10. 植被净第一性生产力（D17）

采用固定监测样地、遥感资料、NPP模型相结合的方法计算。

11. 植物碳汇功能（D18）

该指标每年监测1次。对区域内植物群落组成的优势种类，采用生态学方法建立生物量回归方程（根据树高、胸径、基径等计算）计算群落生物量，然后折算出固碳量。也可考虑用遥感信息处理获取。

12. 自然灾害发生频率（D19）

该指标每年监测1次，包含干旱、洪涝灾害发生频率。由气象部门统计。

13. 空气质量状况（D20）

该指标每年监测1次，包含大气、酸雨等污染次数。由林业部门协同县环保部门统计。

14. 区域人口数量（D21）

该指标每5年监测1次。由统计部门提供。

15. 土地生产力（D22、D23、D24、D25）

该指标每年监测1次。由林业部门协同统计部门提供。

16. 经济发展水平指标（D26、D27、D28、D29、D30）

该指标每年监测1次。由林业部门协同统计部门提供。

17. 建小型节能设施农户数量和比例（D31、D32）

该指标每年监测1次。县农业部门、县林业部门、县水利部门统计。

18. 农村公路通车里程（D33）

该指标每年监测1次。县交通部门统计。

19. 人均居住面积（D34）

该指标5年监测1次。县建设部门统计。

20. 外出劳务人员（D35）

该指标每年监测1次。县劳动人事部门统计。

21. 本地从业人员（D36）

该指标每年监测1次。县劳动人事部门统计。

22. 人均文化设施（D37）

该指标每年监测1次。县教育部门统计。

23. 人均受教育年限（D38）

该指标5年监测1次。县教育部门统计。

24. 公众对环境意识程度（D39）

该指标每年调查1次。采用问卷形式，由县林业部门协同教育部门统计。

4.2 石漠化治理工程效益评价内容

石漠化已经发生在世界上的许多国家和地区，同时潜在石漠化土地的存在加重了对环境的威胁。中国西南喀斯特地区由于人口与土地承载力的矛盾突出，石漠化面积和程度都最为严重，对当地的环境、社会和经济都产生了巨大的负面影响。中国于2008年开始投入了大量的资金和人力开展了石漠化综合治理工程，2005—2011年，中国西南地区石漠化土地面积减少了9600 km^2，潜在石漠化土地面积增加了9800 km^2，治理效果明显；中国的治理经验及研究成果可为世界上其他喀斯特地区国家提供石漠化预防与治理经验。

由于岩溶石漠化地区地形地貌复杂，因此，本书分不同的篇章就石漠化治理工程对区域的不同方面的影响，选取不同研究进行展示。具体见本书的第三部分。

第三部分
喀斯特石漠化治理效益评估相关研究案例

第 5 章　岩溶石漠化区土壤厚度空间变化

5.1　研究区概况与研究方法

5.1.1　研究区概况

乌箐河小流域位于金沙县与黔西县交界，地理位置为 E106°15′41″~106°17′53″，N27°19′16″~27°23′37″，位处乌箐河的东侧，属于乌江水系。行政区划包括城关镇联盟村、双兴村、丰景村和淹坝村4个村，面积2317.19 hm^2，岩溶土地面积2317.19 hm^2。

5.1.1.1　地形地貌

乌箐河小流域地势东高西低。海拔1100 m，地貌以山地为主，坡度较陡。由于山地面积广大，平缓耕地较少，多坡耕地，且多陡坡垦殖，水土流失严重，造成地表基岩裸露，自然环境受到严重破坏。该区土层薄，破碎分散，极易溶蚀，在较大降雨量和降雨强度的诱发下，加上人类的强烈干扰和破坏，地表覆盖的林草植被被破坏，使最初连续覆盖的土壤被剥离、破碎，形成土壤被流水的搬运与流失。土壤流失后，地表覆盖急剧减少，造成大片基岩裸露，土壤肥力低下，土壤质量变差，最终造成土壤的退化，这是石漠化地区土壤退化的最后阶段。远远望去，看不见土，只见白花花的裸露岩石，这是石漠化的典型特征。

5.1.1.2　地质土壤

研究区境内以侏罗纪紫色砂岩、泥岩、砾岩等岩性为主，易溶蚀风化，可溶成分被流水带走，通常剩下仅1%~5%的酸不溶物质，这代表岩溶地区的土壤形成难度大，成土速度极为缓慢。

土壤以黄壤为主，黄壤土的上部多黄棕壤，而下部多为红壤，且境内分布部分石灰岩土和石灰性土。土壤呈现微酸性至微碱性，pH 值多大于6.5，土层一般较薄，全区土壤平均厚度29.2 cm，其中坡耕地土壤平均厚度为38.1 cm，荒山地土壤平均厚度20.8 cm，林地的土壤平均厚度仅为11.8 cm（尹亮等，2012），土壤分布极不均匀，土壤质量差，多岩石碎屑颗粒，粘粒含量较高，土壤结构发育不良。土壤质地黏重，团粒结构不良，保水保肥性差，土壤通常缺水，气、热、水、肥不平衡。

另外，由于区域土壤侵蚀快于土壤形成，土壤会逐渐流失殆尽，土壤严重匮乏。土壤种子库和养分仅存于土壤剖面顶部20~30 mm 的喀斯特贫瘠土壤（李阳兵等，2006），土壤流失带走了养分和种子，对土壤资源的破坏是毁灭性的。

总体来看，土壤质量变劣是石漠化的本质（龙健等，2002）。石漠化地区土被不完整，多被岩石分割，残存的土壤主要位于岩石缝隙和沟槽中，空间分布变异性较大，耕地质量较差，且多为坡耕地，高产稳产耕地数量为数不多，土壤总体平均厚度一般不超过30cm，水肥极易流失，土壤养分含量低，土壤质量差，加上土地管理较为粗放，土地的产出效率低下。贫瘠的土地资源的典型表现为土地承载力低，敏感性高，产投比低，可持续利用能力低下。

5.1.1.3 气　象

乌箐河小流域境内年均温15.1℃，热量丰富，而全球性的气候变化导致石漠化地区自然灾害频繁，主要分地质灾害和气象灾害两类，地质灾害的主要原因是山区地形切割严重，山高坡陡，沟壑纵横（郭振春，2002），加上降水空间时间分配不均，暴雨集中，极易造成滑坡、泥石流、崩塌等地质灾害。资料显示，我国西南喀斯特地区地质灾害全年均有发生，多集中于4—8月。地质灾害的发生频率远远没有自然灾害频繁，比如旱灾、水灾、风雹灾、病虫害、低温冷冻害等。贵州作为全国唯一没有平原而以山地为支撑的农业省份，春旱、夏旱、倒春寒、冰雹、大风、暴雨洪涝、病虫害等气象灾害（贵州省地方志编纂委员会，2001），给农业生产造成的损失占各种自然灾害的80%以上（许炳南，2000），其中旱灾是发生频率最高的。另外，多种自然灾害通常交替出现，大的自然灾害往往是多种灾害按照一定的顺序发生的结果。有资料统计表明：1990—2007年10多年来，贵州省旱涝灾害交替出现，年均受旱面积875万亩*，成灾面积437万亩，造成的损失年均22亿元以上，且呈现加重趋势。

5.1.1.4 水　文

乌箐河小流域年均降水量为1032.6mm，雨热同期现象非常明显，降水的时空分布不均，降雨多集中于5—10月，这6个月的降水总量占全年总量的80%，夏季多暴雨，易于造成水土流失。而多数情况下，气候干旱，总体呈现：每年都有旱情，三至六年一中旱，七至十年一大旱的特点（马建华，2010）。由于岩溶地区特殊的水文结构，除地表径流流失外，还存在地下漏失，通常使该地区存留不住水分，造成严重的工程性缺水问题。一般而言，小流域是一个相对完整的水文空间，具有相对独立和封闭的汇水区域，水文地质结构贯通闭合，但是对于石漠化区小流域来说，由于特殊的岩性及地理环境，径流具有特殊的二元结构，即地表径流和地下径流。长期的溶蚀作用的结果导致地下水文空间发达，水系发育良好，使水资源在不知不觉中从地表消失。发达的地下漏失结构导致地下水资源丰富，但由于复杂的地质结构及地下水的埋藏深度深，根本无法利用，造成“湿润下的极度干旱”的尴尬困境。

2009—2010年，我国西南部分地区降雨量较多年同期总体偏少5成以上，其中贵州平均降雨量为有实测资料以来同期的最低值；而气温又偏高与多年同期气温值，气候异常，这又加剧了特大干旱缺水灾害的损失。乌箐河小流域近几年降水量也明显减少，严重影响当地生产生活及环境的改善。

---

* 注：1亩≈666.67m^2，下同。

5.1.1.5 植 被

虽然石漠化地区降水量较多，但水分不易存留，加上土壤贫瘠、土层薄、养分流失严重等特点使立地条件较差，未能给植物生长创造良好的条件。因此，该地区乔木生长状况较差，水分和养分都缺乏，这就是该区域多“小老树”的原因，导致出材率低，经济效益和生态效益都较差。乔木的生长不良，促进了耐旱性、喜钙性、岩生性的灌木、藤本等适生性强的植物的生长。总体来看，植物群落结构简单，顺向演替难，逆向演替易。

本身该地区的自然条件并不占优势，加上人类的过分掠取、滥垦滥伐、毁林开荒、陡坡开垦、破坏草地等，加剧了植被的破坏，使植被覆盖率更低。特别是20世纪80年代初期，由于毁林开荒，森林面积急剧减少，贵州省的植被覆盖率下降到12.6%（蓝安军，2002），而乌箐河小流域仅在一些村寨的四周和在一些陡峻的峰丛顶部尚残存有少许林地。虽然人们渐渐认识到问题的严重性，广泛开展造林种草、封山育林等植被恢复措施，但由于该区植被生长缓慢，加上长期强烈的水土流失，基岩裸露，石漠化较为严重，森林覆盖率增长也较慢。

5.1.1.6 水土流失及石漠化问题严重

岩溶地区，可溶性强的碳酸盐岩易被风化溶蚀，溶蚀物随水沿着地质裂隙不断下切，长期作用形成竖井、落水洞、漏斗等构造，同时，地上部分还存在地面径流，形成的地表、地下双层水文地质结构，加强了溶蚀作用，使土壤和水分流失的速率极高。同时，强烈的化学淋溶作用导致风化物垂直向下移动，形成一个上松下粘的不同物理性质的界面，造成严重的地下漏失（喻劲松等，2005）。且上层土壤和母岩之间缺乏黏着力和亲和力（周德全等，2003），水土极易流失，造成岩石裸露，石漠化现象严重，而且西南岩溶山区的石漠化目前仍在快速发展，石漠化的快速扩张，阻碍了西南岩溶地区的可持续发展。

喀斯特生态系统具有特殊的物质、能量、结构和功能，具有多相多层复杂界面体系，环境容量低，生态环境敏感度高，抵抗干扰的能力差，在地表植被遭受到人为干扰及其他原因的破坏后，环境承载力明显降低，无地表覆被的保护，土壤极易流失，造成大面积基岩裸露，降低生态系统稳定（郑永春等，2002；杨明德，1990）。因此认为石漠化区小流域是典型的生态脆弱区。

5.1.1.7 经济发展

小流域内产业结构以农业种植业为主，同时附带经营养猪、养鸡等养殖业，种植结构以玉米＋油菜、玉米＋小麦、水稻＋油菜为主。小流域内现已建立一个养殖协会，有农民会员42户，主要以养猪为主，会员户均养猪10头以上。2000年以来，国家共计投资731万元。2010年社会总产值为2152万元，其中农业总产值2029万元，第三产业总产值123万元。农业总产值中以种植业和畜牧业所占比重最大。农民人均纯收入2003元。

5.1.1.8　人口与贫困

乌箐河小流域2010年总人口为6448人，其中农业人口6448人，农业劳动力3799人，人口密度为295人/km^2。人口多，密度大，增长急剧，远远超过当前生产力水平下的适宜人口容量值，人口超载率在30%以上，已严重超过脆弱喀斯特生态系统的承载力。对于偏远落后的小流域山区农村，群众观念落后，计划生育工作落实不充分，超生现象严重，造成越穷越生，越生越穷的恶性循环。其中，贵州省人口密度和人口自然增长率处于国家的较高水平，且其农业人口占到总人口数的80%以上，而80%的农业人口居于石漠化地区。

贵州喀斯特地区的人口素质，尤其农村人口的文化素质急需提高。据第六次人口普查，贵州省每10万人中具有大学文化程度的为5292人，具高中文化程度的为72825人，具初中文化程度的为29789人，具小学文化程度的为39373人；文盲人口为303.85万人，文盲率为8.74%。由于岩溶山区农民长期以来饱受贫困，受教育程度低下，大多数农民只掌握传统粗放式的农业生产技术，对土地及生态环境破坏较大，生态承载力严重超载。

在我国西南石漠化山区，长期以来形成的贫困落后根深蒂固。其中贵州作为全国的“少、边、穷”地区，全省的社会经济状况在全国处于非常落后的水平，人口密度超过全国平均水平的1.5倍，资源环境压力巨大。同时由于交通不便，信息闭塞，科技创新的动力严重缺乏，农业经营方式较粗犷，结构单一，层次低，综合生产能力较低（张冬青等，2006）。该地区区域贫困与深度贫困并存，贫困问题与民族地区发展问题并存，经济发展落后与公共服务欠缺并存，生态环境脆弱与人口素质偏低并存，“欠发达”特征仍然突出。

5.1.2　土壤厚度测定方法

5.1.2.1　调查样地的布设

本研究采用抽样调查法，根据乌箐河小流域石漠化分布图及土地利用图在室内进行预布点，选择具有土地利用和不同石漠化程度的典型性和代表性的样地。选取小流域内坡耕地、人工意杨林和荒山3种典型土地利用方式（占土地总面积约75%）下的9块样地作为采样单元。其中坡耕地种植作物为玉米，年均产量为280kg/亩左右，采样时已经收割完毕。意杨林为退耕还林工程中营造的人工林，行间距4m×5m，树高4m~11m不等，平均胸径约4.3cm。荒山岩石裸露率较高，土壤多分布在石沟石坑中，植被为亚热带落叶阔叶林，林下灌木层发育良好。考虑到数据的代表性和随机性，在各样地内分别选择微地貌相对一致的区域，设置大小均为20m×20m的样地，结合样地实地情况并保证对调查样地土壤厚度的充分表达，本研究以4m×1m的网格进行布点（图5-1），在每个样点以倒三角方式平行测3个值，根据3个点的厚度变异情况，判定取平均值作为该样点的土壤厚度值比较合理，从而使调查土壤厚度更具代表性。2010年10月采用钢钎法进行土壤厚度实地测量。共采集土壤厚度数据2160个，并记录各样地的地貌特征、植被盖度、

GPS坐标等基本信息。为保证穿透性，本研究特制长120cm，直径0.8cm尖端经过打磨的钢钎。测量时保证垂直插入土壤，记录没入土壤中钢钎的长度，即土壤厚度。由于石漠化地区土层较薄，钢钎法测量土壤厚度既能满足实验精度要求，又能保证实验的快捷顺利进行。

表5-1　样地信息调查表

样地编号	土地类型	植被群落	植被盖度	干扰方式及程度	地貌	坡度	坡向	坡位
01	坡耕地	玉米、一年蓬	80%	耕作	低山	19°	西坡	坡下
02	坡耕地	玉米、核桃	75%	耕作	低山	20°	西北坡	坡下
03	坡耕地	玉米	70%	耕作，整地	低山	15°	北坡	坡下
04	荒山	麻栎、毛白杨、火棘、三脉紫菀、苔草	90%	无	中山	20°	北坡	坡中
05	荒山	火棘、毛白杨、荩草、马兰、一年蓬	80%	轻度	低山	24°	东坡	坡中
06	荒山	薄叶鼠李、火棘、野花椒、一年蓬、香薷	60%	轻度	中山	22°	东南坡	坡上
07	意杨林	意杨、金佛山荚蒾、粉枝梅	70%	整地	低山	21°	东南坡	坡下
08	意杨林	意杨、粉枝梅、白毛、苔草	75%	整地	中山	25°	北坡	坡中
09	意杨林	意杨、火棘、一年蓬、狗尾草	65%	整地，坡改梯	低山	18°	西北坡	坡下

注1：玉米（*Zea mays*）、一年蓬（*Erigeron annuus*）、核桃（*Juglans regia*）、麻栎（*Quercus acutissima*）、毛白杨（*Populus tomentosa*）、火棘（*Pyracantha fortuneana*）、三脉紫苏（*Perilla frutescens*）、羊须草（*Carex callitrichos*）、荩草（*Arthraxon hispidus*）、马兰腾（*Dischidanthus urceolatus*）、薄叶鼠李（*Rhamnus leptophylla*）、野花椒（*Zanthoxylum simulans*）、香薷（*Elsholtzia ciliata*）、意杨（*Populus euramevicana*）、金佛山荚蒾（*Viburnum chinshanense*）、粉枝梅（*Rubus biflorus*）、白茅（*Imperata cylindrica*）、狗尾草（*Setaria viridis*）。
注2：中山海拔为1000~3500m的山地；低山海拔小于1000m的山地。

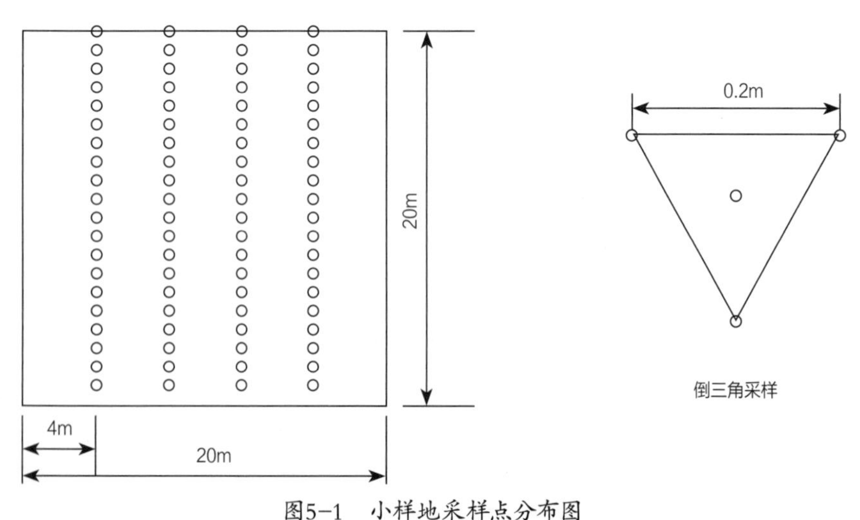

图5-1　小样地采样点分布图

图5-2　样地信息图

5.1.2.2　土壤厚度空间插值方法

数据处理采用域法识别特异值，即样本均值加减3倍标准差，在此区间外的数据分别用正常的最大值和最小值代替，后续计算均采用处理后的原始数据。土壤厚度的空间变异性采用地统计学方法进行分析，其中半变异函数的计算和空间插值作图分别采用 GS+v 9 地统计软件和 Surfer 6.0 软件进行，数据的统计分析采用 SPSS 11.5 分析软件。

研究区域内各样地不同空间位置上的土壤厚度与采样点的空间分布有关，它既具有随机性又具有结构性，是空间距离的函数。因此，所有空间距离上的土壤厚度的空间变异特征可以通过半变异函数来描述（李哈滨等，1998；周惠珍等，1996；王政权，1999）：

$$r(h)=\frac{1}{2N(h)}\sum_{i=1}^{N(h)}[Z(x_i)-Z(x_i+h)]^2$$

式中：

$N(h)$ —— 间隔距离等于 h 时的样点对数；

$Z(x_i)$ —— 样点 Z 在位置 x_i 的实测值；

$Z(x_i+h)$ —— 与 x_i 距离为 h 处样点的值。

根据测量值计算三种土地利用类型下各样地土壤厚度的半变异函数，并进行半变异函数理论模型的最优拟合。本研究中土壤厚度半变异函数的最优理论模型是指数模型，其表达式如下：

$$r(h)=\begin{cases}0 & h=0\\ C_0+C[1-\mathrm{e}^{-\frac{h}{a}}] & h>0\end{cases}$$

式中：

C_0 —— 块金值；

C_0+C —— 基台值；

h —— 滞后距离；

i —— 变程。

一般来说指数模型很难表现出有限变程，在应用的过程中一般采用3 a表示（李哈滨等，1998；王政权，1999；Western A W. et al.，1998）。

本研究对土壤厚度的估计值采用克里格（Kriging）插值法，在区域内，变量在x_0处的估计值为$Z(x_0)$，其周围相关距离内的测定值为$Z(x_i)$（i =1，2，…，n），则变量在位置x_0处的估计值可用$Z(x_i)$的线性组合表示，即：

$$Z(x_0)=\sum_{i=1}^{n}\lambda_i Z(x_i)$$

为了得到较合理的理论半变异函数的最优拟合模型和实现变量在位置x_0处的最优估计值，本研究通过对推算结果的无偏性和一致性来检定。

克里格插值法是建立在地统计学半变异函数分析基础之上的一种空间最优估计方法。利用克里格插值法进行土壤厚度空间插值实质就是根据我们采集的原始土壤厚度数据和半变异函数的结构特点，对研究区未知点的土壤厚度的一种线性无偏的最优估计。

5.2 研究区土壤厚度空间异质性分析

喀斯特石漠化是制约我国西南岩溶地区农业生产发展的主要障碍因子之一，由于特殊的气候条件和长期的岩溶作用，使得该地区成土速度缓慢，土层极薄，土地存在严重的不连续性和非均质性（曹建华等，2003）。土壤厚度是指土壤表面到土壤母质层的垂直深度，同其他土壤性质一样，土壤厚度存在一定的空间异质性，即不同的空间位置上土壤厚度存在一定的差异。本章主要针对流域内典型的土地利用类型进行土壤厚度的空间异质性研究，包括土壤厚度描述性统计分析，土壤厚度的空间变异性以及流域内土壤厚度的空间分布特征3个主要内容。进行此研究的目的在于了解流域内主要土地利用类型下土壤厚度情况以及空间变异特征，为小流域土壤厚度空间分布预测性制图提供必要前提。

5.2.1 不同土地利用土壤厚度特征

根据以往的研究（周运超等，2010）及野外实地调查发现，研究区土壤主要分布在石沟、土面、石坑中，土层很薄，空间分布极为不均。对9块样地2160个土壤厚度数据的计算与统计可以得到土壤平均厚度仅为29.2cm。从图5-3中可以看出，土壤厚度主要集中在10~35cm，占总体的41.1%，厚度小于10cm的样点占总数的29.4%，30cm以下的占61.8%。从各样地土壤厚度分布图（图5-4）可以看出，坡耕地的土壤厚度最大，荒山次之，林地最薄。

从土壤厚度的描述统计学特征看，各样地土壤厚度均值分布在8.96~45.33cm，标准差偏大，反映出数据的均匀程度不高。三种土地利用类型的样地中土壤厚度的变异系数除个别样地大于1外，其余均介于0.1和1之间，即该地区土壤厚度总体呈现中等强度变异，个别样地呈强度变异（郑继勇等，2004）。其中坡耕地的变异程度相对较小，且平均厚度远大于荒山和林地，这主要是受地形因子的影响，在石漠化地区为了耕种和运输方便，人们开垦的坡耕地多分布在山脚下或中坡位一些地势相对平缓的地带。土壤发生学观点认为，土壤的发育与形成受气候、生物、地形、母质、成土时间以及人类活动的影响，在大尺度范围内气候因素是影响土壤形成的主导因素，而对于小尺度，在土壤的发育、形成与分布过程中起重要作用的则是地形因素（坡度、坡向、坡位）（张俊民等，1996）。在土壤形成和发育的过程中由于重力作用，土壤颗粒自然会向下坡位移动，特别是对于石漠化地区，土壤通常缺乏过渡层或者过渡层很薄，使岩土之间的粘着力和亲和力大大减小（苏维词，2001），从而加速了土壤向下坡位的运移过程。另外，人类在耕作的过程中通常会采取一些简单的工程措施，也能够暂时性的减少土壤侵蚀（周运超等，2010）。因此，使坡耕地的土壤厚度远大于其他两种样地，空间连续性也相对较好。通过林地和荒山土壤厚度的比较发现林地土壤的平均厚度不及荒山，变异程度也相对较大。造成这种现象的主要原因是这两种土地的人为干扰程度不同。林地都为新造人工林，多数分布在自然植被盖度较低、基岩裸露率较高的地区，在造林之初都经历了整地等措施，而荒山的人为干扰程度相对较轻。

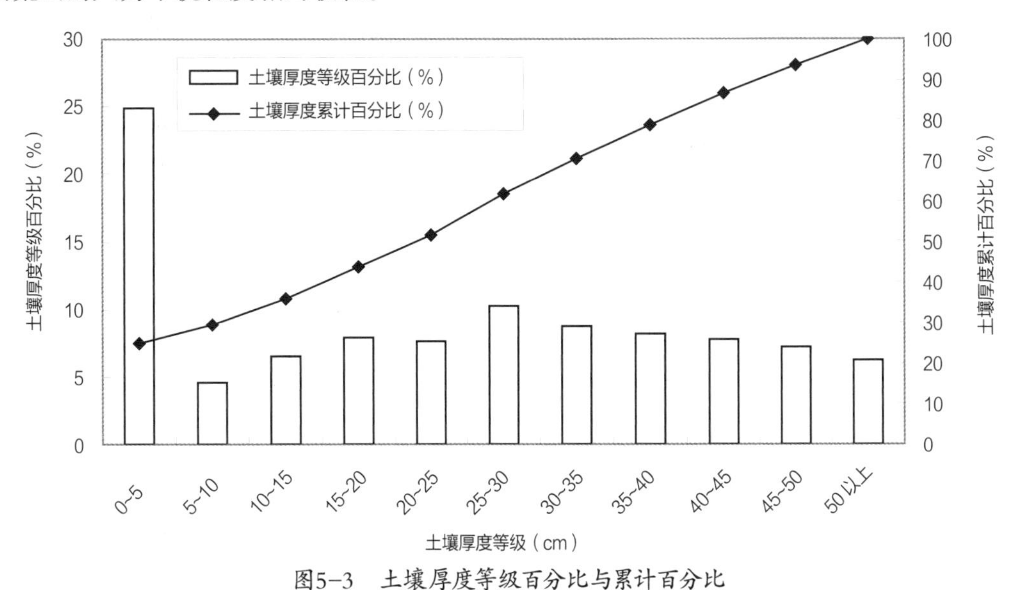

图5-3　土壤厚度等级百分比与累计百分比

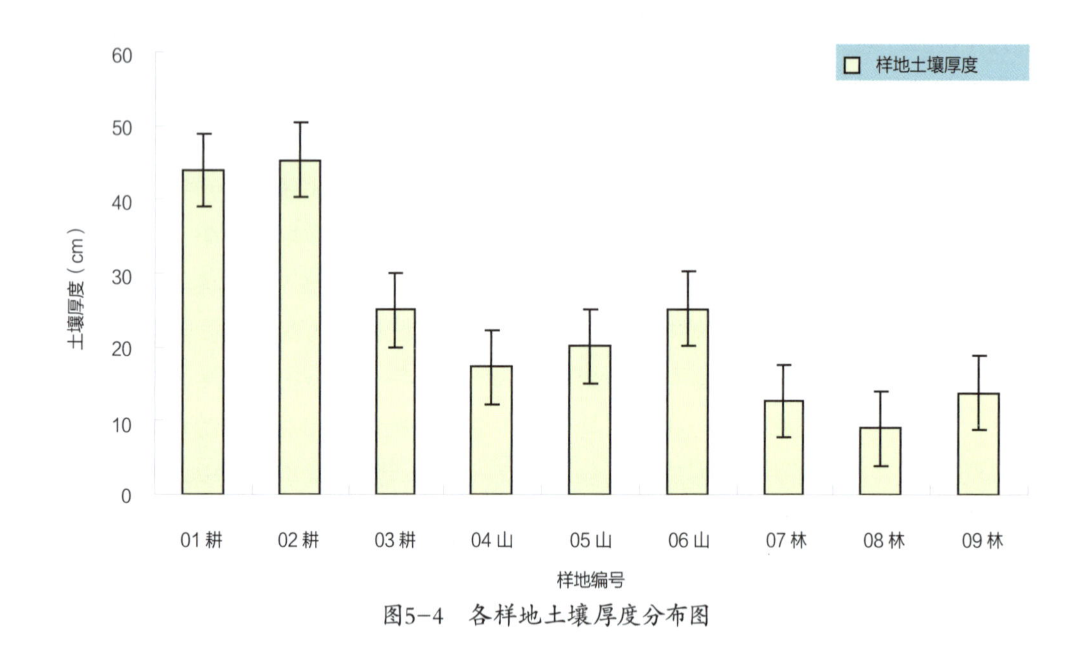

图5-4　各样地土壤厚度分布图

表 5-2　土壤厚度描述性统计表

样地编号	均值（cm）	最大值（cm）	最小值（cm）	标准差	变异系数	偏度	峰度	正态分布
01 耕	43.98	78.33	0	13.96	0.317	−0.595	2.332	正态
02 耕	45.33	62.33	26	7.40	0.163	−0.274	0.357	正态
03 耕	24.96	49.33	0	12.37	0.495	−0.874	0.242	正态
04 山	17.20	50.33	0	13.55	0.787	0.476	−0.625	正态
05 山	20.11	55.67	0	15.06	0.748	0.270	−0.911	正态
06 山	25.19	66.00	0	16.30	0.646	−0.078	−0.652	正态
07 林	12.70	39.67	0	12.51	0.984	0.394	−1.297	近似
08 林	8.96	35.33	0	10.21	1.139	0.864	−0.445	近似
09 林	13.80	49.67	0	14.95	1.082	0.793	−0.549	正态

5.2.2　土壤厚度空间变异性

通过观察数据的偏度和峰度，并利用 K-S 法对各样地土壤厚度的统计分布进行了非参数检验（张仁铎，2005），结果表明：在0.05检验水平下，除林地中的两块样地呈近似正态分布外，其余各样地均呈正态分布，无须进行数据转换。

在空间分析中，实验误差和小于实验取样尺度所引起的变异通常用块金值来表示，块金值较大说明小尺度上的某种过程不容忽视（王军等，2000）。对土壤厚度数据进行空间结构分析发现，该地区土壤厚度存在块金效应且块金值较大，各个样地之间块金效应的大小存在一定差异，但无明显的规律可循；所有样地基台值均较高，这可能与该地区土壤厚度的空间分布格局是由地形和微地貌等因素控制有关。

块金值与基台值之比表示随机部分引起的空间异质性占系统总变异的比例，通常用来指示系统变量的空间变异程度（李亮亮等，2005）。本研究中，坡耕地的三块样地中土壤厚度的块金值与基台值之比分别是0.505、0.500、0.832，平均值是0.612，土壤厚度具有中等程度的空间相关性，表明该类土地土壤厚度的空间异质性主要是由于结构性因素引起的，如气候、母质、地形、土壤类型等自然因素（王军等，2000）。其中小样地3的比值偏大，实地调查发现该样地刚刚有过工程措施，人为扰动程度大是造成这种情况的主要原因。而对于林地和荒山其比值分别为0.788和0.807均大于0.75，土壤厚度的空间相关性较差，表明该两类土地土壤厚度的空间异质性主要是随机性因素引起的（王军等，2000）。对于研究区的人工林地而言，基本都是刚刚采取过工程措施的新生意杨林，一般分布在石漠化程度相对严重的区域，经过整地、坡改梯等措施，并且阔叶林的枯落物较多，覆盖地表，造成了从表面上看，岩石裸露率不高，而实际情况却与之相反，人工林地的土壤厚度存在严重的空间变异性。荒山是石漠化地区典型的土地类型之一，其地表岩石丛生，沟壑纵横，土壤主要集中在石沟、石缝中，呈斑块状分布，土壤厚度连续性相对较差，空间变异程度明显，呈高度破碎形态，这主要与该地区特殊的地质发育和地形地貌特征有关。另外，在取样中发现，荒山上虽然土层很薄岩石裸露率较高，但有些潜在石漠化荒山却有高大乔木生长，植被盖度也达到了70%左右，所以在研究中应当充分注意石坑、石缝中土壤的作用（周运超等，2010），这一现象充分说明研究该地区土壤的空间分布及变异规律的意义的重大。

变程是研究空间异质性的重要指标之一，变程的大小表明土壤厚度空间连续性的好坏。变程的大小不但与所选取的采样尺度有关，而且也受到在该尺度下影响土壤厚度各种过程的共同作用（Fitzjohn C. et al.，1998）。本研究中，坡耕地的变程远大于荒山和新造人工林，而荒山和林地之间相差无几，说明坡耕地土壤厚度的连续性要好于荒山和新造人工林，荒山的连续性略好于林地，但差距不明显。坡耕地的变程较大也反映出了喀斯特石漠化地区的坡耕地虽然微地形复杂，影响因素多样，但土壤厚度仍然具有一定的空间连续性。三块坡耕地中第1块样地的变程明显小于另外两块样地，说明此样地土壤厚度的空间连续性不及另外两块样地，该块样地采取过简单的工程措施，耕种时间也长于其他两块样地，人为干扰因素较大，是造成该块坡耕地土壤厚度空间连续性差的直接原因。一般认为在块金效应不大时，取样间隔以变异函数变程的一半为限（Flatman G T. et al.，1987）。

5.2.3　土壤厚度空间分布格局

在土壤厚度空间变异理论及结构分析的基础上，利用克里格插值法在研究区域内进行空间插值分析，得到土壤厚度空间分布等值线图。从图中可以看出，土壤厚度明显的呈带状或斑块状分布，高低差异明显。总体上来看，随着坡位的降低土壤厚度逐渐变大，其中以第05块样地最为突出。在三种样地内部土壤厚度分布特征有非常明显的差异。坡耕地土壤厚度分布近似带状，具有一定的连续性，变异程度相对较低，而与之对应的荒山和新造人工林土壤厚度的空间分布格局则支离破碎，变异程度较大。荒山和意杨林对比发现，虽然两者的大体分布特征相似，但是还存在一定的差异，意杨林在坡中和坡顶仍然有土壤厚度较厚的点出现，野外调查中发现这些点的位置一般分布在石坑和石缝中。造成这种现象的原因，可以用土壤侵蚀原理加以解释，在坡面上出露的基岩风化速率相对较快，风化残余物质在重力和降雨的作用下滑向石坑和石缝中。另外，从荒山类样地04可以看出，坡底出现一块明显的区域，该区土层很薄，平均厚度仅有2cm，调查中发现该区域岩石裸露率很高，地表植被相对较少是典型石丛分布比较集中的区域。可以看出意杨林土壤厚度明显薄于坡耕地，其土壤厚度与荒山所差无几，其土壤分布的连续程度要好于荒山，岩石裸露率不高，这主要与造林前的整地和坡改梯等工程措施等有关。

综上所述，该地区土壤厚度空间分布特征一方面与坡位和坡度有关，另一方面也与植被类型及盖度和水土流失机制等有关，两方面可能都会影响到土壤颗粒的运移和再分布过程，进而影响土壤厚度。结合植被调查和半方差分析，可以看出影响研究区土壤厚度空间变异程度及其分布格局的重要因素，除了岩溶地区特殊的地貌演替阶段、岩溶双层结构等内在因素外，强烈的土壤侵蚀也是塑造现有土壤厚度分布格局的重要因素。所以，本研究认为，影响该地区土壤厚度空间变异程度及其分布格局的重要因素主要是土地利用方式、地形、微地貌、植被类型及盖度等。

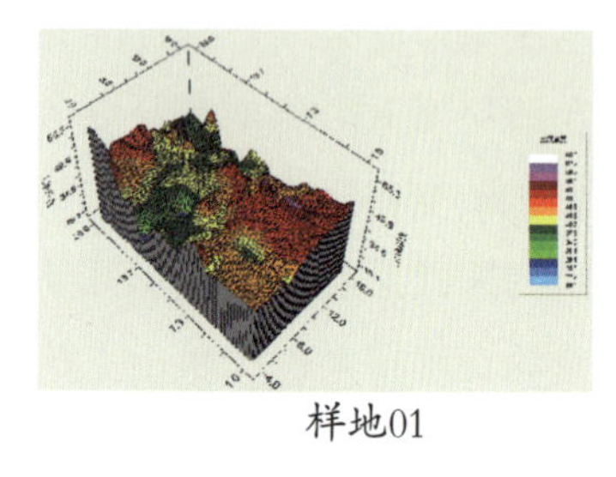

样地01

样地02

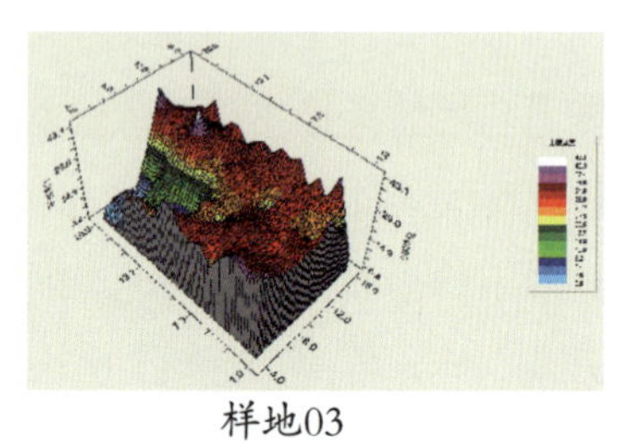

样地03

图5-5　坡耕地土壤厚度分布图

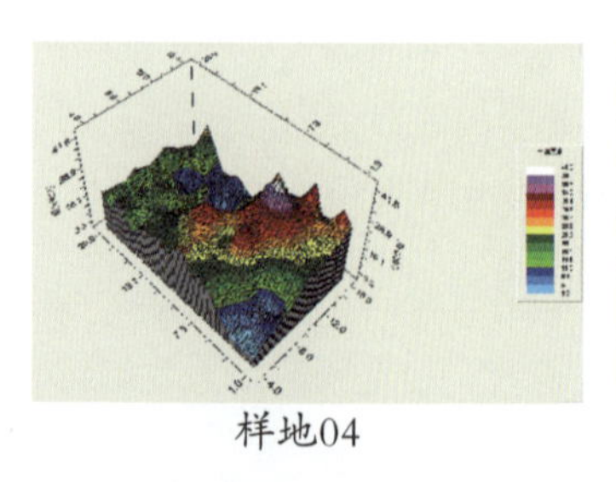

样地04

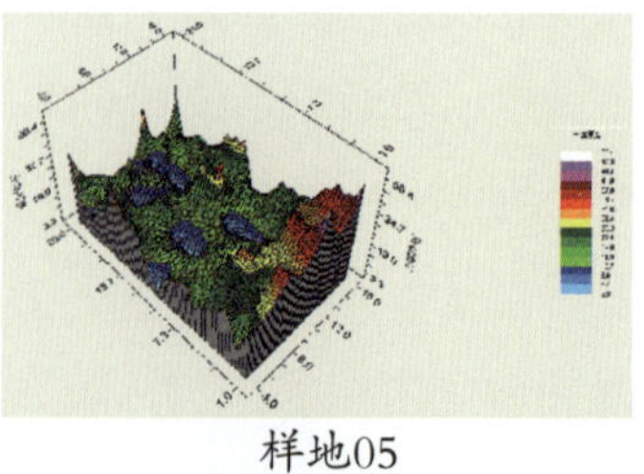

样地05

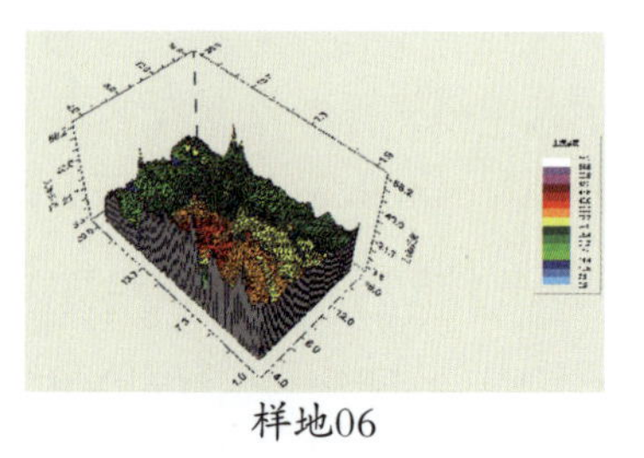

样地06

图5-6　荒山土壤厚度分布图

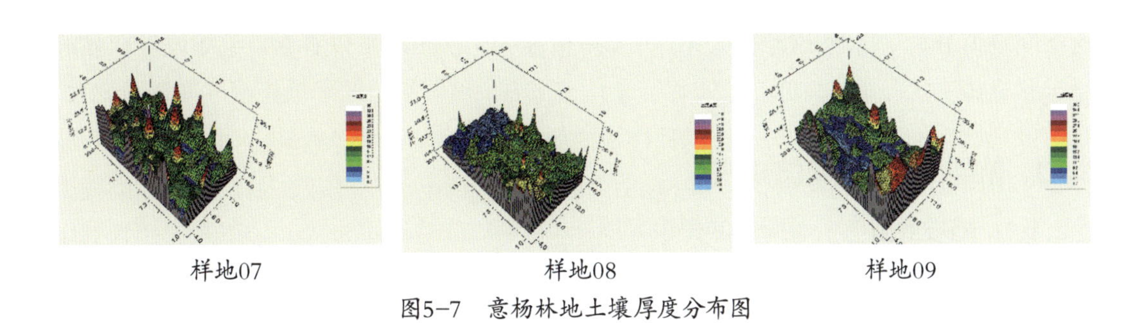

图5-7　意杨林地土壤厚度分布图

5.2.4　土壤厚度空间异质性规律

研究区土层很薄，空间分布极为不均，土壤厚度集中在10~35cm，占总体的41.1%，平均厚度仅为29.2cm，30cm以下的占61.8%，呈现中等强度变异特征。土壤厚度基本服从正态分布，总体上具有良好的空间变异结构。

三种土地利用类型土壤厚度均存在块金效应，坡耕地土壤厚度空间变异程度小于荒山和林地，主要是结构性因素引起的，而林地、荒山则是随机性因素起主导作用。坡耕地的变程较大，也反映出了喀斯特石漠化地区的坡耕地虽然微地形复杂，影响因素多样，但土壤厚度仍然具有一定的空间连续性。半变异函数模型可以进一步研究土壤厚度的空间差异，本研究中的样地基本都能用指数模型拟合，且拟合效果较好。

研究区不同土地利用方式下，土壤厚度分布格局存在很大差异，坡耕地土壤厚度近似带状分布，且存在一定的连续性，其变异趋势大致是随着坡位的降低而逐渐增大，而对于荒山和新造人工林土壤厚度的空间分布格局则支离破碎，变异程度较大具有明显的斑块状分布格局。

5.3　土壤厚度空间分布的影响因素分析

在土地退化的过程，土壤养分的流失可以通过增加施肥和或者弃耕等措施来弥补或者恢复，但土壤厚度的降低，土壤总量的减少却是无法弥补的（Liang X. et al.，1996；Rhoton F E. et al.，1997）。本章第二节在分析土壤厚度空间异质性的过程中，对影响土壤厚度的主要因素进行了初步的判断，但为了进一步研究土壤厚度的分布情况以及变异规律，有必要对土壤厚度的影响因素进行具体的分析。

以往的研究表明，土量的减少以及土壤厚度的降低主要是由于土壤侵蚀造成，而影响土壤侵蚀的因素主要包括土壤固有的性质、降雨、植被、地貌和人为因素（王占礼，2000）。考虑到本研究的尺度为小流域，土壤基本为同一类土壤，降雨情况也基本相同，可以排除次两类因素对土壤厚度分布的影响。在喀斯特石漠化地区有研究表明，岩石裸露程度是研究该地区土壤侵蚀的一个很重要的因素（王世杰等，2003；周运超等，2010；严冬春等，2008）。另外在实地考察和采样过程中也发现，岩石裸露已经成为该地区的主要地貌特征之一。所以，综合前人的研究基础和岩溶地区的地质地貌特征，本研究主要分析植被（类型及盖度）、岩石裸露率、坡度以及人为因素与土壤厚度之间的关系。

5.3.1 植被对土壤厚度的影响

5.3.1.1 植被类型与土壤厚度的关系

植被状况是影响土壤厚度的一个非常重要因素之一，不同种类的植物对土壤有着不同的保护作用（周跃，1999）。根系发达的乔木类植物，能够沿着地表缝隙深入母岩，使地下的深层土壤能够和地表的土壤有机的结合，成为一个相互作用的整体，能有效地防止深沟侵蚀的发生。特别是在土层相对较薄的喀斯特石漠化地区，乔木树种的根系更是能深入到有部分土壤存在的岩石裂缝当中，在地下土壤系统中纵横交错生长，阻止了山体滑坡和崩塌等现象的发生（李小昱等，2000）。同时乔木林下的枯枝落叶可以覆盖地表，在自然的作用下这些物质腐烂变质使得土壤中有机质的含量有所增加，促进了表层土壤机构改良，是造成表层土壤肥力高于深层土壤的因素之一。而在土层较薄的地区主要生长着草本植物，如狗尾草和白茅等禾本科植物，根系的50%~60%集中分布在0~20cm的表层土壤中，密集的根系可以与表层土壤结合得很紧密，从而有效地防止细沟侵蚀和面蚀等土壤侵蚀过程（李勇等，1991）。

另外，土壤厚度也是影响植被生长的主要因素之一。因为，土壤厚度不仅直接影响着土壤中养分和水分的储存量，而且直接决定着植被根系所能占有的土壤空间大小（张清春等，2002）。植物要想生长发育自然离不开养分、水分的供给，而土壤厚度恰恰制约着这些因素，特别是在岩溶地区，有研究表明，喀斯特坡地土壤肥力不低，土壤是肥沃的，但土壤总量太少，土地是贫瘠的（张信宝等，2010）。所以在岩溶石漠化地区这种制约显得更为明显。土层越厚、土量越多，土壤中所含的养分和水分就越充足，越有利于植被生长。同时，土层越厚、土量越多，越能够为植物提供更广泛的扎根空间，扩大了植被根系吸收土壤养分和水分的空间。在野外调查中发现，在基岩裸露、土层极为浅薄的地区（0~10cm），主要生长着狗尾草、白蒿、莎草、凤尾蕨等草本植物；在土壤稍厚的地区（10~20cm），则有粉枝梅、胡枝子、野蔷薇等灌木和草本间杂生长；而在土壤厚度＞30cm的地区则有刺槐、意杨、麻栎、核桃等乔木生长。另外，值得注意的是，在土层浅薄的地区也有高大乔木生长在岩石裂隙的情况，这就显示出了喀斯特石漠化地区的不同，意味着在今后的研究中石坑、石缝中的土壤也应引起人们的注意。

5.3.1.2 植被盖度与土壤厚度的关系

植被盖度指单位面积土地上植被的垂直覆盖面积所占的百分比，它一直是研究植被与土壤侵蚀之间关系的一个重要指标（王志强等，2007），良好的植被覆盖可以截留一部分降雨，使地表土壤避免了雨滴的直接打击，削弱了径流的冲刷作用，从而降低土壤侵蚀量（张清春等，2002；景可等，2005）。

本研究通过野外调查获得的数据显示，潜在石漠化地区有高大乔木生长，植被盖度达到80%左右，中度、重度石漠化地区盖度在60%～80%，土壤厚度平均29.2cm。为了进一步分析植被盖度与土壤厚度之间的关系，我们将每块样地的平均土壤厚度与植被盖度进行相关性分析，结果显示土壤厚度与植被盖度的相关性明显，随着植被盖度的增加土壤厚度变厚。造成这种现象的原因可能与岩溶石漠化地区特殊的地质地貌条件有关。

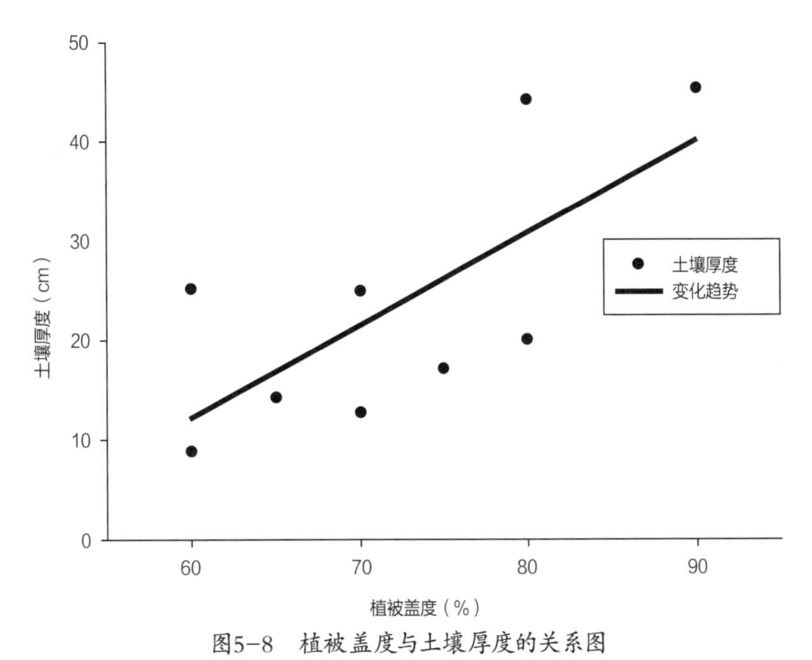

图5-8　植被盖度与土壤厚度的关系图

5.3.2　岩石裸露率与土壤厚度之间的关系

岩石裸露是岩溶石漠化地区典型的地貌特征之一，岩石裸露程度的变化不仅会引起地貌、土壤和植被等自然要素的变化，而且也会影响岩溶地区的土壤侵蚀过程。裸露的基岩相对风化速度较快，风化残余物在雨水的冲刷和重力的作用下运移到石坑和石缝中。大面积的基岩裸露，必然造成土壤厚度薄和植被覆盖差，土壤黏粒含量降低，抗侵蚀能力差，造成土壤的流失（张伟等，2007）。另外，在裸岩分布较广的喀斯特地区还存在另外一种土壤的流失，即土壤的地下漏失。由于喀斯特地区特殊的自然环境，使该地区成土速率非常缓慢，地表破碎程度高，土壤分布支离破碎（张信宝等，2010）。这样在降雨的时候地表结皮就很难形成，再加上该地区有大量的溶沟、石缝、漏斗天窗等分布，这就造成了地表的土壤颗粒随着降雨直接灌入地下，造成土壤的地下漏失（余怡钰，2009）。

岩石裸露情况通常用岩石裸露率来表示，即单位面积采样单元内，裸露岩石面积所占的比例。本研究的采样单元是20m×20m，土壤厚度测量采用的是4m×1m网格布点，这样80个采样点在采样单元内就构成了均匀分布，当采样点刚好在裸露岩石上时记录此点的土壤厚度为0，这样我们就可以统计出每个采样单元内土壤厚度为0的点所占的比率。研究中，将该值作为此样地的岩石裸露率，同时，选取其中的1号样地、5号样地和7号样地3块样地进行岩石裸露面积的详细测量，借此踩点法确定岩石裸露率的精度进行校验，实测岩石裸露率分别为3.2%、16.5%和37.3%，通过踩点法获得的岩石裸露率分别为2.9%、15.4%和40.4%。经校验此种方法确定的岩石裸露率准确率在92%以上。同时通过踩点法确定岩石裸露率避免了人们以往通过目测法确定岩石裸露率的主观因素，因此可以认为此种方法是科学可靠的。

为了研究土壤厚度与岩石裸露程度之间的关系，本研究将土壤厚度数据与岩石裸露率数据进行了相关分析（图5-9），从图中我们可以看出，土壤厚度与岩石裸露率呈明显的负相关关系，其相关系数R为-0.921，通过了显著性检查为0.001的显著性检验。

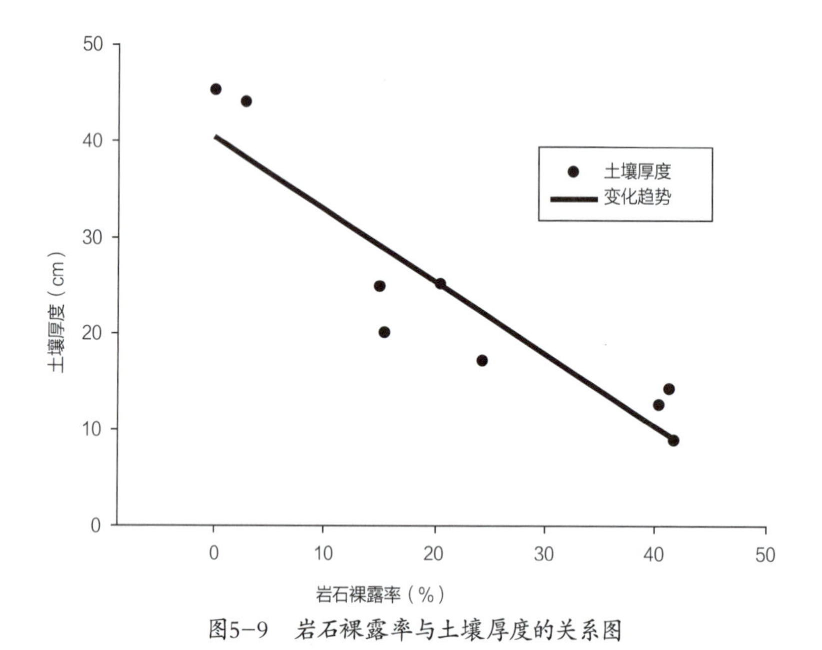

图5-9　岩石裸露率与土壤厚度的关系图

图5-10　土壤的地下漏失

5.3.3　土地利用与土壤厚度之间的关系

人类活动干扰自然环境是一个无可厚非的事实，在土壤侵蚀等方面的研究中已经将人为干扰列入了重要的影响因素之一（张鲁等，2008；高杨等，2006）。同样，在土壤厚度的研究中人认干扰也是不容忽视。同时，人为干扰结果往往可以通过土地利用方式来体现，不同的土地利用方式决定了不同的干扰类型和强度。

为了研究土地利用方式与土壤厚度之间的关系，本研究将坡耕地、荒山和人工林地三种土地利用方式进行了对比研究，从表5-3中可以看出，坡耕地中土壤相对较厚，平均厚度38.13cm，主要干扰方式是耕作引起的，干扰程度相对较轻，1号、2号和3号样地中均存在岩石的人工堆砌过程，其中3号相对明显，基本已形成类似坡改梯结构，但3号样地的土壤厚度却不及样地1号和2号样地，这主要与3号样所处位置和耕作年限有关。据调查，3号样地耕作年限要远大于另外两块样地。这也说明了，对于岩溶地区的坡耕地耕作是不利于水土保持的，这与其他地区的研究结论基本一致。4号、5号和6号样地为荒山，平均土壤厚度为20.8cm，在2008年以前干扰较为严重，主要干扰方式是放牧，牛、羊等家畜的过度放牧必然会造成生态环境的破坏，特别是对于岩溶地区这种比较脆弱的生态系统，牛、羊的践踏与啃食无疑是致命的打击。2008年随着国家关于石漠化治理的一些政策法规的落实和人民对生态环境保护的觉悟的提高，这种干扰基本被消除。人工林地平均土壤的厚度为11.9cm，主要种植的意杨，属于采取工程措施的样地，阶梯状明显，有大块的岩石裸露，土壤经过整体地分布相对集中，意杨生长状况良好，林间主要分布有，白蒿、狗尾草等草本植物，零星可见火棘等灌木。该类样地已经处于生态恢复期，治理效果比较明显。平均土壤厚度较薄的原因是由于岩石裸露率较高造成的。因此，土地利用方式对土壤厚度空间分布的影响最终还是通过坡度、岩石裸露率以及植被情况体现出来的。

表5-3　土地利用信息表

样地编号	土地利用类型	干扰方式	干扰程度	裸岩率（%）	土壤平均厚度（cm）
01	坡耕地	耕作	中度	2.9	44.11
02	坡耕地	耕作	轻度	0	45.33
03	坡耕地	耕作，整地	重度	15.0	24.96
04	荒山	放牧	轻度	24.2	17.20
05	荒山	放牧	轻度	15.4	20.11
06	荒山	无	无干扰	20.4	25.19
07	人工林地	整地	中度	40.4	12.70
08	人工林地	整地	中度	41.7	8.96
09	人工林地	整地，坡改梯	重度	41.3	14.12

5.3.4 土壤厚度沿坡面变化

坡度是研究土壤侵蚀过程中极为重要的因素之一，坡度不仅可以反映坡地的地貌过程和地貌形态，而且可以反映坡面形态（林敬兰等，2002）。为了研究坡度对土壤厚度的影响，在样地调查过程中记录了每个样地内不同坡度对应的土壤厚度值，分析土壤厚度与坡度之间的相关性。从图5-11可以看出，随着坡度的增加土壤厚度逐渐变小，坡度与土壤厚度呈负相关性；该结论与其他地区的研究结果基本相同（曾宪勤等，2007）。这种现象可以用土壤侵蚀理论加以解释，坡度通过影响径流的冲刷能力、雨滴的溅蚀能力和重力侵蚀程度来影响土壤厚度（杨喜田等，1999）。坡度越大土壤侵蚀越严重，相应的土壤厚度也就越薄。

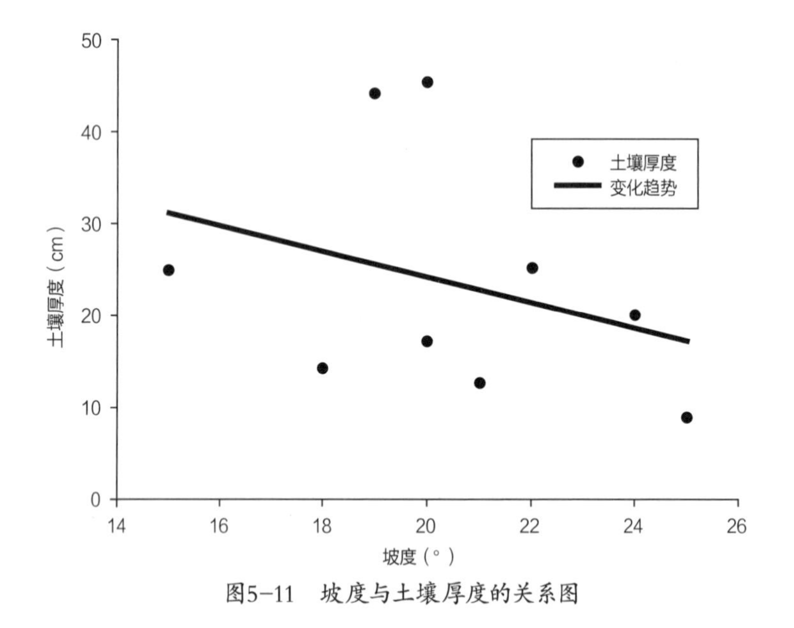

图5-11 坡度与土壤厚度的关系图

为了进一步研究土壤厚度的分布特征以及各个因素对土壤厚度的影响机制，研究中记录了每个采样单元的详细自然状况，包括坡度、坡向、植被盖度等，并且以平行于等高线从左到右间隔4 m、垂直等高线从上到下间隔1 m 的网格进行土壤厚度测量。

可以看出三种土地利用方式下土壤厚度变化的总体趋势是沿着坡面，土壤厚度从上到下逐渐变厚，其中1号和2号样地分布在离公路相对较近的山脚，土壤厚度较厚，3号样地耕种的年限较长造成土壤厚度较薄。此三块坡耕地从土壤厚度的分布来看，有类似正弦曲线的波动趋势。造成这种现象的原因一方面是喀斯特地区特有的地质地貌结构造成，另一方面更主要的原因是由于人为干扰造成，土地在耕作过程中，人们会将其中的岩石有规律的堆砌，随着时间的推移这些堆砌在一起的岩石就形成石堆或者梯田，造成了土壤厚度分布的波动。这些措施在实施的初期起到了保护土壤，减少水土流失的作用，但是随着耕种年限的推移这种保护作用并不明显（周运超等，2010）。土地在耕作过程中，涵盖了大量的人畜扰动，包括犁地、播种、除草和秋收等，这些过程加速了土壤侵蚀和土壤的地下漏失。4号、5号、6号样地土地利用类型为荒山，可以看出土壤厚度的总体变化趋势是沿坡面从上到下逐渐变厚的，其变化过程中土壤厚度忽高忽低，无明显规律可循。7号、8号、9号三块样地为人工林地（意杨），覆盖状况较好，但土壤厚度较薄，无明显变化趋势。这主要是由于该类样地实施了石漠化治理措施，经历了整地的过程，再加上灌木林枯枝落叶覆盖地表，使得该类地区表面看去土壤分布均匀，其实破碎程度依然很高。

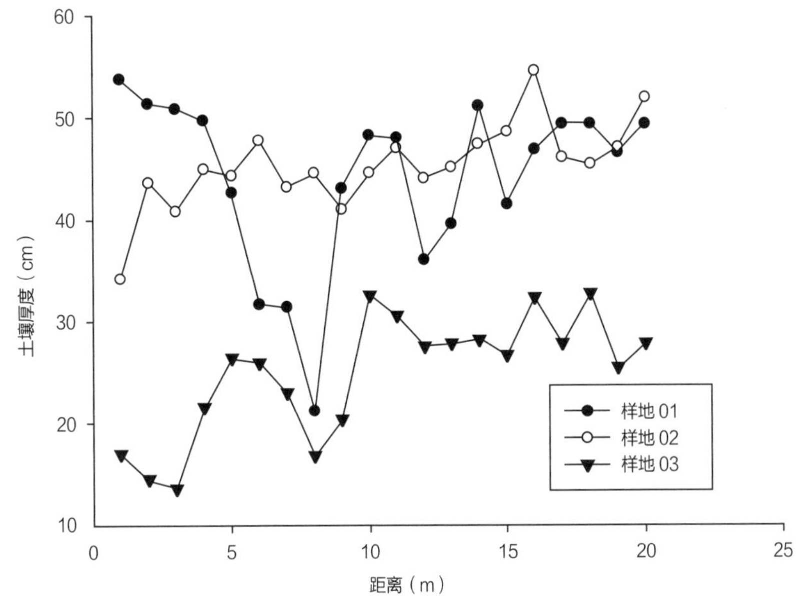

图5-12　坡耕地土壤厚度沿坡面变化图

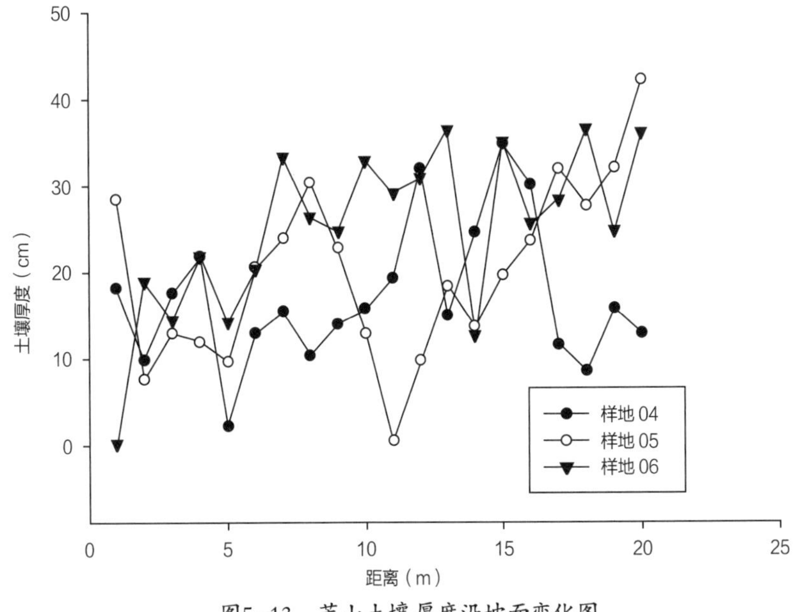

图5-13　荒山土壤厚度沿坡面变化图

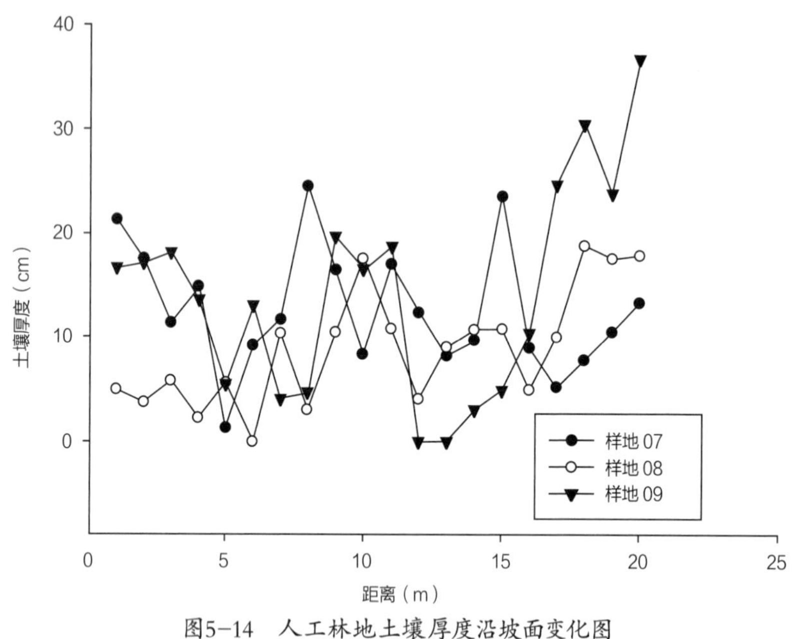

图5-14　人工林地土壤厚度沿坡面变化图

通过以上对土壤厚度沿坡面变化特征的分析，进一步说明了坡度、植被类型及盖度、岩石裸露率等影响因子与土壤厚度之间的关系。土壤发生学观点认为，土壤的形成和发育过程主要受气候、地形、母质、成土时间及人为干扰等影响（郑继勇等，2004）。但是在较大尺度下气候因素影响土壤发育，在中小尺度研究中，地形因子成为了影响土壤形成和发育的主导因子。而土地利用方式影响土壤厚度空间分布的最终表现形式仍然是地形因素和植被情况。所以，地表坡度、岩石裸露率以及植被盖度情况是岩溶石漠化地区土壤厚度空间分异的主导因子。

5.3.5　土壤厚度空间分布的影响因素

（1）岩溶高原地区的坡度普遍偏大，土壤厚度随着坡度的变化趋势是坡度越小土壤厚度就越厚。植被种类和植被盖度与土壤厚度相互影响，土壤厚度随着植被盖度的增大而变厚，岩石裂隙与石坑中的土壤对于植被的生长有着非常大的作用。土壤厚度与岩石裸露率呈明显的负相关关系，岩石裸露率越大土壤厚度越薄。

（2）不同的土地利用方式，对土壤厚度产生不同的影响，耕种过程加速了土壤的流失，坡改梯、人工造林等措施有利于岩溶地区的水土保持，土地利用方式对土壤厚度空间分布的最终表现形式依然是地形因素和植被情况。

（3）土壤厚度随坡面变化的总体趋势是沿着坡面，土壤厚度从上到下逐渐变厚。坡耕地和林地的沿坡面的变化趋势明显，人工林地变化趋势不明显，略显随机波动趋势。该结论结合土壤发生学原理进一步分析得出，影响岩溶地区土壤厚度空间变化的主要因素是坡度、岩石裸露率以及植被盖度情况等。

5.4　岩溶区土壤厚度预测性制图

传统的土壤制图过程是通过大量的野外调查建立研究区环境土壤关系模型，然后结合地形图等资料通过手绘的方式将不同的土壤类型绘制在空间范围内（USDA，2004；Hudon B D，1992）。我国的两次土壤普查就是根据这种方法完成的（全国土壤普查办公室，1992）。传统土壤制图不仅大量耗费人力、物力，而且受到野外调查和手绘的限制，在地图精度、地图与数字地形分析、遥感技术等高科技手段不兼容，很难满足现代环境管理和生态过程模拟等对土壤信息的需求（朱阿兴等，2005）。预测性土壤制图是一种新兴的土壤制图手段，克服了传统土壤制图缺点，在缺少土壤调查专家的前提下，避免了大量的野外调查过程，实现起来不仅节省人力、物力，而且在地图精度和兼容性等方面也有大大改善；预测性土壤制图的理论基础是 Dokuchaeiv 和 Hilgard 提出的土壤因子方程（Glinka K D，1927；Jenny H E. et al.，1961）：

$$S=f(E)$$

式中：

S—— 土壤（类型及属性）；

E—— 影响土壤成土的环境因子；

f—— 土壤环境关系。

在此基础上 Hudson 将土壤因子方程进一步提升为土壤景观模型，大大推进了土壤制图的发展；该模型认为土壤是气候、地形、生物、时间等综合作用的产物，也就是说只要我们获得了影响土壤形成的环境因子的空间分布，我们就可以通过推理得到土壤信息（Hudson B D，1992）。

本研究对乌箐河小流域的土壤厚度预测性制图过程就是根据土壤景观模型原理，首先根据采样数据进行多元线性回归分析，确定土壤厚度计算模型，结合样地数据计算出所有样地的土壤厚度，然后利用地统计学克里格插值法进行整个流域的土壤厚度预测。

5.4.1　土壤厚度影响因子数据汇总

5.4.1.1　基础数据搜集

进行土壤厚度预测性制图的首要条件就是建立环境因子数据库，为了建立影响土壤厚度空间分布的环境因子数据库，首先我们要确定影响研究区土壤厚度的主要因素。一般来讲在景观尺度影响研究区土壤变化的主要因素是地形水文状况（朱阿兴等，2005）。本章通过前面两节，对土壤厚度空间变异及土壤厚度空间分布的主要影响因素分析，可以得出影响研究区土壤厚度空间分布的主要因子是坡度、岩石裸露率、植被种类及盖度等。土壤厚度数据和样地信息数据来自于实地调查，一些基础资料以及各类图件由金沙县林业局提供。

5.4.1.2 生成属性表

由于所收集的地图文件都是图片格式，首先通过 ArcGIS 软件将乌箐河小流域 1∶5000的土地利用图配准。

本研究采用4点控制配准方法，将土地利用图上要配准的已知点的地理坐标作为点源，利用图上标注的经纬度坐标在新建的地图上进行目标点配准；然后将新建目标地图与原图进行对应点的误差检验图，结果表明，配准误差小于0.05%，满足作图要求；将配准好的影像地图文件在 SuperMap 工作区打开，新建文本、点、线数据集，通过工具栏中的图层控制实现对地图中各个部分的绘制和编辑任务，实现研究区域和采样点的录入（吴秀芹等，2007）。

将试验获得的数据和搜集来的基础数据进行汇总，利用 ArcGIS 软件，将所获得的试验点的土壤厚度、植被盖度、坡度和岩石裸露率等属性数据进行录入和编辑，完成属性数据库的建立。通过此方法建立的属性数据库可以随时随地的对属性信息进行查询、编辑、导入和导出等操作，为下面土壤厚度测算和土壤厚度作图做准备。

5.4.2 多元回归分析

本研究在第三节中将影响土壤厚度空间分布的主要影响因素与土壤厚度进行了相关分析，研究了各个影响因子与土壤厚度之间的关系。要进行未知点的土壤厚度的测算，只是通过单因子相关分析是远远不够的。其目的在于，通过相关分析得到一个定量模型来进行面积更大区域的土壤厚度预测。本研究土壤厚度的测算过程主要通过多元线性回归分析来进行。

5.4.2.1 模型的建立

乌箐河小流域是典型的喀斯特地貌，绝大部分地区为山地，占研究区总面积的90%以上。自然环境多变，地表破碎，微地貌变化复杂，土壤分布以及土壤厚度空间变异性较大；因此，在这种情况下，采用在平原地区广泛应用的趋势面分析模型就很难模拟出该地区土壤厚度变化的真实情况（刘铁军，1988）。由于前面的研究已经充分确定了坡度、岩石裸露率以及植被盖度对土壤厚度有着直接密切的关系，所以，针对喀斯特地貌小流域可以采用相似性分析模型中的多元线性回归分析。

回归分析属于相关分析模型中的一种，以因变量与自变量之间的对应关系为基础，拟合出二者之间的函数关系，从而达到通过自变量推求因变量的目的（周运超等，2010；方开囊，1989）。为了保证拟合出方程的变量具有显著相关性，本研究采用相关分析中的多元回归分析，数据处理和分析过程通过 SPSS 软件实现。

设土壤厚度为随机变量 Y，则多元线性回归模型为（蔡建琼等，2006）：

$$Y_i = b_0 + b_1x_1 + b_2x_2 + b_3x_3 + e$$

式中：

Y_i —— 土壤平均厚度；

b_0 —— 回归常数；

b_1，b_2，b_3 —— 回归参数；

x_1 —— 坡度；

x_2 —— 岩石裸露率；

x_3 —— 植被盖度；

e —— 随机误差。

通过 SPSS 软件计算得出模型的参数结果如下：

表 5-4　Variables Entered/Removed（进入 / 剔除变量表）

Model	Variables Entered（进入）	Variables Removed（剔除）	Method（方法）
1	坡度，岩石裸露率，植被盖度		Enter

注：All requested variables entered；Dependent Variable：土壤厚度。

表 5-5　样地信息调查表 Model Summary（模型统计量表）

Model	R（相关系数）	R Square（判定系数）	Adjusted R Square（修正判定系数）	Std. Error of the Estimate（估计标准差）
	0.925	0.856	0.770	6.266

注：Predictors：(Constant)，植被盖度，坡度，岩石裸露率。

表 5-6　ANOVA（方差分析表）

Mode	Source	Sum of Squares	df（自由度）	Mean Square（均方差）	F	Sig.（显著水平）
1	Regression（回归）	1174.550	3	391.517	9.969	0.014
1	Residual（剩余）	196.363	5	39.273		
1	Total（总的）	1370.914	8			

注：Predictors：(Constant)，坡度，岩石裸露率，植被盖度；Dependent Variable：土壤厚度。

表 5-7　Regression Coefficients（回归方程系数表）

Model	Variables	Unstandardized Coefficients（非标准回归系数）		Standardized Coefficients（标准回归系数）	t	Sig.（显著水平）
		B	Std. Error	Beta		
1	（Constant）	43.206	31.017		1.392	0.222
1	坡度	−0.402	0.754	−0.093	−0.533	0.616
1	岩石裸露率	−0.704	0.216	−0.860	−3.250	0.022
1	植被盖度	0.061	0.337	0.047	0.181	0.863

注：Dependent Variable：土壤厚度。

根据最初选定的多元回归模型，从回归方程系数表中可以看出各个参数的数值，将其带入多元回归模型中，得到土壤厚度预测性测算方程：

$$Y_i = 43.206 - 0.402x_1 - 0.704x_2 + 0.061x_3$$

土壤厚度预测值 Y_i 的标准差用剩余标准差进行估计：$\pm\sqrt{39.273} = \pm 6.26$。

5.4.2.2 显著性检验

从模型统计表中可以看出，本研究回归分析中相关系数 R 为0.925，说明数据具有明显的相关性；R^2是土壤厚度实测值与期望值之间相关系数的平方，一般将它作为验证一个线性模型程度的一个指标，通常 R^2在0.8左右（蔡建琼等，2006），本研究中 R^2=0.856，说明数据线性相关程度显著。

回归分析中的显著性检验是通过检验统计量 F 的显著程度实现的，一般认为，当 F 的显著性水平 Sig 值小于0.05时，说明数据显著性较好（蔡建琼等，2006）。从方差分析表中可以看出，F 值为9.969，SPSS 软件自动检测 F 的显著性水平 Sig 值为0.014小于0.05，即本研究中的回归分析方程非常显著。

根据回归分析方程得知，在本研究的岩溶高原石漠化地区，土壤厚度情况与该地区的坡度和岩石裸露率呈显著性负相关，而与地表的植被覆盖情况呈显著正相关。将另外13块样地（共22块）的相关数据代入多元线性回归分析模型中，即可得到本研究中所有样地的土壤厚度值。

5.4.3 土壤厚度制图

地统计学方法是研究土壤及其属性空间分布特征和变异规律过程中应用最为广泛的方法之一（王学峰，1993）。地统计学中的定量化研究是根据半方差函数实现的，半方差函数是对区域化变量的结构性和随机性进行描述的一种模型，其主要参数包括块金值、基台值和变程等；克里格插值就是在半变异函数的基础上对区域化变量的一种无偏最优估计的方法（Pan Guocheng，1997）。利用克里格插值法进行土壤厚度空间插值实质就是根据我们采集的原始土壤厚度数据和半变异函数的结构特点，对研究区未知的点的土壤厚度的一种线性无偏的、最优的估计；无偏指的是偏差的数学期望为零，最优是指对未知点的土壤厚度的预测值与实际采样值之差的平方和最小（王学军，1997）。也就是说，通过克里格插值法进行土壤厚度预测在通过对以已知点的土壤厚度赋权重求的未知点土壤厚度的同时，不仅考虑了实测点与预测点的距离的远近，而且通过半变异函数的空间分析功能，充分考虑了实测点的空间分布与预测点的空间方位关系。

5.4.3.1 数据分布情况

地统计学分析中，半变异函数及克里格插值是建立在平稳假设的基础上的，这就要求实验数据在一定程度上具有相同或者相似的变异特征。满足克里格插值最优的基本条件是区域化变量符合正态分布或者经过变换后符合正态分布；土壤厚度数据分布直方图和正态 QQPlot 分布图曲线拟合方法可以分析数据的分布情况（Pan Guocheng，1997）。同时，本研究也采用了 SPSS 软件中的 K-S 法对各样地土壤厚度的统计分布进行了非参数检验（张仁铎，2005）。

从土壤厚度分布直方图可以看出数据是单峰分布的，平均值与中值分别为19.22 cm 和18.48 cm 基本相同，说明数据具有一定的对称性，基本满足正态分布。

正态 QQ 图也是常用的一种检验数据正态分布的方法之一；其原理是，QQ 图可以将实验数据的分布情况与标准的正态分布进行对比，如果试验点数据越接近于直线，则实验数据越趋近于正态分布（郭旭东等，2000）。从 QQ 图中可以看出，在图的右侧土壤厚度较厚的点略有偏移，其他试验点数据接近于一条直线，基本符合正态分布，无须进行数据转换。

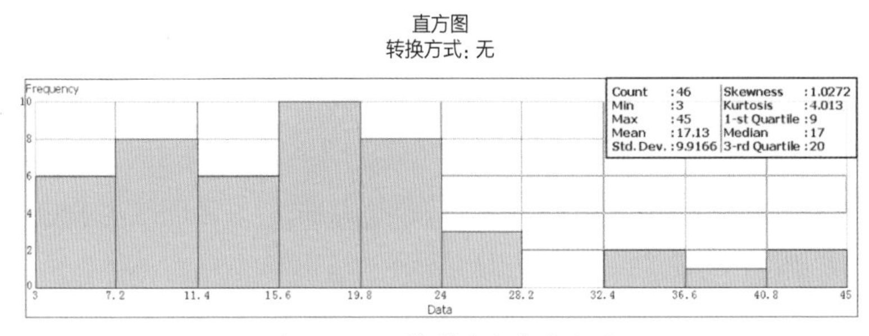

图5-15 土壤厚度分布直方图

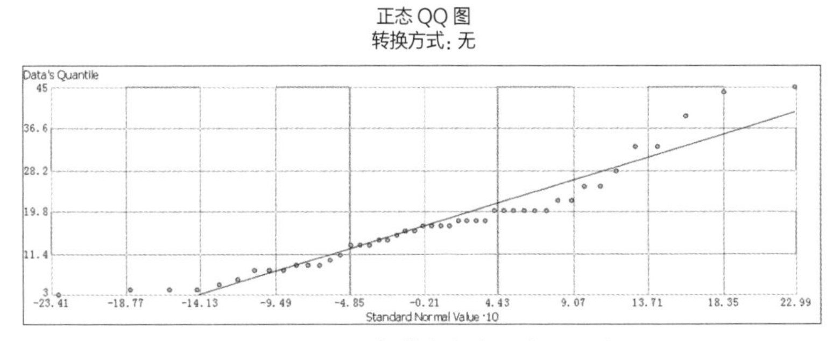

图5-16 土壤厚度分布正态QQ图

当一组数据存在一种整体趋势时，可以通过数学公式对数据表面的确定性成分进行描述（郭旭东等，2000）。但是在自然状态下，这种理想状态的描述是很难实现的，因此，为了减小误差，就需要通过趋势面分析将不能够精确描述实际表面的趋势进行剔除（吴秀芹等，2007）。本研究中的土壤厚度分布趋势图中每一根竖线代表了一个土壤厚度值和该样点的空间位置。将这些点投影到东西和南北两个方向的正交面上，通过投影点的拟合可以模拟在该方向上存在的趋势。

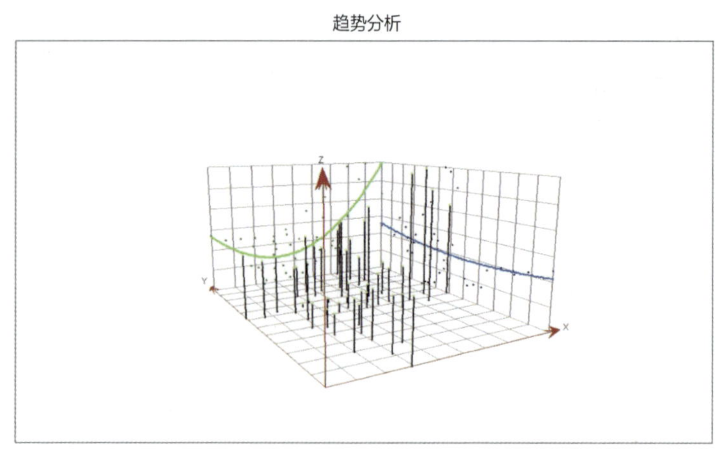

图5-17　土壤厚度分布趋势图

5.4.3.2　模型拟合与制图

经过前面的检验我们知道，本研究的数据满足正态分布，可以进行半方差模型拟合和克里格插值。本研究选择了7种不同的模型进行了拟合并通过 ArcGIS 软件里的地统计分析模块进行了交叉验证。从预测误差统计表中可以看出，指数模型满足均方根标准预测误差接近于1，预测误差均值、平均根预测误差、平均标准误差、标准平均根最小的要求，即指数模型的误差最小，是最佳拟合模型，所以本研究采用指数模型进行克里格插值。

表 5-8　模型误差分析表

拟合模型	预测误差均值	平均根预测误差	平均标准误差	标准平均根	均方根标准预测误差
环状模型	0.051	6.530	7.511	0.0052	0.9102
球状模型	0.062	6.587	7.568	0.0071	0.8941
高斯模型	0.03	6.454	7.434	0.0031	0.9433
指数模型	0.020	6.441	7.417	0.0018	0.9721
风洞效应模型	0.050	6.527	7.499	0.0049	0.9145
K- 贝塞尔模型	0.033	6.483	7.452	0.0034	0.9412
稳定性模型	0.028	6.435	7.426	0.0028	0.9567

从土壤厚度预测图可以看出，研究小流域土壤厚度整体偏薄，厚度分布在3.0~45.0cm，土层厚度较薄的区域集中在流域的中间位置，即新民村以及淹坝村西部，土壤厚度大部分小于10cm，这些区域在进行生态恢复的时候可以考虑退耕还草等措施。其次是流域的南部，即联盟村附近，土壤厚度在10.59~19.85cm，这个区域虽然土层较薄，但土地仍然有一定肥力，尚可满足金银花之类的经济作物。整个流域内土壤最厚的区域主要分布在流域的东北方向，土壤厚度基本在20~45cm，在生态恢复过程中可以种植一些乔木树种，如核桃等。

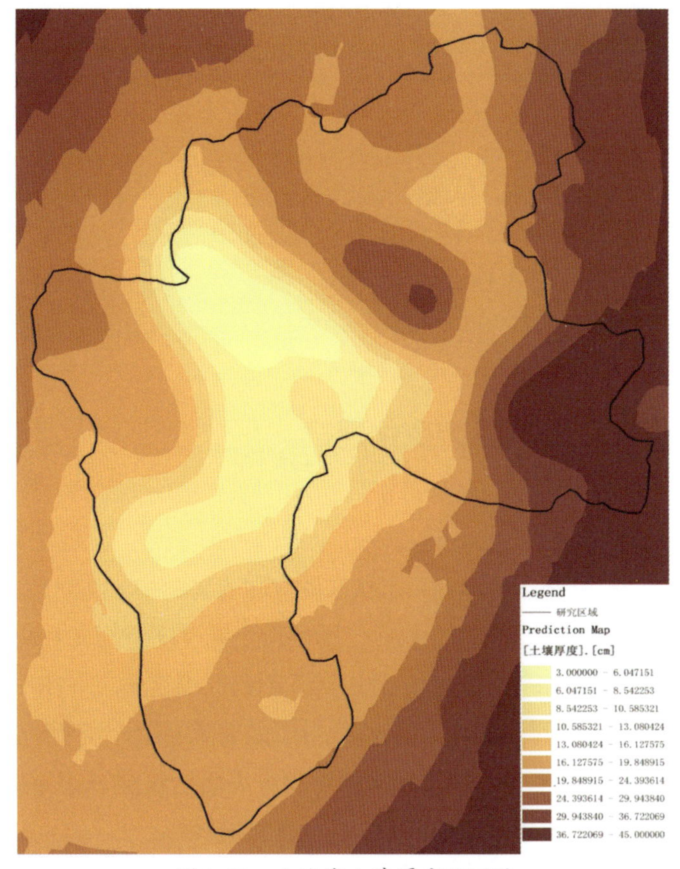

图5-18　小流域土壤厚度预测图

5.4.4　精度评价

通过地统计学理论的克里格插值对岩溶高原地区土壤厚度的预测性制图的过程，就是通过对采样点土壤厚度数据的计算和分析，得出各个空间位置的土壤厚度的相对距离和变异量，从而对未知点的土壤厚度的预测（王学军，1997）。

通过对岩溶高原石漠化地区小流域土壤厚度的克里格插值结果与实测值的对比分析发现，土壤厚度的预测值的最大相对误差为10.2%，最小相对误差为6.4%。土壤厚度实际采样点与预测点距离的大小、实测点数目多少以及采样点分布的均匀程度会直接影响土壤厚度预测值的大小，土壤厚度实际采样点与预测点的距离越小，采样数目越多，则预测结果的相对误差越小，精度就越高（郭旭东等，2000）。在采样点分布均匀的前提下，适当的增加采样点的数目可以进一步减小土壤厚度预测的相对误差（周运超等，2010）。本研究针对岩溶高原石漠化地区小流域做的土壤厚度预测结果与实际情况基本相符，其相对误差可以满足本研究的要求。

表 5-9　插值结果误差分析表

样地编号	预测土壤厚度（cm）	实测土壤厚度（cm）	相对误差（%）
10	5.19	4.78	8.5
11	8.66	9.25	6.4
12	12.96	14.34	9.6
13	14.25	12.93	10.2
14	25.19	27.21	7.4

5.5　岩溶石漠化区土壤厚度变化规律

（1）岩溶石漠化区土层很薄，空间分布极为不均，土壤厚度集中在10~35cm，占总体的41.1%，平均厚度仅为29.2cm。30cm以下的占61.8%，呈现中等强度变异特征。土壤厚度基本服从正态分布，总体上具有良好的空间变异结构。坡耕地、荒山、人工林三种土地利用类型土壤厚度均存在块金效应，坡耕地土壤厚度空间变异程度小于荒山和林地，主要是结构性因素引起的，而林地、荒山则是随机性因素起主导作用。坡耕地的变程较大，也反映出了喀斯特石漠化地区的坡耕地虽然微地形复杂，影响因素多样，但土壤厚度仍然具有一定的空间连续性。半变异函数模型可以进一步研究土壤厚度的空间差异，本研究中的样地基本都能用指数模型拟合，且拟合效果较好。

（2）不同土地利用方式下，土壤厚度分布格局存在很大差异，坡耕地土壤厚度近似带状分布，且存在一定的连续性，其变异趋势大致是随着坡位的降低而逐渐增大，而对于荒山和新造人工林土壤厚度的空间分布格局则支离破碎，变异程度较大具有明显的斑块状分布格局。

（3）岩溶高原地区的坡度普遍偏大，土壤厚度随着坡度的变化趋势是坡度越小土壤厚度就越厚。植被种类和植被盖度与土壤厚度相互影响，土壤厚度随着植被盖度的增大而变厚，岩石裂隙与石坑中的土壤对于植被的生长有着非常大的作用。土壤厚度与岩石裸露率呈明显的负相关关系，岩石裸露率越大土壤厚度越薄。不同的土地利用方式，对土壤厚度产生不同的影响，耕种过程加速了土壤的流失，坡改梯、人工造林等措施有利于岩溶地区水土保持，土地利用方式对土壤厚度空间分布的最终表现形式依然是地形因素和植被情况。土壤厚度随坡面变化的总体趋势是沿着坡面，土壤厚度从上到下逐渐变厚。坡耕地和林地的沿坡面的变化趋势明显，人工林地变化趋势不明显，略显随机波动趋势。该结论结合土壤发生学原理进一步分析得出，影响岩溶地区土壤厚度空间变化的主要因素是坡度、岩石裸露率以及植被盖度情况等。

（4）根据岩溶高原石漠化地区的特点以及对影响土壤厚度空间分布的主要因素进行汇总，通过多元回归分析拟合出了一种适合该地区土壤厚度测算模型，经验证，此模型能够达到本研究的精度要求。通过对土壤厚度数据的处理发现，研究区土壤厚度实验数据基本满足正态分布，无须进行数据变换，直方图中平均值与中值比较接近，对称性明显；正态 QQ 图趋近于一条直线，证明土壤厚度数据满足正态分布，无须进行数据转换。土壤厚度数据分布存在某种趋势，且可以用多项式最佳拟合；协方差云图说明土壤厚度存在空间自相关性，指数模型拟合效果最佳，克里格插值可以较好地描述土壤厚度分布情况。

第 6 章　岩溶石漠化区土壤侵蚀及抗蚀性变化

6.1　石漠化治理对土壤侵蚀（模数）的影响

6.1.1　研究方法

传统的土壤侵蚀监测方法主要有：径流小区测定法、测量学方法、水文站泥沙测定法、原子示踪法等。传统测定方法以获取大量实测数据为基础，能最真实的反映研究区土壤侵蚀情况，但费时费力，不适合大规模区域的推广应用。研究区小流域内无径流场等土壤侵蚀监测条件，如何运用科学、易行的方法较准确地估算土壤侵蚀模数，是本章的一个重点问题。近年来，遥感和 GIS 技术在土壤侵蚀的调查和监测工作中被广泛应用（余畋等，2007），遥感技术具有省时省力，包含信息量大等优点，地理信息系统技术具有较强的空间数据存储、计算、分析和显示功能，因此，两者作为快速获取地表信息和水土流失动态监测的重要手段，发挥着越来越瞩目的作用。同时，土壤流失方程是土壤流失量监测的有效工具。常用的土壤侵蚀模型包括：通用土壤流失方程（USLE）（Wischmeier W H et al.，1987）和修正的通用土壤流失方程（RUSLE）（Renard K G et al.，1997）。由于 RUSLE 模型的数据源获取更加广泛，并从测算方法上对方程式中各因子进行了改进，因此比 USLE 模型应用更加广泛。由于研究区地形地貌、土壤性质、资料获取难易程度等方面的情况不同，RUSLE 方程式中各因子的计算方法也不同（吴昌广等，2012），需要结合研究区的具体情况，参考前人研究成果，科学合理地获取各因子。

本文以贵州省金沙县乌箐河小流域为研究对象（小流域概况详见第五章5.1），将 GIS 和遥感相结合的分布式方法并应用 RUSLE 模型来进行土壤侵蚀的研究，结合前人研究成果，选取模型因子，并利用栅格数据分析功能，算出每个栅格的土壤侵蚀量（潘竟虎等，2006），操作方法成熟可行，对于侵蚀因子资料缺乏的研究区来说，具有重要的科学意义。

本章选择少云量、林草生长丰茂的 ETM+ 夏季影像（127-41景 ETM+8波段的遥感影像，由 Landsat-7号卫星获得，拍摄时间分别为2004年8月11日、2007年5月8日、2010年10月31日），研究区1∶50000 DEM 数字高程数据（分辨率30 m）、降水量资料，土壤实测数据及土壤志等相关数据和资料。

运用毕节地区日雨量数据计算降雨侵蚀力因子 R 值，采用调查实测土壤理化性质数据计算土壤可蚀性因子 K 值，利用 DEM 数字高程模型提取坡长 L 和坡度 S 因子，采用土地利用类型图，并结合其他研究者的研究结果，确定覆盖与管理因子 C 值和水土保持措施因子 P 值，最后运用 RUSLE 模型计算土壤侵蚀量，并求取土壤侵蚀模数。

RUSLE 基本形式为：

$$A=R\times K\times LS\times C\times P$$

式中：

A —— 土壤侵蚀量 [t/(hm^2·a)]；

R —— 降雨侵蚀力因子（MJ · mm · hm^{-2} · a^{-1} · h^{-1}）；

K —— 土壤可蚀性因子（t · hm^2 · h · MJ^{-1} · mm^{-1} · hm^{-2}）；

LS —— 坡长、坡度因子（无量纲）；

C —— 覆盖与管理因子（无量纲）；

P —— 水土保持措施因子（无量纲）。

6.1.1.1　降雨侵蚀力因子 R 值的估算

降雨侵蚀力指由降雨所引起的土壤侵蚀的潜在能力，是土壤侵蚀的主要动力之一，主要影响因子为降雨强度、降雨历时和降雨量等。由于缺乏 I_{10}、I_{30}、I_{60} 降雨强度等数据，无法用降雨动能来计算降雨侵蚀力。在 USLE 模型和 RUSLE 模型中，降雨侵蚀力季节变化均以半月为步长（吴昌广等，2012；章文波等，2002）利用全国71个气象站的日雨量数据建立了半月侵蚀力简易算法模型，公式如下：

$$R_i=\lambda\sum_{j=1}^{k}P_j^{\delta}$$

式中：

R_i —— 第 i 个半月时段的侵蚀力 R 值，(MJ · mm · hm^{-2} · h^{-1} · a^{-1})；

P_j —— 半月时段内第 j 天的日雨量，要求 $P_j\geqslant 12$ mm，否则计为0；

k —— 研究期间半月时段的段数，半月时段的划分以每月第15日为界，每月前15天作为一个半月时段，该月剩下部分作为另一个半月时段，将全年划为24个时段；

λ，δ —— 模型参数，与所在区域的降雨特征有关，其算式如下：

$$\delta=0.8363+\frac{18.177}{P_{d12}}+\frac{24.455}{P_{y12}}$$

$$\lambda=21.586\delta^{-7.1891}$$

式中：

P_{d12} —— 日雨量≥12 mm 的日平均雨量（mm）；

P_{y12} —— 日雨量≥12 mm 的年平均雨量（mm）。

本章运用上述日雨量模型直接估算逐年各个半月的土壤侵蚀力。乌箐河小流域2004年、2007年和2010年的年降雨侵蚀力分别为2979.11 MJ · mm · hm^{-2} · h^{-1} · a^{-1}、3711.57 MJ · mm · hm^{-2} · h^{-1} · a^{-1}、3043.47 MJ · mm · hm^{-2} · h^{-1} · a^{-1}，均以常数形式输入到

RUSLE 模型中进行计算。许月卿等（2005）研究降雨量在800~1250mm 的贵州省中部和北部，降雨侵蚀力在3000~4500 $MJ \cdot mm \cdot hm^{-2} \cdot h^{-1} \cdot a^{-1}$，本研究结果大致在此区间。

6.1.1.2 土壤可蚀性因子 *K* 值的估算

土壤可蚀性指土壤对侵蚀作用的敏感性，或土壤被降雨侵蚀力分离、流水冲刷和搬运难易程度，难以实测获取。前人在大量实验验证下，形成多种土壤可蚀性因子 *K* 值的估算方法，主要有诺谟方程、修正的诺谟方程、EPIC 模型、Shirazi 公式法、Torri 模型法等。

研究表明 *K* 值的大小与土壤质地相关性高，本研究采用实地土壤采样并分析其理化性质，运用 Withams（Wischmeier W H，1978）的 EPIC 模型计算方法，利用土壤有机质和土壤颗粒组成资料进行估算，公式如下：

$$
\begin{aligned}
K_{EPIC} &= \left\{0.2 + 0.3\exp\left[-0.0256SAN\left(1 - SIL/100\right)\right]\right\} \\
&\times\left[SIL/(CLA + SIL)\right]^{0.3} \times\left\{1.0 - 0.25C/\left[C + \exp\left(3.72 - 2.95C\right)\right]\right\} \\
&\times\left\{1.0 - 0.70SN1/\left[SN1 + \exp\left(-5.51 + 22.95SN1\right)\right]\right\}
\end{aligned}
$$

式中：

SAN—— 砂粒（0.05~2.0mm）含量（%）；

SIL—— 粉粒（0.002~0.05mm）含量（%）；

CLA—— 黏粒（＜0.002mm）含量（%）；

C—— 有机质含量（%）；

$SN1 = 1 - SAN/100$。

该模型中各指标采用实测数据，*K* 值单位为美国制。最后计算时，需将其乘以0.1317转变为国际制单位 $t \cdot hm^{2} \cdot h \cdot MJ^{-1} \cdot mm^{-1} \cdot hm^{-2}$。研究结果表明：乌箐河小流域的 *K* 值范围为0.0289~0.03526 $t \cdot hm^{2} \cdot h \cdot MJ^{-1} \cdot mm^{-1} \cdot hm^{-2}$，以土地利用类型为成图单元，结合研究区土壤采点数据，生成小流域土壤抗蚀性 *K* 值空间分布图。由于缺乏小流域2004年和2007年土壤数据，且认为小区域短期内土壤不会发生较大变化，因此2004年、2007年均采用2010年的土壤数据，生成 *K* 值空间分布图。曾凌云等（2011）在贵州省红枫湖流域的研究结果表明：黄壤土壤类型所对应的 *K* 值为0.031 $t \cdot hm^{2} \cdot h \cdot MJ^{-1} \cdot mm^{-1}$，而本研究区80% 以上的土壤为黄壤，结果与其相近。

6.1.1.3 坡长坡度因子 *LS* 的估算

坡长坡度表示在其他因子相同的情况下，某一给定坡度和坡长的坡面上，土壤流失量与标准径流小区典型坡面土壤流失量的比值，是通过作用地形地貌来影响土壤侵蚀。GIS 技术的发展使以栅格单元来计算坡度和坡长的方法得到较大应用，逐渐替代用图斑来计算坡度和坡长的方法。在地理信息系统中，坡长指 DEM 中的一个栅格沿水流流向到其流向起点的最大地面距离，在实际操作中，运用水流的起点及方向数据，沿水流流向追踪每一栅格单元到水流起点的最大累计长度，即是该栅格到坡顶的坡长（王尧，2011）。

坡长因子采用公式（Wischmeier W H et al.，1978）计算：

$$L = \left(\frac{l}{22.13}\right)^{\alpha}$$

$$\alpha = \beta / (\beta + 1)$$

$$\beta = \left(\sin\theta / 0.0896\right) / \left[3.0\left(\sin\theta\right)^{0.8} + 0.56\right]$$

式中：

L —— 坡长因子；

l —— 水平投影坡长；

α —— 坡长指数；

β —— 代表细沟侵蚀与细沟间侵蚀的比率；

θ —— 利用 DEM 提取的坡度。

S 因子的计算公式（McCool D K et al.，1987）为：

$$S = \begin{cases} 10.8\sin\theta + 0.03 & \theta < 5° \\ 16.8\sin\theta - 0.50 & \theta \geqslant 5° \end{cases}$$

式中：

S —— 坡度因子；

θ —— 利用 DEM 提取的坡度。

由于坡长计算复杂，参考文献较少。因此，本文运用 ArcInfo 的 AML 计算脚本，在 ArcInfo Workstation 的 Arc 窗口下运行此脚本，提取 LS 因子，结果见图6-1。

6.1.1.4　覆盖与管理因子 *C* 值的估算

C 值表征作物、林木等植被及管理措施对土壤侵蚀的影响，区间范围为 [0，1]。利用遥感图像生成的 NDVI 数据生成植被覆盖度矢量图。然后参考蔡崇法等（2000）建立的 C 因子值与植被覆盖度之间的回归方程计算 C 值，公式如下：

$C=1$（$C \leqslant 0.1\%$）

$C=0.6508-0.3436\lg(c)$（$0.1\% < c < 78.3\%$）

$C=0$（$C \geqslant 78.3\%$）

式中：

C —— 覆盖与管理因子；

c —— 植被覆盖度。

本章将得到的植被盖度图进行重分类，分成0~0.1%，0.1%~78.3%和78.3%~100%，计算植被覆盖因子数值，结果见图6-2。

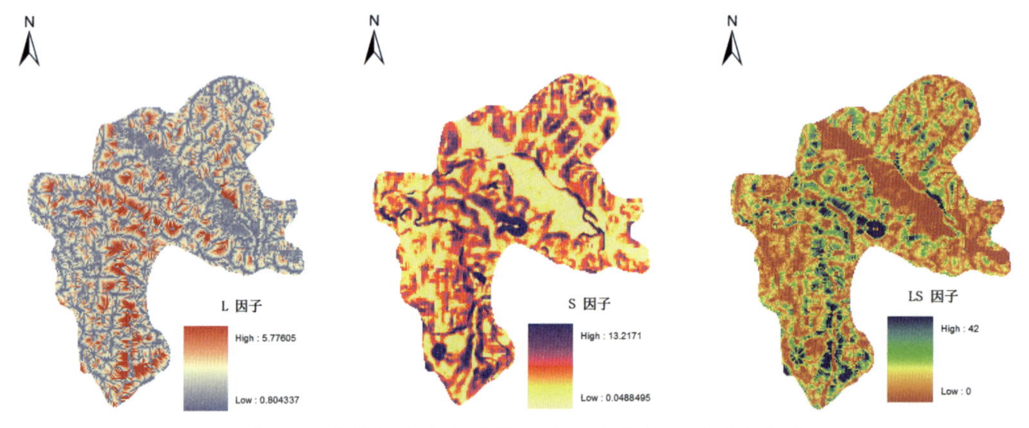

图6-1　乌箐河小流域坡长 L 因子与坡度 S 因子分布图

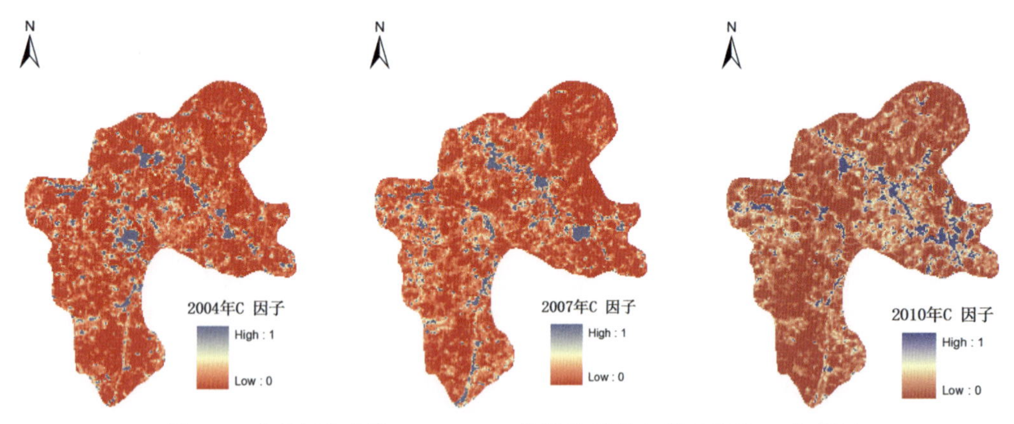

图6-2　乌箐河小流域2004—2010年植被覆盖与管理因子 C 分布图

6.1.1.5　水土保持措施因子 P 值的估算

水土保持措施因子指在采取水土保持措施后，土壤流失量与顺坡种植时土壤流失量的比值（刘宝元等，2001）。由于流域内没有水土保持措施的径流小区实验场，因此 P 值采用经验值估计。乌箐河小流域2004年和2007年均无水土保持措施，在2008—2009年修建了少量沉沙池和拦沙坝等水保工程，距离2010年时间较短，水保功能不明显，认为 P 值仅与土地利用类型有重要关系。参考岩溶地区的相关研究成果（蔡崇法等，2000），结合当地的实际情况，赋予流域内土地利用类型相应的水土保持措施因子值。水体、居民点无侵蚀，P 值为0；水田侵蚀很小，P 值为0.01；旱地 P 值为0.5；林地 P 值为1。

6.1.2　结果与分析

通过 GIS 的空间叠加及栅格运算功能，实现土壤侵蚀量的计算，土壤侵蚀模数及土壤侵蚀强度分级见图6-3和图6-4。

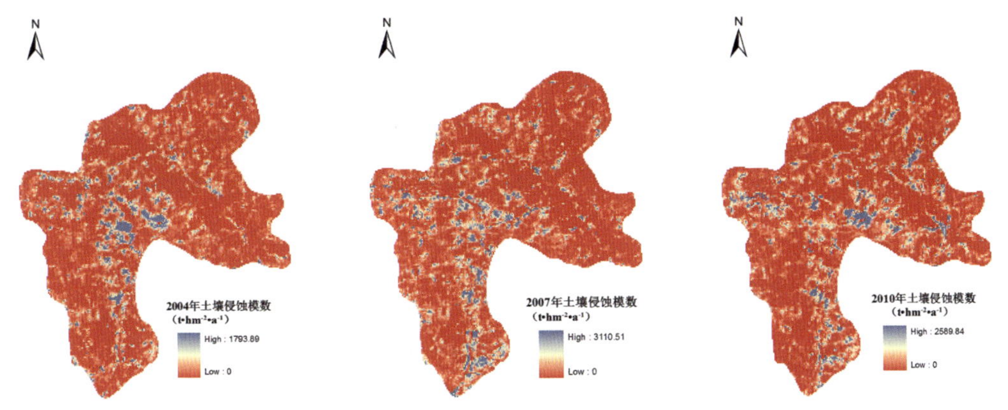

图6-3　乌箐河小流域2004—2010年土壤侵蚀模数分布图

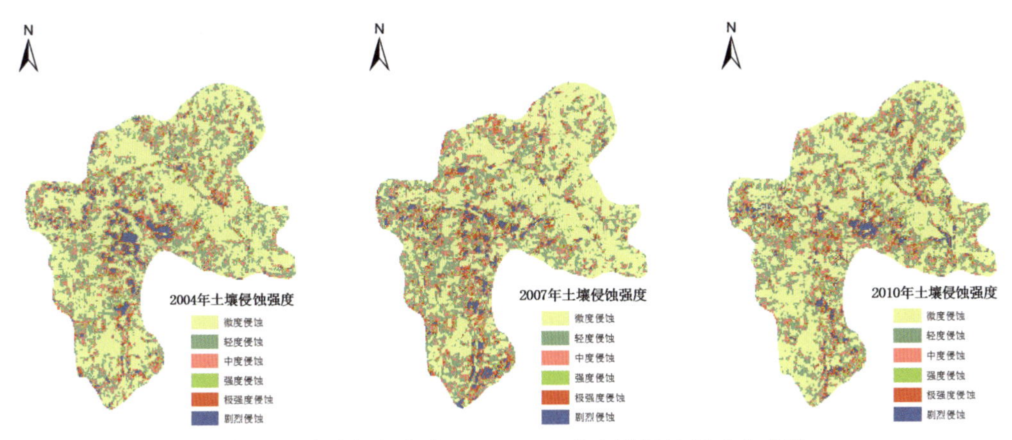

图6-4　乌箐河小流域2004—2010年土壤侵蚀强度分布图

表 6-1　乌箐河小流域 2004—2010 年土壤侵蚀强度等级

侵蚀强度	2004 年	2007 年	2010 年
微度侵蚀	1118.21	1063.98	1089.05
轻度侵蚀	584.91	556.63	581.40
中度侵蚀	266.67	282.64	279.54
强度侵蚀	144.72	166.18	165.24
极强度侵蚀	106.47	140.67	114.30
剧烈侵蚀	96.21	107.10	87.66
合计	2317.19	2317.19	2317.19

乌箐河小流域2004年、2007年、2010年土壤侵蚀量分别是7.76×10^5 t/a、8.69×10^5 t/a、7.42×10^5 t/a，土壤侵蚀模数分别为30.18 t/(hm^2·a)、33.82 t/(hm^2·a)、28.88 t/(hm^2·a)，计算结果与贵州省水土流失监测公告相近。2007年土壤侵蚀量比2004年增加了12.02%，2010年比2007年减少了14.59%。

从表中可知2007年微度侵蚀和轻度侵蚀面积较2004年有所减少，而中度及以上级别侵蚀面积均增加，土壤侵蚀强度增加，这与小流域境内大面积毁林开荒、陡坡耕种造成强烈的水土流失有直接关系。2007—2010年间，由于石漠化综合治理工程中退耕还林、人工造林等措施的实施，林地面积大大增加，土壤侵蚀强度降低，中度及以上等级土壤侵蚀面积均下降。随着林草植被的生长，对地被的覆盖和保护作用愈加明显，其保持水土、涵养水源的功能会更加明显。

6.2 石漠化治理对土壤抗侵蚀性的影响

岩溶山区特殊的水、土、植被条件使其生态环境非常脆弱，土层与基岩的直接接触使得土壤的附着力很差，在没有植被保护的情况下，一旦有雨水冲刷，就会产生水土流失，使得基岩裸露，土壤侵蚀严重。而不同土地利用方式对土壤侵蚀的影响作用是不同的，在土壤侵蚀过程中，土壤性质对土壤侵蚀的发生与强度有着重要的影响，土壤抗蚀性是评价土壤是否易受侵蚀营力破坏的标准。土壤利用方式改变会改变土壤特性，如常绿阔叶林下土壤质地，结构和通透性最好（田昆等，2004）。有学者发现人为活动影响使有机质含量不断降低。李阳兵等（2003）采用空间代替时间方法研究重庆市岩溶山地（巫山、黔江、北培鸡公山、南川金佛山）不同土地利用方式对土壤质量性状的影响，结果表明不同土壤指标受利用方式的影响明显不同，存在空间差异性。同时认为人工造林改善土地质量状况需要较长时间的演替，简单的退耕还林很难使土壤质量得到恢复。刘玉等（2004）研究了重庆北碚鸡公山不同土地利用方式下石灰土土壤的主要物理性质差异，认为随着岩溶区土地由自然林向人工林，草地和耕地转化，土壤砂化严重，密度增加，总孔隙度降低，团聚体破坏率增大。同时也有学者认为土壤物理性质退化与石漠化的形成有相互促进的正反馈机制。

土壤抗蚀性研究在喀斯特地区仍然占少数，特别是有关土壤结构对土壤侵蚀影响的研究不多，由于喀斯特地区石灰岩广泛分布以及土壤特殊的结构特点，决定了研究石灰岩地区土壤结构性及其与土壤抗侵蚀性能的关系，对防治石漠化的产生和发展具有重要意义。本章节以贵州省安顺市关岭县花江峡谷示范区典型喀斯特石灰岩地区为研究区，以石漠化治理工程的耕地和典型退耕地为研究对象，通过试验分析土壤结构性能对表层土壤抗蚀性的影响，以期对该地区水土流失的防治和预防石漠化的产生有所帮助，为区域侵蚀模型和抗蚀性预报模型的建立提供基础数据。

6.2.1　研究区概况与研究方法

研究区位于贵州省关岭县北盘江花江河段峡谷的北岸，是典型的喀斯特高原峡谷区，海拔500~1200m，相对高差700m。气候类型为中亚热带季风湿润气候，光热资源丰富，年均温18℃左右，全年降雨量823mm。土壤类型绝大多数为石灰岩和大理岩发育的石灰土，少量为砂页岩发育的石灰土，土壤特性为瘠薄、干旱、黏度大。

花江峡谷所处的北盘江属于珠江上游流域的重要支流，是贵州省典型的岩溶生态脆弱区，石漠化和水土流失问题极为严重，石漠化治理前全区森林覆盖面积不足5%（熊康宁等，2006）。自20世纪90年代开始实施"珠江防护林工程"、退耕还林还草工程和石漠化综合治理工程，经过多年的退耕造林、植被恢复，研究区的水土流失得到了有效遏制、植被覆盖率大幅增加，生态状况得到明显改善。主要乔木树种有椿树（*Ailanthus altissima*）、油桐（*Vernicia fordii*）、乌桕（*Sapium sebiferum*）和红木（*Bixa orellana*）等；灌木主要有车桑子（*Dodonaea viscosa*）、花椒（*Zanthoxylum bungeanum*）和胡枝子（*Lespedeza bicolor*）等；草本植物主要包括茅草（*Imperata cylindrica*）、飞蓬（*Erigeron acer*）、鬼针草（*Bidens pilosa*）、龙芽草（*Agrimonia pilosa*）、白绒草（*Leucas mollissima*）和蒲公英（*Taraxacum mongolicum*）等。

2012年6—8月，在研究区内选择退耕草地、退耕车桑子地、退耕花椒地、退耕椿树林和退耕油桐林等5种植被恢复方式，以耕地为对照。每种植被恢复方式均设置3个标准样地，样地的选择考虑了土壤与成土类型基本相同和海拔、坡位、坡向相近等因素，基本特征见表6-2。在每个样地内采用梅花型采集表层土壤（0~20cm）5个土壤样品，混合制样，尽量不破坏土壤结构。同时，采用挖取剖面的方式用环刀法采集各层的原状土用来测量土壤密度和含水量。

表6-2　样地基本情况

样地类型	退耕年限	海拔（m）	坡度（°）	坡位	植被盖度	主要植被种类
耕地	—	696	20.2	中部、下部	20	玉米、茅根草、白绒草等
退耕草地	9	710	22.1	中部	40	蓬草、茅草、鬼针草、鹅观草、马鞭草等
退耕车桑子地	8	736	25.4	中部	90	车桑子、百花刺、千里光、鬼针草、蒿草等
退耕花椒地	9	690	19.2	中部、下部	35	花椒、茅根草、蒿草等
退耕香椿林	8	710	20	上部	70	椿树、胡枝子、盐肤木、蒲公英、茅根草、鬼针草、龙牙草、野菊花等
退耕油桐林	8	704	18.5	上部	65	油桐、百花刺、蒲公英、寻麻黄、野草莓、蓬草、蒿草、三叶草等

土样运回实验室后，沿土样缝隙掰成10mm大小的土块，经自然风干后分2份备用。一份直接测定土壤干筛、湿筛团聚体含量；一份磨细过2mm筛，用于测定机械组成、微团

聚体含量和有机质含量。有关实验均按照常规方法进行（鲍士旦，2000）：土壤机械组成、微团聚体采用习惯法；持水性能、密度和孔隙度采用环刀法；团聚体组成采用沙维诺夫干筛——湿筛法；有机质采用重铬酸钾氧化——外加热法；抗蚀指数采用静水崩解法测定。

在已有研究结果的基础上，结合研究区特点，本研究共选取四大类16个指标来评价土壤抗蚀性（表6-3）。各指标的计算均采用常规方法（张振国等，2007）。

表6-3　本研究土壤抗蚀性指标分类

类别	指标
无机粘粒类（Ⅰ）	＜0.05mm 粉粘粒含量（Ⅰ 1）
	＜0.01mm 物理性粘粒含量（Ⅰ 2）
	＜0.001mm 粘粒含量（Ⅰ 3）
水稳性团聚体类（Ⅱ）	＞0.5mm 水稳性团聚体含量（Ⅱ 1）
	＞0.25mm 水稳性团聚体含量（Ⅱ 2）
	平均重量直径（Ⅱ 3）
	＞0.25mm 团聚体破坏率（Ⅱ 4）
	＞0.5mm 团聚体破坏率（Ⅱ 5）
	团聚体稳定性指数（Ⅱ 6）
	受蚀性指数（Ⅱ 7）
	抗蚀指数（Ⅱ 8）
微团聚体类（Ⅲ）	分散系数（Ⅲ 1）
	结构系数（Ⅲ 2）
	团聚度（Ⅲ 3）
	分散率（Ⅲ 4）
有机物类（Ⅳ）	有机质（Ⅳ 1）

采用模糊隶属度函数模型对土壤抗蚀性指标进行评价，评价因子权重系数采用相关系数法确定（张雯雯等，2008）。土壤抗蚀性运算表达式为：

$$R = \sum_{i=1}^{n} i_i \times w_i$$

式中：

R——土壤抗蚀性指数，取值为0~1之间，取值越高，说明土壤抗蚀性越好；

i_i——隶属度值；

w_i——权重。

数据处理均利用Excel2003软件进行，采用测定结果的平均值，用SPSS 18.0软件进行统计分析，差异显著性检验采用LSD法，显著性水平为 $\alpha=0.05$。

6.2.2 结果与分析

6.2.2.1 土壤有机质含量

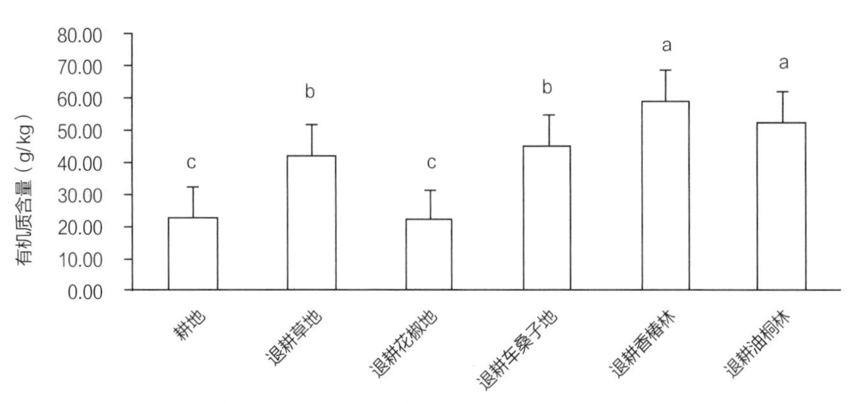

图6-5　不同土地利用类型土壤有机质含量

土壤有机质是土壤水稳性团聚体的主要胶结剂，能够促进土壤中团粒结构的形成，增加土壤疏松性、通气性和透水性，对改善土壤结构和提高土壤抗蚀性具有重要作用（沈慧等，2000），而国内外已有大量研究采用土壤有机质含量变化作为土壤抗蚀性指标之一（赵晓光等，2003）。由图6-5可知，6种土地利用类型下的土壤有机质含量以退耕香椿林最高，为58.74 g/kg，退耕油桐林次之，为52.54 g/kg；退耕车桑子地和退耕草地分别为45.03 g/kg和41.99 g/kg；坡耕地和退耕花椒地最少，分别为22.40 g/kg 和21.66 g/kg（$P<0.05$）。说明退耕乔木林含有较高的有机质，这与其高强度的保护管理、极少的人为干扰密不可分；退耕车桑子灌丛地和退耕草地土壤有机质含量有一定程度的降低，且达显著差异水平，这可能与车桑子次生林分布在人类活动区并受到一定人类活动影响有关；而退耕花椒地和坡耕地则受人为干扰较大，不仅减少了地上植被，而且严重破坏了土壤结构，加速了有机质的分解，退耕草地较坡耕地和退耕花椒地土壤有机质含量有所增加，说明其减少人为干扰、实行自然恢复后，土壤有机质含量得到一定改善，可能由于撂荒时间较短，所以有机质含量没有显著差异，同时也说明喀斯特生态系统极其脆弱，被破坏后恢复时间较长。

6.2.2.2 水稳性团聚体含量及其结构破坏率

土壤水稳性团聚体是由有机质胶结而成的团粒结构，可以改善土壤结构，而且被水浸湿后不易解体，具有较高的稳定性。因此，土壤水稳性团聚体含量可以作为抗蚀性评价的良好指标（沈慧等，2000）。由表6-4可知，>0.25 mm 粒级的水稳性团聚体总量以退耕油桐林最高，为87.16%；退耕香椿林与退耕草地次之，分别为86.72%与83.36%；退耕花椒地与耕地分别为75.38%与75.68%，退耕车桑子地最低为68.69%，分别存在显著差异（$P<0.05$）。其中，>5 mm 和1~2 mm 水稳性团聚体坡耕地显著低于其余5

种土地利用类型，这与其频繁的人为干扰和耕作有关；退耕车桑子地>0.25mm团聚体总量显著降低，这可能与其土壤贫瘠的有机质含量相关，有待于进一步分析。另外，由土壤团聚体的结构破坏率可以看出，退耕车桑子地、退耕花椒地和耕地土壤团聚体结构破坏率最大，显著大于退耕草地和退耕乔木林地，这说明退耕花椒地、退耕车桑子地和耕地土壤水稳性团聚体破坏较多，其抗侵蚀性和养分保存的能力显著降低，发生土壤侵蚀的几率较高；而退耕乔木林地土壤团聚体结构破坏率则显著高于退耕草地，这与乔木林地能提高土壤有机质含量一致，退耕撂荒地土壤有机质含量和>0.25mm水稳性团聚体总量要高于退耕花椒地和退耕车桑子地，其土壤抗侵蚀性也较强，说明减少人为干扰或实行自然恢复显著提高了土壤抗侵蚀性，进一步说明喀斯特退化生态系统实行撂荒或自然恢复是一个有效措施。

表6-4　不同土地利用类型土壤水稳性团聚体与结构破坏率

土地利用类型	水稳性团聚体（%）					>0.25mm（%）	结构破坏率（%）
	>5mm	5~2mm	2~1mm	1~0.5mm	0.5~0.25mm		
耕地	6.30c	20.37b	12.32c	14.57ab	20.12a	73.68bc	21.50ab
退耕草地	9.21b	20.47b	23.38a	19.45a	10.85c	83.36a	13.59c
退耕花椒地	11.02b	27.03a	17.76b	11.07b	8.51c	75.38b	18.63b
退耕车桑子地	9.15b	17.02c	14.69bv	13.79b	14.04b	68.69c	28.26a
退耕香椿林	32.51a	23.59ab	16.67b	9.28c	4.67d	86.72a	10.68d
退耕油桐林	29.15a	27.22a	15.69b	9.58c	5.53d	87.16a	10.08d

注：不同小写字母表示不同土地利用类型土壤在相同粒级下的差异性，$P<0.05$。

6.2.2.3　以微团聚体含量为基础的土壤抗蚀性指标

1. 团聚状况和团聚度

团聚状况表示土壤颗粒的团聚程度，团聚度则是团聚状况占>0.05mm微团聚体分析值的百分比，其值大小均与土壤抗蚀性强弱密切相关，团聚状况或团聚度大则土壤抗蚀性强（史冬梅等，2005）。测定结果（表6-5）表明，6种土地利用类型土壤团聚状况为退耕香椿林（50.83%）>退耕油桐林（49.08%）>退耕草地（47.30%）>退耕车桑子地（46.31%）>退耕花椒地（41.06%）>耕地（33.09%）（$P<0.05$）。团聚度则表现为耕地最低，显著低于其余5种植被类型土壤，这与其土壤水稳性团聚体含量和土壤团聚体结构破坏率一致，说明人工乔木林土壤结构最好，土壤抗侵蚀性最强，其次为自然恢复的撂荒草地。坡耕地土壤的团聚状况较差，与其土壤水稳性团聚体含量较少和土壤团聚体结构破坏率较大一致，但其土壤团聚度较高，这可能是由于其较低的团聚状况和较低的>0.05mm微团聚体分析值所造成。

表6-5　不同土地利用类型土壤团聚状况、团聚度及分散率对比

土地利用类型	团聚状况（%）	团聚度（%）	分散率（%）
耕地	33.09c	64.29c	36.88a
退耕草地	47.30b	72.64b	31.87b
退耕花椒地	41.06c	68.43bc	35.25a
退耕车桑子地	46.31b	69.37b	35.61a
退耕香椿林	50.83a	82.74a	28.67c
退耕油桐林	49.08a	76.62a	30.07b

2. 分散率

分散率以分析中低于规定粒级的颗粒，视为完全分离的颗粒，用完全分离的颗粒与机械组成分析值来表示土壤抗蚀性。分散率越大，土壤抗蚀性越弱（董慧霞等，2005）。由表6-5可知，退耕乔木林和退耕草地的土壤分散率最低，退耕花椒地和退耕车桑子地较高，坡耕地最高，且存在显著差异（$P<0.05$），进一步证明了退耕乔木林地和自然撂荒恢复草地具有良好的土壤结构和较强的土壤抗侵蚀性。而受人为干扰影响较大的耕地和花椒、车桑子人工林土壤抗侵蚀性均显著较低。撂荒地团聚状况与团聚度略低于退耕香椿和油桐林地，而分散率略高于香椿和油桐林地，说明退耕草地在减少人为干扰以后，土壤结构逐渐恢复，得到有效改善，不过这是一个漫长的过程。

6.2.2.4　＜0.05mm 土壤粘粉粒含量

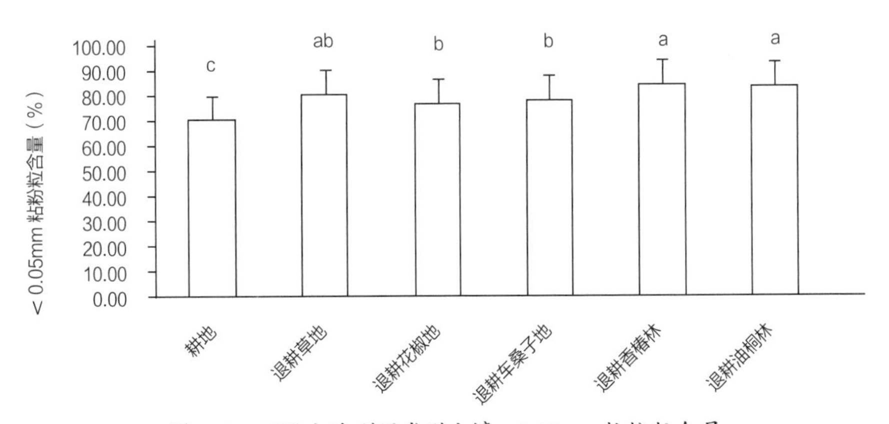

图6-6　不同土地利用类型土壤＜0.05mm粘粉粒含量

＜0.05mm 土壤粘粉粒含量属于无机粘粒类指标，一般无机胶体含量愈多，土壤抗蚀性愈强。由图6-6可知，在喀斯特地区，耕地土壤＜0.05mm 粘粉粒含量最低，且显著小于其他5种类型，退耕草地、退耕车桑子地和退耕花椒地土壤＜0.05mm 粘粉粒含量依次降低，且差异不显著，退耕香椿林和油桐林＜0.05mm 粘粉粒含量最高（$P<0.05$）。

出现上述现象的原因可以解释为喀斯特地区土壤呈“上松下紧”的特点（李阳冰等，2004），退耕香椿林和油桐林表层土壤相对于其他4种土地利用类型保存较好，至于耕地和退耕花椒地由于人为翻耕及加速侵蚀等影响，表层结构相对较好的土壤已流失殆尽，出现沙化现象。

6.2.2.5　不同土地利用类型土壤抗蚀性各指标主成分分析

为了能综合各个指标的评价结果，并考虑各指标间的关联性，对抗蚀性指标综合进行了主成分分析，从中提炼出了2个公因子，其特征值分别为4.931和1.573，累积方差贡献率达92.91%，可以较全面地描述土壤的抗蚀性能。其初始因子载荷矩阵如表6-6，可知第1主成分主要解释了土壤有机质、>0.25mm水稳性团聚体、团聚状况、结构破坏率、分散率5个指标的信息；第2主成分则主要解释土壤团聚度和<0.05mm粘粉粒含量2个指标的信息。

表6-6　土壤抗蚀性各指标的初始因子载荷矩阵

指标	主成分	
	1	2
有机质	0.874	-0.252
>0.25mm水稳性团聚体	0.928	-0.318
>0.25mm团聚体结构破坏率	-0.926	0.42
团聚状况	0.982	0.144
团聚度	0.614	0.822
分散率	-0.977	-0.243
<0.05mm粘粉粒含量	-0.224	0.955

之后通过对初始因子载荷矩阵除去相应特征根的平方根得到两个主成分的变量系数向量，然后计算综合主成分值，结果如表6-7所示，第1主成分各类型排名与综合主成分排名一致，第2主成分稍有不同，通过两个主成分的综合评价得到各土地利用类型下土壤抗蚀性顺序为退耕香椿林>退耕油桐林>退耕草地>退耕车桑子地>耕地>退耕花椒地。

表6-7　不同土地利用类型的抗蚀性主成分、综合主成分值

土地利用类型	第1主成分F1	第2主成分F2	综合主成分值	排名
耕地	0.1694	0.9771	0.3612	5
退耕草地	0.878	0.9216	0.7742	3
退耕花椒地	0.1382	0.7408	0.2854	6
退耕车桑子地	0.5022	0.9353	0.5639	4

续表

土地利用类型	第 1 主成分 F1	第 2 主成分 F2	综合主成分值	排名
退耕香椿林	1.0733	0.9049	0.9593	1
退耕油桐林	0.9925	1.0278	0.9316	2

（1）由于退耕香椿林和退耕油桐林极少受到人为干扰、地上植被保存完整，其土壤有机质含量显著高于退耕草地、退耕灌木林地和耕地土壤。这说明喀斯特地区脆弱的生态系统受人为干扰后易被破坏，而一旦受到人为干扰破坏以后，土壤有机碳含量降低，其土壤抗侵蚀性减弱。耕地和退耕灌木林地应当加强管理，实现养用结合，增加土壤有机质含量；而退耕草地在减少人为干扰以后，已经开始缓慢增加土壤有机质含量，也说明撂荒可以作为喀斯特地区退化生态系统恢复的一种有效方式。

（2）耕地和退耕花椒地土壤水稳性大团聚体含量（＞2 mm）和＞0.25 mm 水稳性团聚体总量均较少，其土壤团聚体结构破坏率和分散率较大，团聚体度较小，因此土壤结构较差，土壤抗侵蚀性极弱，易受雨水侵蚀和水土流失，这可能与其频繁的人为干扰有关，人为干扰破坏了土壤结构，降低了团聚体的稳定性，尤其是土壤大团聚体；而退耕乔木林地和退耕草地土壤水稳性团聚体总量较多，其土壤团聚体结构破坏率和分散率也显著低于其余4种植被类型，说明其不仅含有较高的土壤有机质含量，而且土壤结构较好，其抗侵蚀性显著较高，其中香椿林和油桐林无论是水稳性团聚体总量，还是团聚状况、团聚度和分散率均没有显著差异，这可能与乔木林植被类型和土壤中的微生物活性有关，还有待于进一步研究。退耕草地较坡耕地和退耕灌木林地显著降低了土壤团聚体结构破坏率和分散率，提高了土壤结构的稳定性，增加了土壤抗侵蚀性；这不仅提高了退化生态系统的有机碳含量，而且显著改善了土壤结构，提高了土壤抗侵蚀性。因此，在喀斯特退化生态系统减少人为干扰不失为一种有效的改善措施。

（3）土壤有机质、水稳性团聚体、团聚体结构破坏率、团聚状况、团聚度、分散率和＜0.05 mm 粘粉粒含量共7个指标能够很好地评价喀斯特地区不同土地利用类型下土壤的抗蚀性，抗蚀性强弱顺序为退耕香椿林＞退耕油桐林＞退耕草地＞退耕车桑子地＞耕地＞退耕花椒地。

第7章　石漠化治理对区域土壤碳库的影响

7.1　研究区概况与研究方法

7.1.1　研究区概况

地理位置：关岭县位于贵州省中部偏西南、安顺市西部，地处珠江上游的北盘江段东岸，是典型的岩溶地区，地理坐标东经105°15′~105°49′，北纬25°34′~26°05′，土地面积1468.00 km^2。东北与镇宁自治县相邻，西南以北盘江为界与晴隆、兴仁、贞丰三县隔河相望，西北毗连六枝特区。整个版图呈斜三角形，东西宽43.2km，南北长57.3km，辖8镇6乡共14个乡（镇），241个行政村。

地形地貌：关岭县处于燕山期形成的垭都 — 紫云古断裂、陆良古断裂、开运 — 平塘古断裂围限的三角地带，区域内地质构造为黔西山字型构造前面弧的西翼，构造线呈45°展布，断层发育。位于云贵高原东部脊状斜坡南侧向广西丘陵倾斜的斜坡地带，地势西北高、东南低。最高海拔1850m，最低点海拔370m，大部分地区海拔800~1500m，县城海拔1025m。地貌类型复杂多样，地势起伏大，碳酸盐岩类分布广泛，岩溶地貌与常态地貌交错分布。竖井、石芽、漏斗、洼地、谷地、丘峰、峰林随处可见，溶洞、暗河等比比皆是。

气候：年平均气温为16.2℃，年降水量1265.1~1656.8mm。但时空分布不均，由北部向东南部呈舌状递减。

土壤：土壤受地势、地貌、气候、生物等成土因素的影响，具有垂直地带性分布、镶嵌性分布，耕作土呈同心圆式、阶梯式、对称式的特征，水平地带性分布不明显。海拔800~1400m，主要分布黄壤、黄色石灰土，土层厚。海拔800m以下主要分布黄壤、黄红壤、红色石灰土。

水文：境内水资源虽然丰富，但地表水比降大，水流湍急，洪水急剧涨落，易发生洪涝灾害；地下水则因岩溶发育，落水洞和地下河通道多，滞流时短，基流较小，使春旱频繁。

森林植被：境内有亚热带常绿阔叶林区、中亚热带常绿阔叶林地带南部亚地带、贵州山原常绿阔叶栎林。自然植被分为针叶林、阔叶林、灌丛、稀树、灌草丛、草丛草地等7个植被类型；人工植被分为草本、木本、草木本间作等类型。

岭县总人口36.68万人，其中农业人口33.21万人，贫困人口8.68万人，分别占总人口的90.53%、23.66%；农业劳动力人口18.43万人，平均每个劳动力负担1.82人；少数民族人口19.33万人，占总人口的52.7%，有布依族、苗族、仡佬族、彝族、京族等23个少数民族，布依族和苗族人口最多。全县农业人口比重大，占总人口的90.38%。农业人口密度大、人口较为密集、贫困人口较多，人均耕地少，难以利用的土地多，形成了尖锐的矛盾，加剧了土地石漠化。

2010年，生产总值24.05亿元，比上年增长了13.46%；总量低，但增长快，有很好的发展势头。第一产业产值57619万元，第二产业产值4147万元，第三产业产值32183万元，一、二、三产业在国内生产总值中的比重为33.33∶37.17∶29.50，第一产业比重较大，第三产业上升较快，产业结构有待进一步调整。农作物中经济作物少，结构单一，主要以玉米、稻谷种植为主（占了总产量的80.57%）；主要经济作物有水果、油菜籽、茶叶等，但产量较低。农民人均收入有所提高达到3163元，生产总值不高，更多依靠外出务工收入，人民生活条件得到改善，但仍较贫困，农村经济、农业产业较为落后，需要大力发展。

7.1.2　研究方法

调查监测样地选取在贵州省关岭县的花江峡谷示范区，花江峡谷区从岩性和地貌类型都属于是典型的喀斯特地貌，目前石漠化程度已十分严重，是脆弱生态区。

7.1.2.1　自然概况

地质地貌条件：花江峡谷区海拔高度448~1410m，相对高差600~800m，除深切的北盘江干流外，地表无常年流水的河流。基岩为纯质石灰岩与白云岩。土壤不成片，呈零星分布，有一些面积较小的微型台地。植被多生长于石缝、石沟、小土坑、微台地上。

气候水文条件：实验区属中亚热带低热河谷，冬春温暖干旱，夏秋湿热，热量丰富。年均气温18.4℃，年均极端最高温32.4℃，年均极端最低温6.6℃，≥10℃年有效积温达6542℃，年降雨量1100mm。花江峡谷区海拔850m以下为南亚热带河谷气候，900m以上为中亚热带河谷气候。河谷底年均气温20.3℃，年均极端最高温35.5℃，年均极端最低温8.7℃，年均降雨量600~900mm，5—8月降雨占全年降水的90%，年均相对湿度60%，年均干燥度1.5；“喀斯特干旱”现象严重，连续3个月降水量不足50mm的干旱发生率可达到90%，几乎每年都会发生春旱。

土壤特征：峡谷区以石灰土为主，土层薄、连续性差、呈斑块状分布，土壤pH值大于6.5，水、肥、气、热不平衡，钙、镁、铁含量高，营养元素氮、磷、钾含量低。土壤生产力低、土地质量差是石灰土的典型特征。土壤侵蚀严重，水土流失面积占总土地面积的80%。峡谷区＞25°的坡耕地占土地总面积的87%。

植被：种类多样，次生性明显，具有优势种明显，但群落组成和组成结构单一的特征。乔木树种主要有杉木（*Cunninghamia lanceolata*）、香椿（*Toona sinensis*）、楸树（*Catalpa bungei*）、柏木（*Cupressus funebris*）、马尾松（*Pinus massoniana*）、华山松（*Pinus armandii*）、白桦（*Betula platyphylla*）、柳杉（*Cryptomeria japonica* var. *sinensis*）、桃树（*Amygdalus persica*）、梨树（*Pyrus persica*）等，灌木树种主要有杜鹃（*Rhododendron simsii*)、火棘(*Pyracantha fortuneana*)、竹叶花椒(*Zanthoxylum armatum*)、白花刺(*Sophora davidii*)、山莓(*Rubus corchorifolius*)等，该地区的生境特点决定了植被的分布格局。农户种植的经济作物有火龙果(*Hylocereus undatus*)、砂仁(*Amomum villosum*)，经济林有竹叶花椒(*Zanthoxylum armatum*)、圆叶乌桕(*Triadica rotundifolia*)、油桐(*Vernicia fordii*)、石榴(*Punica granatum*)、芭蕉(*Musa basjoo*)、无花果(*Ficus carica*)、桃树(*Amygdalus persica*)、枇杷(*Eriobotrya japonica*)、李子(*Prunus salicina*)等。

7.1.2.2 社会经济概况

花江峡谷区为汉族和少数民族（有苗族、黎族、布依族、仡佬族、瑶族等）共同居住区，人口密度147人/km^2，人均粮食产量约278kg，以玉米为主。人地矛盾明显，土地承载力已是合理承载量的1.7倍，现有耕地多为坡耕地，产量低、抗灾能力弱，相当一部分还延续着靠石缝中浅薄的土壤进行耕种的传统耕作习惯。在这样的自然资源配置状况下，花江峡谷示范区经济发展落后、人民生活水平普遍较低，是贵州贫困地区的典型区。峡谷区劳动力资源丰富，劳动人口占总人口的56.1%，以青壮年劳动力为主，但近些年青壮年多在外打工，留守老人和儿童较多。早婚早育现象普遍，这与我国农村的基本情况和少数民族计生政策有关，在一定程度上增加了人口增长率。

7.1.2.3 生态条件概况

强烈的土壤侵蚀致使花江峡谷土地质量快速退化；植被覆盖率低，现存原生植物以耐旱耐浅土的先锋树种为主，具有明显的人为干扰，次生特征明显，自然植被主要分布在山顶、陡坡、岩石裸露率高且无农业开垦利用价值的区域；气候干热、土地石漠化现象严重；峡谷区79.36%的土地面积属于生态经济质量一般或极差类型，是贵州省生存环境恶劣的贫困区之一。

2012年6月进行了土壤样品采集，采集方法为分别挖取土壤剖面，对不同深度的土壤进行采样，采样深度为0~10cm、10~20cm、20cm到基岩（根据实际情况进行采样）。非石漠化土地样地中根据植被情况分别对灌草植物地的土壤、灌木植物地的土壤、草本植物地的土壤和裸地土壤分别进行了采样；潜在石漠化土地分别在乔木地的土壤、灌草植物地的土壤、草本植物地的土壤和裸地土壤进行了采样；不同程度石漠化土地则主要采集裸地的土壤样品。在采样过程中，挖取的土壤剖面按等边三角形进行采样。测定指标包括土壤有机碳、土壤活性有机碳（易氧化碳）、土壤无机碳（碳酸钙含量）。

将地表杂物和植物清除干净，用环刀法采集不同土层深度土壤（环刀盖带孔的盖子内垫滤纸），同时用铝盒采集少量土壤。

测定指标中，土壤物理性质包括土壤密度、土壤质量含水量、土壤体积含水量、最大持水量、毛管持水量、最小田间持水量、非毛管孔隙度、毛管孔隙度、总孔隙度、土壤入渗速率在室内进行测定；土壤化学及营养指标包括土壤pH值、有机质、全氮、水解氮、全磷、有效磷、全钾、速效钾。

表 7-1 样地基本概况

样地类型		地上植被	海拔（m）	主要植物种	土被盖度	土壤厚度（cm）
未石漠化土地	非石漠化土地	车桑子（*Dodonaea viscosa*）、白花刺（*Sophora viciifolia*）、圆叶乌桕（*Sapium rotundifolium*）、香椿（*Toona sinensis*）	736~746	车桑子、白花刺	90%	≤ 50
未石漠化土地	潜在石漠化土地	茅根草（*Imperata cylindrica*）、飞蓬（*Erigeron speciosus*）、土烟（*Solanum verbascifolium*）、旋复花（土木香，*Inula helenium*）、棣棠花（*Kerria japonica*）、山麻黄（*Trema tomentosa*）、鬼针草（*Bidens pilosa*）、粗康柴（*Mallotus philippensis*）、莴苣（*Lactuca sativa*）、类芦（*Neyraudia reynaudiana*）、鹅观草（*Roegneria kamoji*）、白绒草（*Leucas mollissima*）、飞蛾藤马连安（*Porana racemosa*）、铁线莲、乌桕、香椿、油桐（*Clematis florida*）、盐肤木幼苗（*Rhus chinensis*）、化香幼苗（*Platycarya strobilacea*）、花椒（*Zanthoxylum bungeanum*）、瓜木（*Alangium platanifolium*）、地瓜（*Ficus tikoua*）	700~710	茅根草	70%	≤ 40
石漠化土地	轻度	花椒（*Zanthoxylum bungeanum*）、柚木（*Tectona Grandis*）	590–510	柚木	60%	≤ 30
石漠化土地	中度	花椒	590~510	花椒	40%	≤ 30
石漠化土地	重度	茅根草	590~510	茅根草	20%	≤ 20
石漠化土地	极重度	裸地	590~510	无	10%	≤ 20

采样结束后，在室内进行物理性质的测定。

土壤物理性质的测定方法如下：

（1）土壤含水量的测定：采用烘箱烘干法，在100℃下烘到恒重，计算公式为：

$$W=(g_1-g_2)/(g_1-g)\times 100\%$$

式中：

W—— 土壤含水量；

g—— 铝盒质量（g）；

g_1—— 铝盒 + 湿样质量（g）；

g_2—— 铝盒 + 烘干样品质量（g）。

（2）土壤密度、孔隙率、持水量的测定（环刀法）：①将取回的土样去掉胶带，称取重量 W_0。将称好鲜重后的土样去掉上盖，浸入水中，水的位置以距环刀上沿1~2mm为宜，切勿浸没土样；②浸水12h后，立即从水中取出，盖上上盖，称取重量 W_1；③将称重后的环刀放置干砂上，2h后称取其重量 W_2；④将称重后的环刀继续放置干砂上48h，称取其重量 W_3；⑤将环刀去掉上盖，放入烘箱，于105℃下烘至恒重，大约烘24h；⑥盖上环刀上盖，放入干燥皿或立即称重 W_4；⑦去掉环刀中的土样，称取环刀重量 $W_{环刀}$。

$$土壤密度=(W_0-W_{环刀})\times(1-含水量)/100\times100\%$$

土壤孔隙率：土壤总孔隙率、毛管孔隙率及非毛管孔隙率参照卫茂荣（卫茂荣，1990）的方法。

土壤持水量：包括最大持水量、最小持水量、毛管持水量，用环刀法测量（卫茂荣，1990）。

（3）土壤渗透性能：采用《森林土壤入渗滤率》（LY/T 1218—1999）的测定中的环刀法。

土壤化学性质的测定方法如下：

测试方法按照（中国土壤学会，1999；中国科学院南京土壤研究所，1978）执行。其中有机碳：重铬酸钾外加热法；全氮：半微量凯氏定氮法，pH：水∶土 =2.5∶1；水解氮：碱解扩散法；有效磷：盐酸氟化铵浸提，磷钼兰比色法；有效钾：乙酸铵提取 — 火焰光度法。

土壤活性有机碳用的是 $K_2Cr_2O_7$∶H_2SO_4=1∶5，静置24h，此方法与高锰酸钾法测定的结果是有差异的，考虑到土壤有机碳用的是重铬酸钾外加热法，为了保持测定方法的相对一致，所以选了 $K_2Cr_2O_7$∶H_2SO_4=1∶5，静置24h，且这种方法的变异系数最小。再根据对应样品土壤有机碳的含量计算其分配比例（即活性有机碳含量比有机碳总含量）。

7.2 岩溶石漠化区土壤有机碳库

岩溶生态系统土地退化的实质是土壤作为水库、养分库和土壤种子库功能的差异退化（李阳兵，2005）。土壤有机质是土壤中各种重要营养元素的主要来源，有利于维持土壤的保肥性、保水性、可耕性、缓冲性和通气性，可改善土壤的物理性状，是土壤微生物必不可少的碳源和能源，是评价土壤质量及退化程度的重要指标（杨瑞吉，2004）。茂兰喀斯特原生林下土壤有机碳含量高达218.91 g/kg 左右，贵州省土壤普查办公室1994年公布的该省土壤有机质数据计算出有机碳含量分别为：黑色石灰土有机碳平均含量为31.50 g/kg、棕色石灰土有机碳平均含量为20.19 g/kg、黄色石灰土有机碳平均含量为18.52 g/kg、红色石灰土有机碳平均含量为19.98 g/kg，高于同纬度地带性土壤的，有机碳平均含量（红壤15.78 g/kg，黄壤17.08 g/kg）。

土壤有机碳是由不同稳定性的组分组成，其概念性库包括活跃、慢性和惰性库（Parton et al.，1993）。在不同性质的组分中，活性土壤有机碳（Labile soil organic carbon，LSC）是最活跃周转最快，最易被生物直接利用的，也是养分循环中具有重要作用的部分（Khanna et al.，2001）。基于土壤活性有机碳的性质和重要作用，其成为当前土壤碳和养分循环方面的一个研究热点（Post & Kwon，2000），本次试验以土壤易氧化碳含量来表征活性有机碳含量。

7.2.1　未石漠化土地土壤有机碳含量

7.2.1.1　非石漠化土地土壤有机碳含量

从图7-1看出：在同一个样地内不同的植被类型下的土壤有机碳含量存在较大差异，灌草地的土壤有机碳含量最高，地表到地下20cm处，有机碳含量比较均匀，20~50cm处出现明显下降，整个土层剖面的平均值为26.76g/kg；而灌木地的要明显低于灌草地的，其土层均值为18.60g/kg；草地的土壤表层有机碳含量是所有监测数据中最高的，达到34.25g/kg，但从地下10cm往下，迅速下降，土层剖面的均值为18.12g/kg；裸地各个土层的有机碳含量相对均较低，均值为14.35g/kg。从纵向看，草地的土壤表层有机碳含量最高，当草地进一步成为灌草或灌木时，有机碳含量降低。

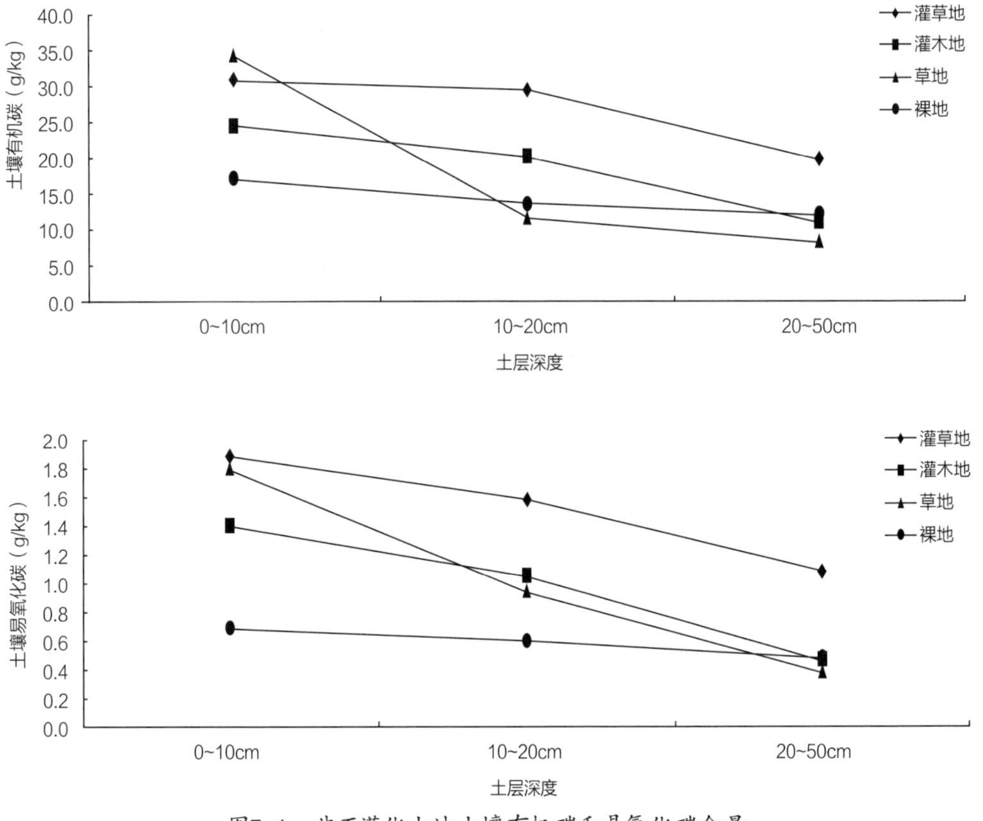

图7-1　非石漠化土地土壤有机碳和易氧化碳含量

非石漠化土地土壤中的易氧化碳，无论何种植被类型下的土壤，均呈现从地表到地下递减的变化趋势，其中灌草地的易氧化碳含量最高，其均值达到1.52g/kg，占有机碳含量的5.64%；灌木地和草地相比而言，由于草地表层土壤易氧化碳含量较高，因此其均值略高于灌木地的，灌木地的均值为0.97g/kg，约占有机碳含量的5.04%，草地的均值为1.05g/kg，约占有机碳含量的5.98%；裸地的分层特征不太明显，各个土层的易氧化碳含量差别较小，均值仅为0.59g/kg，仅占有机碳含量的4.12%。

7.2.1.2 潜在石漠化土地土壤有机碳含量

从图7-2看出乔木地土壤不同深度的有机碳含量差别较小，且有先减小后增大的变化趋势，但基本上维持在一个较为稳定的值，整个土层的有机碳含量均值为26.96g/kg；灌草地是这四种类型中有机碳含量最高的，土壤表层达到38.00g/kg，也呈现出先降低后增加的趋势，这可能与植被的演替有关；草地的有机碳含量分层变化幅度较小，均值为24.91g/kg；而裸地的则明显低于其他三个类型的，均值只有14.80g/kg。潜在石漠化土地是一种比较特殊的类型，既有可能演变为非石漠化土地，也有可能退化为严重的石漠化土地。

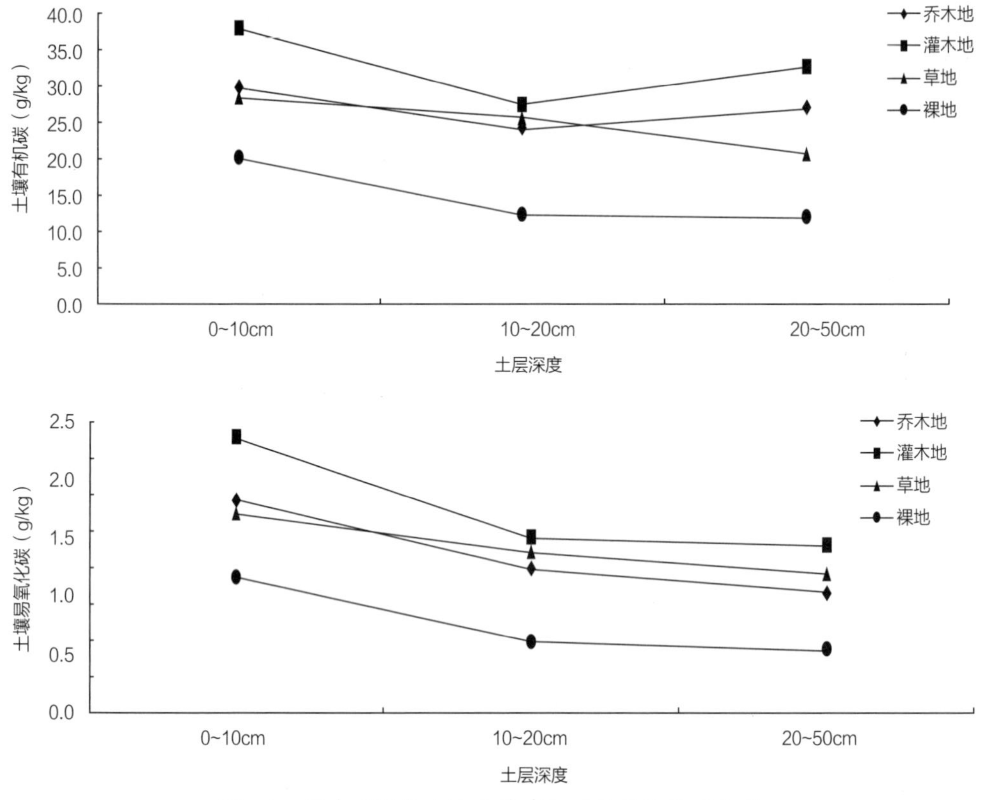

图7-2 潜在石漠化土地土壤有机碳和易氧化碳含量

潜在石漠化土地中，易氧化碳含量从上到下呈现递减趋势。乔木地地表10cm之内的易氧化碳含量明显高于10cm以下的，为1.82g/kg，底层为1.03g/kg，均值为1.36g/kg，占有机碳含量的5.02%；灌草地的含量最高，地表10cm内的易氧化碳含量为2.36g/kg，是潜在石漠化土地样地中含量最高的，均值为1.76g/kg，占有机碳含量的5.35%；草地的含量与乔木地下的差异较小，10cm以下的含量高于乔木地的，均值为1.42g/kg，占有机碳含量的5.70%；裸地的含量最小，均值仅为0.77g/kg，占有机碳含量的5.07%。

7.2.2　石漠化土地土壤有机碳含量

从图7-3可以明显看出：土地一旦发生石漠化其土壤有机碳含量较未发生石漠化的土地差异显著。轻度石漠化土地分层的差异较小，均值为15.33g/kg；中度石漠化土地和轻度石漠化土地的分层变化相似，均为从地表到地下递减的趋势，其均值仅有9.81g/kg；重度和极重度石漠化土地只测定了0~10cm，10~20cm的有机碳含量，不同土层的含量差别较小，但均高于中度石漠化土地的。石漠化程度较高的土地，其土壤有机碳含量未必是最低的，其土壤养分条件有可能优于石漠化程度较低的土地。

图7-3显示的结果如下：轻度石漠化土地土壤剖面的含量比较均匀，基本维持在平均值0.70g/kg上下，这个含量占有机碳含量的4.59%；中度石漠化土地10cm土层内的含量略高于10~30cm的含量，平均值为0.57g/kg，占有机碳含量的5.80%；重度石漠化土地和极重度石漠化土地的易氧化碳平均含量分别为0.53g/kg和0.62g/kg，分别占有机碳含量的4.25%和6.06%。

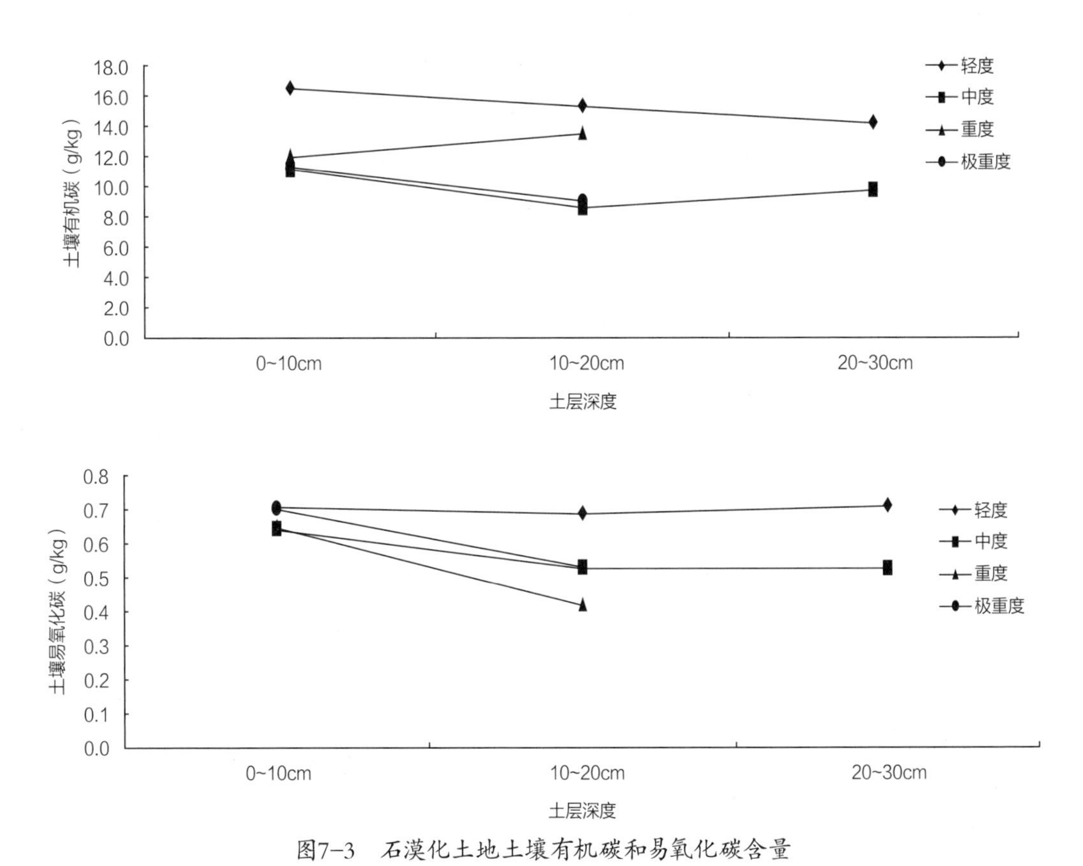

图7-3　石漠化土地土壤有机碳和易氧化碳含量

7.3 岩溶区土地土壤无机碳库

严格地讲，土壤无机碳的存在形式包括固相、液相和气相。土壤呼吸产生的 CO_2 是气相无机碳的主要表现形式，这一部分我们使用仪器进行了监测；液相以离子的形式存在，来源于 CO_2 溶于水生成富含 H_2CO_3 和 HCO_3^- 的溶液，在排水条件良好且土壤 pH 大于6.5时，在数量上，土壤无机碳液相的数量相对于固相微不足道；固相主要是碳酸盐，来源于土壤母质、富含碳酸盐的气载尘埃、地下水、植物残体等，其中，石灰性母质和风积尘土是其主要来源（于天仁等，1990）。土壤碳酸盐岩主要包括岩生性碳酸盐和发生性碳酸盐，前者指来源于成土母质或母岩，未经风化成土作用而保存下来的碳酸盐，后者指在风化成土过程中形成的碳酸盐，多发生在相对干旱的草原或草灌植被土壤（Kohut et al.，1995；Doner et al.，1989；潘根兴，1999）。国内对土壤有机碳的研究较多，但对无机碳的研究相对比较少，有研究估算出我国1 m 土壤内有机碳和无机碳的储量分别为88.3 Pg 和77.9 Pg，而土壤中无机碳主要集中分布在0~50 cm 的土壤中，林地土壤无机碳量明显低于沙漠和农田土壤，地表植被类型对土壤中无机碳的影响较为明显（Li，2007；Mi，2008；Wu，2009）。目前对土壤无机碳库的估算存在较大差异性，可能的原因是在实验室测定土壤样品中的碳酸盐岩总量时没有区分碳酸盐岩的来源，通常没有条件区分土壤中的发生性和岩生性碳酸盐，只是用常规化学方法测定了其中的重量，因此对土壤中的无机碳库的估算可能过高（Eswaran et al.，2000；Mermut et al.，2000）。本次试验测定了不同程度石漠化土地土壤的无机碳含量，以揭示岩溶地区土壤无机碳的分布特征。

7.3.1 未石漠化土地土壤无机碳含量

非石漠化土地的土壤无机碳含量相对较高（图7-4），呈现出地表到地下递增的变化趋势，其中草地土壤的含量最高，从地表到地下分别为16.89 g/kg、18.67 g/kg 和20.61 g/kg，均值为18.72 g/kg；其次是灌草地，其均值为13.10 g/kg，灌木地为8.43 g/kg，裸地的含量最小，均值仅为3.72 g/kg。潜在石漠化土地中乔木地土壤中无机碳的含量无明显分层变化，变化范围为3.01~3.47 g/kg，均值为3.36 g/kg；灌草地地表到地下10 cm 内的含量明显较高，约为10~50 cm 含量的2倍，其均值为5.45 g/kg；草地也几乎无明显变化，基本维持在平均值4.62 g/kg 上下；裸地的无机碳含量最高，且地下10~50 cm 处的约为地表10 cm 内的含量的2倍以上，均值为9.90 g/kg。

未石漠化土地中，非石漠化土地的土壤无机碳含量均呈随土层深度的增加而增大的趋势，且与地表植被类型有密切关系；潜在石漠化土地中，草地的表层无机碳含量大于地下的，裸地从地表到土壤底层呈迅速增加趋势，其他两种的土层变化不明显。

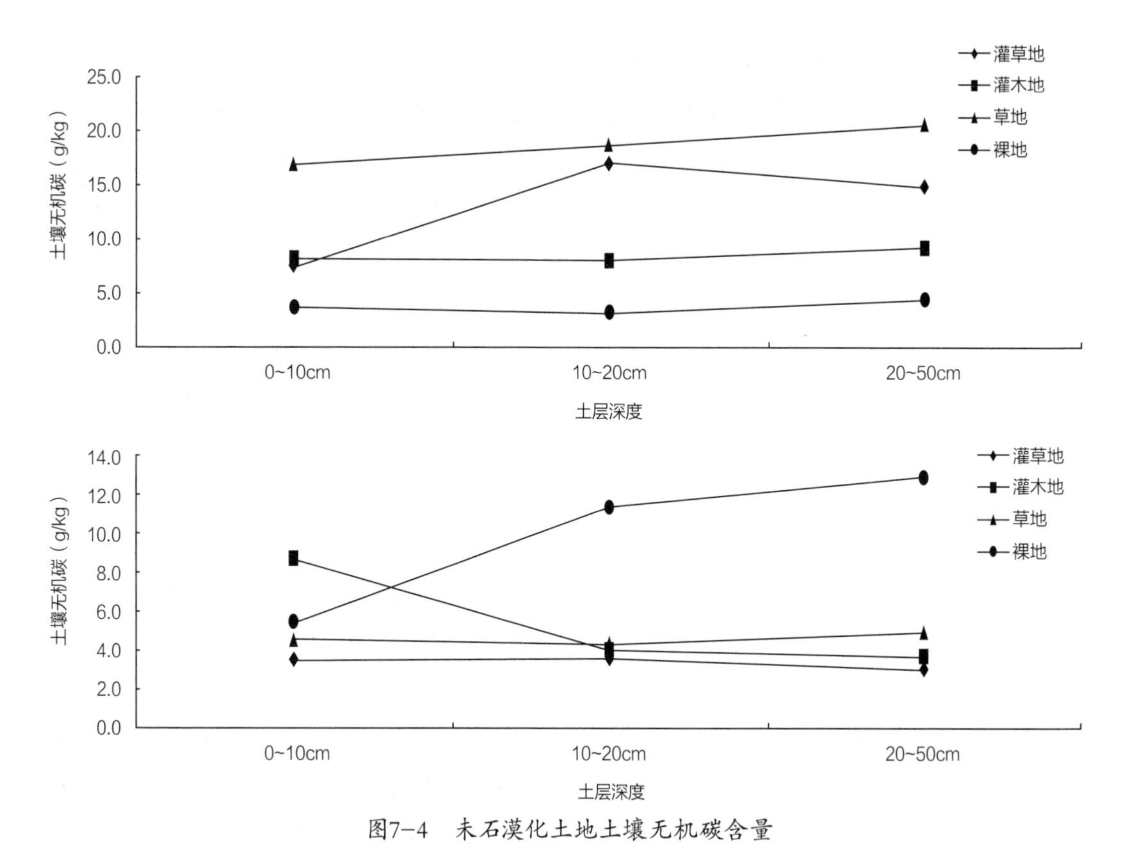

图7–4　未石漠化土地土壤无机碳含量

7.3.2　石漠化土地土壤无机碳含量

石漠化土地不同程度的土地土壤无机碳含量随土层深度的变化特征不明显（图7-5），其中轻度石漠化土地土壤剖面无机碳的变化范围为2.56~2.72 g/kg，均值为2.70 g/kg；中度石漠化土地土壤剖面无机碳的变化范围为1.27~1.81 g/kg，均值为1.57 g/kg；重度石漠化土地地表0~10 cm 土壤无机碳含量高于10~20 cm 的，说明其地表的土壤成分发生了较大改变；极重度石漠化土地土壤无机碳的平均含量为1.54 g/kg。石漠化土地的无机碳含量均呈现随土层深度先减少后增加的变化趋势。

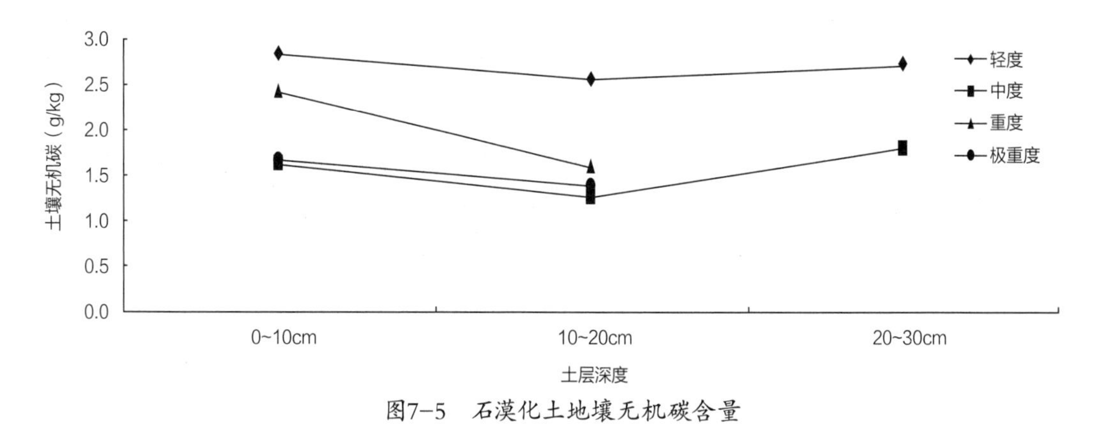

图7–5　石漠化土地壤无机碳含量

7.4 岩溶区土壤碳密度

土壤剖面有机碳密度的计算公式如下：

$$SOCD=\sum(1-\theta_i\%)\times\rho_i\times C_i\times T_i/100\ (i=1,2,3,\cdots,n)$$

式中：

$SOCD$—— 土壤剖面有机碳密度（kg/m^2）；

θ_i—— 第 i 层＞2mm 砾石含量（体积分数 %）；

ρ_i—— 第 i 层土壤密度（g/cm^3）；

C_i—— 第 i 层土壤有机碳密度（g/kg）；

T_i—— 第 i 层土层厚度（cm）。

其中，土壤有机碳含量是土壤有机质含量乘以0.58（Bemmelen 转换系数）得到（文启孝，1984）。

无机碳密度的计算公式是根据有机碳密度的公式进行计算，不同的是将公式中的 C_i 转换成无机碳含量，无机碳含量是将土壤中的 $CaCO_3$ 含量乘以0.12（碳酸钙中碳的含量），其他各项不变，估算出无机碳密度。

非石漠化样地中，土壤碳密度的计算方法是按照样地中灌草面积40%、灌木面积30%、草地面积20%、裸地面积10%的比例进行计算；潜在石漠化样地中，土壤碳密度计算方法是按照样地中乔木面积5%、灌草面积20%、草地面积40%、裸地面积35%的比例进行计算。

7.4.1 未石漠化土地土壤碳密度

7.4.1.1 非石漠化土地土壤碳密度

由表7-2的计算结果可知，非石漠化土地的有机碳密度为9.63 kg/m^2，活性有机碳密度为0.52 kg/m^2，无机碳密度为6.28 kg/m^2。首先分析一下土壤有机碳密度，灌草地的有机碳密度最高，其次是灌木地、草地和裸地，说明植物对土壤的有机碳含量影响很大，进而影响土地的碳密度；其次是活性有机碳密度，活性有机碳密度越大，说明土壤的生产质量越高，可以反推出地表的植物种类越丰富；无机碳通常是不能被生物直接利用的，但也是一个非常重要的衡量指标。

表 7-2 非石漠化土地土壤碳密度表

土地类型	深度(cm)	有机碳含量(g/kg)	活性有机碳含量(g/kg)	碳酸钙含量(g/kg)	＞2mm砾石体积分数(%)	土壤密度(g/cm^3)	土层厚度(cm)	有机碳密度(kg/m^2)	活性有机碳密度(kg/m^2)	无机碳密度(kg/m^2)
灌草地	0~10	30.85	1.88	62.18	5%	1.314	10	3.85	0.24	0.93
	10~20	29.57	1.59	141.50	10%	1.258	10	3.35	0.18	1.92
	20~50	19.86	1.08	123.81	30%	1.217	30	5.08	0.28	3.80

续表

土地类型	深度(cm)	有机碳含量(g/kg)	活性有机碳含量(g/kg)	碳酸钙含量(g/kg)	> 2mm砾石体积分数(%)	土壤密度(g/cm^3)	土层厚度(cm)	有机碳密度(kg/m^2)	活性有机碳密度(kg/m^2)	无机碳密度(kg/m^2)
土壤剖面碳密度（kg/m^2）								12.28	0.69	6.65
灌木地	0~10	24.57	1.40	67.78	5%	1.31	10	3.05	0.17	1.01
	10~20	20.15	1.05	66.33	10%	1.20	10	2.17	0.11	0.86
	20~50	11.08	0.46	76.53	30%	1.24	30	2.89	0.12	2.40
土壤剖面碳密度（kg/m^2）								8.12	0.41	4.27
草地	0~10	34.25	1.80	140.71	10%	1.21	10	3.72	0.20	1.84
	10~20	11.69	0.95	155.56	20%	1.73	10	1.62	0.13	2.59
	20~50	8.42	0.38	171.77	30%	1.46	30	2.59	0.12	6.34
土壤剖面碳密度（kg/m^2）								7.93	0.45	10.76
裸地	0~10	17.14	0.69	30.32	10%	1.13	10	1.74	0.07	0.37
	10~20	13.70	0.60	26.40	20%	1.09	20	2.39	0.11	0.55
	20~50	12.21	0.48	36.27	30%	1.10	30	2.81	0.11	1.00
土壤剖面碳密度（kg/m^2）								6.94	0.29	1.92
非石漠化土地土壤碳密度（kg/m^2）								9.63	0.52	6.28

7.4.1.2　潜在石漠化土地土壤碳密度

由表7-3可知，潜在石漠化土地的土壤有机碳密度为6.64 kg/m^2，活性有机碳密度为0.35 kg/m^2，无机碳密度为2.41 kg/m^2。乔木地土壤的有机碳密度要低于灌草地，这说明灌草对土壤的改良作用要优于乔木，草地的明显高于裸地；乔木地土壤的活性有机碳密度和草地的相差不大，说明草地的有机碳利用率相对要高于前者；在潜在石漠化土地中，呈现出了随地表植被的退化，土壤无机碳密度增加的变化趋势，这和非石漠化土地的变化特征正好相反，说明石漠化会改变土壤中碳的很多特性。

表7-3　潜在石漠化土地土壤碳密度表

土地类型	深度(cm)	有机碳含量(g/kg)	活性有机碳含量(g/kg)	碳酸钙含量(g/kg)	> 2mm砾石体积分数(%)	土壤密度(g/cm^3)	土层厚度(cm)	有机碳密度(kg/m^2)	活性有机碳密度(kg/m^2)	无机碳密度(kg/m^2)
乔木地	0~10	29.78	1.82	28.95	10%	1.12	10	3.00	0.18	0.35
	10~20	24.14	1.23	29.82	30%	1.23	10	2.08	0.11	0.31
	20~40	26.96	1.03	25.11	30%	1.17	10	2.22	0.08	0.25

续表

土地类型	深度(cm)	有机碳含量(g/kg)	活性有机碳含量(g/kg)	碳酸钙含量(g/kg)	> 2mm砾石体积分数(%)	土壤密度(g/cm^3)	土层厚度(cm)	有机碳密度(kg/m^2)	活性有机碳密度(kg/m^2)	无机碳密度(kg/m^2)
土壤剖面碳密度（kg/m^2）								7.29	0.37	0.91
灌草地	0~10	38.00	2.36	72.34	10%	1.22	10	4.18	0.26	0.95
	10~20	27.43	1.50	33.31	30%	1.33	10	2.56	0.14	0.37
	20~40	32.72	1.43	30.67	30%	1.28	20	5.85	0.26	0.66
土壤剖面碳密度（kg/m^2）								12.58	0.65	1.98
草地	0~10	28.43	1.71	38.06	20%	1.23	10	2.80	0.17	0.45
	10~20	25.62	1.38	36.11	30%	1.23	10	2.21	0.12	0.37
	20~40	20.69	1.19	41.21	40%	1.47	20	3.66	0.21	0.87
土壤剖面碳密度（kg/m^2）								5.86	0.33	1.25
裸地	0~10	20.19	1.16	45.37	20%	1.18	10	1.91	0.11	0.51
	10~20	12.26	0.61	94.45	30%	1.28	10	1.10	0.05	1.02
	20~50	11.94	0.53	107.56	40%	1.37	30	2.93	0.13	3.17
土壤剖面碳密度（kg/m^2）								4.03	0.19	4.19
潜在石漠化土地土壤碳密度（kg/m^2）								6.64	0.35	2.41

7.4.2 石漠化土地土壤碳密度

由表7-4可知：轻度石漠化土地的有机碳密度为3.18kg/m^2，活性有机碳密度为0.15kg/m^2，无机碳密度为0.57kg/m^2；中度石漠化土地的有机碳密度为2.17kg/m^2，活性有机碳密度为0.13kg/m^2，无机碳密度为0.36kg/m^2；重度石漠化土地的有机碳密度为2.93kg/m^2，活性有机碳密度为0.20kg/m^2，无机碳密度为0.48kg/m^2；极重度石漠化土地的有机碳密度为2.42kg/m^2，活性有机碳密度为0.15kg/m^2，无机碳密度为0.36kg/m^2。这其中重度石漠化土地土壤的各项碳密度要高于中度石漠化土地，极重度石漠化土地土壤的各项碳密度低于重度石漠化土地，但略高于中度石漠化土地；重度和极重度石漠化土地虽然土层厚度小于中度石漠化土地，但由于岩石裸露率高，土壤基本上存在于石沟、石缝或较小面积的石台上，大部分为雨水冲刷累积的土壤，这些土壤比较疏松，营养价值不是很低，因此其土壤碳密度高于中度石漠化土地是正常的现象。

表 7-4　不同等级石漠化土地土壤碳密度表

土地类型	深度(cm)	有机碳含量(g/kg)	活性有机碳含量(g/kg)	碳酸钙含量(g/kg)	> 2mm 砾石体积分数(%)	土壤密度(g/cm³)	土层厚度(cm)	有机碳密度(kg/m²)	活性有机碳密度(kg/m²)	无机碳密度(kg/m²)
轻度	0~10	16.51	0.70	23.66	5%	1.32	10	2.07	0.09	0.36
	10~20	15.29	0.69	21.31	10%	1.26	10	1.73	0.08	0.29
	20~30	14.20	0.71	22.64	20%	1.28	10	1.45	0.07	0.28
土壤剖面碳密度（kg/m²）								3.18	0.15	0.57
中度	0~10	11.12	0.64	13.58	5%	1.39	10	1.46	0.08	0.21
	10~20	8.55	0.53	10.56	10%	1.40	10	1.08	0.07	0.16
	20~30	9.76	0.53	15.05	20%	1.40	10	1.09	0.06	0.20
土壤剖面碳密度（kg/m²）								2.17	0.13	0.36
重度	0~10	12.01	0.65	20.18	5%	1.37	10	1.57	0.08	0.32
	10~20	13.53	1.09	13.25	20%	1.26	10	1.37	0.11	0.16
土壤剖面碳密度（kg/m²）								2.93	0.20	0.48
极重度	0~10	11.28	0.70	13.97	5%	1.36	10	1.45	0.09	0.22
	10~20	9.05	0.53	11.61	20%	1.34	10	0.97	0.06	0.15
土壤剖面碳密度（kg/m²）								2.42	0.15	0.36

7.5　不同土地类型碳密度

7.5.1　未石漠化土地碳密度

由表7-5可知，非石漠化土地样地中灌草地的有机碳密度和活性有机碳密度均最高，其次是灌木地、草地和裸地，说明植物对土壤的有机碳含量影响很大，植物种类越丰富，土壤的固碳能力越强；测定结果显示草地土壤的无机碳密度要高于其他的类型，裸地的无机碳密度最小。潜在石漠化土地乔木地土壤的有机碳密度要低于灌草地，这说明灌草对土壤的改良作用要优于乔木，草地明显高于裸地；乔木地土壤的活性有机碳密度和草地的相差不大，灌草地的最高；裸地的无机碳密度最大，乔木地的最小。在研究区非石漠化土地的碳密度远高于潜在石漠化土地，土地的退化会影响土地的碳库储存能力，碳密度是一个非常重要的衡量指标。

7.5.2 石漠化土地碳密度

轻度和中度石漠化土地中，土壤的碳密度高于其他等级。而极重度土地土壤的碳密度却高于重度石漠化土地，从表面上看，这有悖于常规规律。但通过分析这两个样地土壤的物理和化学性质，我们发现极重度石漠化土地样地的土壤质量要优于重度石漠化土地，在石漠化等级的判定标准中，没有涉及土壤的质量指标，重度和极重度石漠化土地虽然土层厚度小于中度石漠化土地，但由于岩石裸露率高，土壤基本上存在于石沟、石缝或较小面积的石台上，大部分为雨水冲刷表层土壤积累于此地，这些土壤比较疏松，营养价值较高，这也可以解释为什么许多植物生长于石缝中，因此极重度石漠化土地的土壤碳密度可能高于其他程度的石漠化土地中的土壤碳密度。但是不同程度石漠化土地的碳密度仍然遵循石漠化程度越高土地碳密度越小的变化规律，这与土地的土壤碳密度和土壤覆盖度有关。

表 7-5 不同石漠化土地土壤碳密度表（单位：t/km^2）

土地类型			有机碳密度	活性有机碳密度	无机碳密度
未石漠化土地	非石漠化土地	灌草地	12275.32	691.62	6650.98
		灌木地	8118.82	408.78	4268.11
		草地	7930.9	445.46	10758.02
		裸地	6944.2	286.42	1924.67
	土地碳密度		8663.74	465.31	5656.41
	潜在石漠化土地	乔木地	7290.82	374.36	905.43
		灌木地	12581.1	654.43	1984.32
		草地	5863.52	328.38	1247.09
		裸地	4033.47	186.04	4187.57
	土地碳密度		4646.52	242.25	1684.64
石漠化土地	轻度		3184.6	150.69	567.49
	土地碳密度		1910.76	90.42	340.49
	中度		2168.51	125.71	361.83
	土地碳密度		867.41	50.28	144.73
	重度		1452.49	90.56	215.84
	土地碳密度		290.5	18.11	43.17
	极重度		2419.93	147.43	364.77
	土地碳密度		241.99	14.74	36.48

7.6　石漠化区土壤碳库的变化规律

（1）未石漠化土地类型中，非石漠化土地样地中灌草地、灌木地、草地、裸地的土壤有机碳含量依次减少，且均随土层深度递减，土壤无机碳含量从高到低依次为草本地、灌草地、灌木地、裸地，随土层深度递增；潜在石漠化土地的土壤有机碳含量从高到低的植被类型依次为乔木地、灌木地、草地、裸地，前两个类型底层的值高于中间层，后两者随土层深度递减，土壤无机碳含量的变化趋势为裸地随土层深度增加而增加，灌木地递减，乔木地和草地随土层深度变化不明显。石漠化土地类型中，土壤有机碳含量为轻度＞极重度＞重度＞中度，轻度随土层深度增加而减小，其他三种类型则呈现出增加趋势，土壤无机碳含量随土层深度增加。

（2）岩溶区土地土壤的碳密度基本呈现与土壤碳含量一致的变化趋势，通过分析土壤碳密度与植被类型和土层深度的关系，本节认为在非石漠化土地中较高配置层次的植被类型有利于提高土壤的碳库储存能力，而在潜在石漠化土地中，草地对表层土壤碳库的改良能力最优；石漠化土地中土壤的碳库储存能力与土地石漠化程度没有必然联系，较高程度石漠化土地中土壤的质量有可能高于较低程度石漠化土地；但是岩溶区土地的碳密度遵循非石漠化土地＞潜在＞轻度＞中度＞重度＞极重度石漠化土地的变化规律。

（3）在岩溶区，土壤无机碳和有机碳关系密切，因为土壤中的有机碳分解释放出的CO_2与水反应形成碳酸，碳酸与钙、镁离子结合为土壤碳酸盐。研究表明虽然有机碳可以通过对成土的物理、化学和微生物的作用以及母质的分化转化为无机碳，但形成发生性碳酸盐时，实际消耗的CO_2的数量很难评估出来（Harden et al.，1991；Gillette et al.，1992）。从土地类型的角度来看，未石漠化土地中，潜在石漠化土地的有机碳含量最高，非石漠化土地的无机碳含量最高，而石漠化土地的有机碳含量和无机碳含量均较低，说明这两者之间关系密切。

（4）岩溶地区的石漠化过程是一个减少土壤碳库的过程，随着未石漠化土地向石漠化土地方向的退化，土壤碳库呈逐步降低的趋势，即土壤中储存的碳尤其是有机碳会越来越少。因此，应寄希望于对岩溶区的石漠化综合治理，借以扭转植被的逆演化过程，增强土壤的碳储存能力。

7.7　石漠化治理工程对区域土壤碳库的影响

7.7.1　关岭县石漠化综合治理概况

关岭县是石漠化比较典型的区域，自2008年开始，实施了石漠化综合治理工程，工程完成治理石漠化面积60.96km^2。完成封山育林1848.18hm^2，防护林3138.17hm^2，补植补种151.67hm^2，种植有花椒、金银花、核桃、樱桃、李、桃、梨等经果林1246.89hm^2。

草食畜牧业中，人工种草274.27 hm^2，改良草地372.37 hm^2，棚圈5674 m^2，青贮窖5462多口；在基本农田建设中，坡改梯111.75 hm^2，作业便道2.72km，机耕道4.28km；在水利水保工程中，蓄水池中100 m^3的76口，200 m^3的25口，沉沙池32个，拦沙坝5座，谷坊4座，截排水沟1.4km，引水渠6.23km，灌溉沟渠12.83km。完成总投资2600万元，其中，国家资金2400万元，省级配套资金200万元。获得的经济效益达1400万元，年蓄水能力200万 m^3，年拦沙能力20万t，经过三年的治理，森林覆盖率达33.4%，林草覆盖率39.8%。但是，由于石漠化区环境恶劣，立地条件差，人工造林和封山育林的难度较大，治理成本较高；加之投入跟不上，后期管理不到位，治理进度还非常缓慢，尤其是边远局部地区，不但没有得到很好的治理，而且石漠化有进一步加剧的趋势。

7.7.2 关岭县石漠化土地程度和面积变化情况

从关岭县2005年和2010年石漠化监测数据可知，关岭县石漠化土地变化有正向变化，也有逆向变化。其中：

（1）正向变化有：从极重度石漠化变成中度石漠化、重度石漠化、潜在石漠化和非石漠化的面积分别为6.9 hm^2、1864.5 hm^2、141.9 hm^2和275.5 hm^2；从重度石漠化变成轻度石漠化、中度石漠化、潜在石漠化、非石漠化面积分别为4.4 hm^2、4720.5 hm^2、4662.1 hm^2、1286.9 hm^2；从中度石漠化变成轻度石漠化、潜在石漠化、非石漠化面积分别为4416.9 hm^2、5643.4 hm^2、3526.7 hm^2；从轻度石漠化变成潜在石漠化、非石漠化面积分别为2877.4 hm^2、857.8 hm^2。

（2）逆向变化有：从轻度石漠化变成中度石漠化、重度石漠化和极重度石漠化面积分别为3075.7 hm^2、918.5 hm^2、72.9 hm^2；从中度石漠化变成重度石漠化和极重度石漠化面积分别为3266.2 hm^2和2836.0 hm^2；从重度石漠化变成极重度石漠化面积为3483.4 hm^2；从潜在石漠化变成轻度石漠化、中度石漠化、重度石漠化和极重度石漠化面积分别为4543.2 hm^2、3350.1 hm^2、2493.3 hm^2和739.6 hm^2。

通过与上期监测数据对比，关岭县监测岩溶地区石漠化变化累计面积269.41 km^2，其中未石漠化土地中非石漠化土地面积增加了69.06 km^2，潜在石漠化土地面积增加了2.07 km^2；石漠化土地中轻度石漠化土地面积增加了12.21 km^2，中度石漠化土地面积减少了78.14 km^2，重度石漠化土地面积减少了55.72 km^2，极重度石漠化土地面积增加了52.21 km^2，分布在全县14个乡（镇）、1个国有林场。

7.7.3 2005—2010年关岭县土壤碳库变化情况

根据关岭县2005—2010年的土地类型变化情况，计算出2005—2010年岩溶区土地土壤碳库的变化量：未石漠化土地中，非石漠化土地的变化量最大，共增加碳储量837232.32t，潜在石漠化土地的变化量很小，仅为非石漠化土地的1/10；石漠化土地中，轻度和中度石漠化土地的变化量相对较大，但轻度石漠化土地是增加了碳储量12720.21t，而中度石漠化土地则是减少了22693.13t，重度石漠化土地减少了2924.03t，极重度石漠化土地增加了1229.69t，但石漠化土地的碳储量总体是减少的，其中有机和无机碳库减少了17470.32t。

第 8 章　石漠化治理对区域土壤碳排放的影响

本研究区同第7章，为贵州省关岭县的花江峡谷示范区，研究组在2012年7月中下旬、10月中旬、12月中下旬、2013年4月上旬进行了4次代表不同季节的土壤呼吸监测；测定时间为白天的9:00—17:00，每小时测1次，夜间的21:00到次日6:00，每3h测1次，全天共监测13次。采用土壤CO_2通量测定系统（Li-8100，LI-COR Inc., Lincoln, NE, USA）测定土壤的呼吸速率。

土壤呼吸环分别放置在非石漠化土地的灌草地、灌木地、草地和裸地土壤中，潜在石漠化土地的乔木地、灌草地、草地和裸地的土壤中，不同等级石漠化土地的裸地土壤中。每个类型分别放置3个PVC土壤环，其内壁直径20cm，厚0.5cm，高15cm，两端开口，放置前将PVC土壤套环内的植物齐地面剪下所有地上部分（生物枝条和叶片），试验开始前1~2天安置土壤环。

在监测土壤呼吸速率的同时，分别采用Li-8100附带的土壤温度探头和土壤水分探头（Delta-T Devices Ltd., Cambridge, England）同步测量10cm深处土壤温度和土壤含水量，测量时将探头垂直于地表插入土壤10cm深处。土壤温度和水分探头的插入点距离土壤套环大约20cm，每次测量时尽量保持在相同的位置插入。同时用空气温湿度计测定地表大气温度和相对湿度。

采集土壤环内表层10cm的土壤，测定其物理性质和化学性质，用以研究岩溶区土壤呼吸的影响因子。

获取土壤呼吸速率原始数据后，采用差异性分析，以每次测定的土壤呼吸日平均值代表该季节平均土壤呼吸，通过下式求得每个季节土壤呼吸碳通量：

$$f(R)=R_i \times 10^{-6} \times 44 \times 12/44 \times 3600 \times 24 \times 92\ (92/91/90)$$

式中：

$f(R)$—— 每个季节土壤呼吸碳排放量 [g C/(m^2·season)]；

R_i—— 实测土壤呼吸速率。

以每天土壤呼吸碳排放量平均值代表该季节平均值，通过累加求得年土壤呼吸 C 年排放量：

$$f(R)=\sum_{i=1}^{n} f(R)_i$$

式中：

$f(R)$—— 土壤呼吸 C 年通量 [g C/(m^2·a)]；

$f(R)_i$—— 为上式得出的季节土壤呼吸碳通量；

n—— 春夏秋冬四个季节。

分别在不同的样地挖取土壤剖面，对不同深度的土壤进行采样，采样深度为0~10 cm、10~20 cm、40 cm到基岩（根据实际情况进行采样）。在非石漠化土地样地中根据植被情况分别对灌草地土壤、灌木地土壤、草本地土壤和裸地土壤进行采样；潜在石漠化土地分为乔木地土壤、灌草地土壤、草本地土壤和裸地土壤进行采样。采样结束后分别测定了土壤样品的有机碳、活性有机碳、无机碳含量，以及土壤密度、总孔隙度、pH值、全氮、水解氮、全磷、有效磷、全钾、速效钾。

8.1　岩溶区土壤呼吸速率日变化特征

8.1.1　未石漠化土地土壤呼吸速率日变化特征

8.1.1.1　非石漠化土地土壤呼吸速率日变化特征

非石漠化土地春季24 h的土壤呼吸监测结果如图8-1所示。不同土地类型的变化特征及趋势非常明显，灌草地的土壤呼吸速率整体上高于其他三个类型，其次是草地、灌木地，最小的是裸地。灌草地的土壤呼吸速率在一天中呈现出“双峰趋势”，即先增高、小幅降低、再增高，缓慢下降的趋势，其最大值出现在13:00，为1.87 μmol m^{-2} s^{-1}，这是该样地一天中的最大值，另一个高峰为16:00的1.67 μmol m^{-2} s^{-1}，最小值出现在21:00到次日3:00，平均大小为0.75 μmol m^{-2} s^{-1}；在此次监测中，结果显示草地部分时刻的值要高于灌草地和灌木地的，全天呈现先升高后降低的趋势，但变化幅度较小，最大值出现在13:00—14:00，大小约为1.73 μmol m^{-2} s^{-1}，最小值出现在00:00—6:00，平均值为0.82 μmol m^{-2} s^{-1}；灌木地呈现先增加后减小，最后趋于稳定的趋势，其最大值出现在12:00—15:00，均值为1.20 μmol m^{-2} s^{-1}，在21:00到次日3:00趋于稳定且为一天中的最小值，大小为0.34 μmol m^{-2} s^{-1}；裸地的各个时刻的土壤呼吸速率值均为样地中最小的，其最大值出现在13:00—16:00，最大为13:00的0.92 μmol m^{-2} s^{-1}，同样21:00到次日3:00为一天中的最小值。

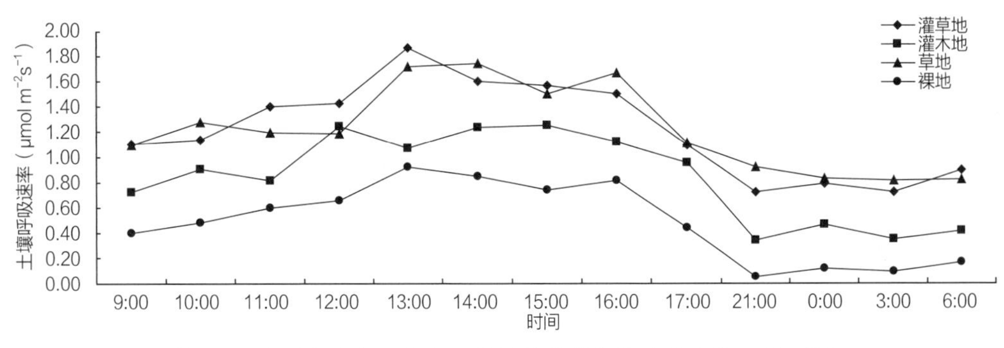

图8-1　非石漠化土地春季不同植被类型土壤呼吸速率日变化特征

非石漠化土地夏季的土壤呼吸24h监测结果如图8-2所示。其中灌草地的各个时刻的值普遍高于其他三个类型，在13:00达到一天中的最大值为7.21 μmol m^{-2} s^{-1}，00:00—6:00的呼吸速率为一天中最低，均值为5.30 μmol m^{-2} s^{-1}；对灌木地监测的13个时间点中，最大值出现在14:00—15:00的时间段，均值为7.08 μmol m^{-2} s^{-1}，最小值出现在6:00，大小为3.86 μmol m^{-2} s^{-1}；从图中可以看出，草地的土壤呼吸速率从9:00—14:00基本是一直增加的，之后呈减小趋势，一天中的最大值和最小值分别出现在14:00和6:00，分别为4.87 μmol m^{-2} s^{-1}和2.71 μmol m^{-2} s^{-1}，全天的平均值为5.15 μmol m^{-2} s^{-1}；裸地一天之中各个时刻的监测值变化幅度较小，基本在平均值2.96 μmol m^{-2} s^{-1}上下浮动，最小值为3:00的1.97 μmol m^{-2} s^{-1}，最大值为14:00的4.18 μmol m^{-2} s^{-1}。灌草地和灌木地全天的平均值分别为6.11 μmol m^{-2} s^{-1}和5.15 μmol m^{-2} s^{-1}，前者是裸地的2倍多。

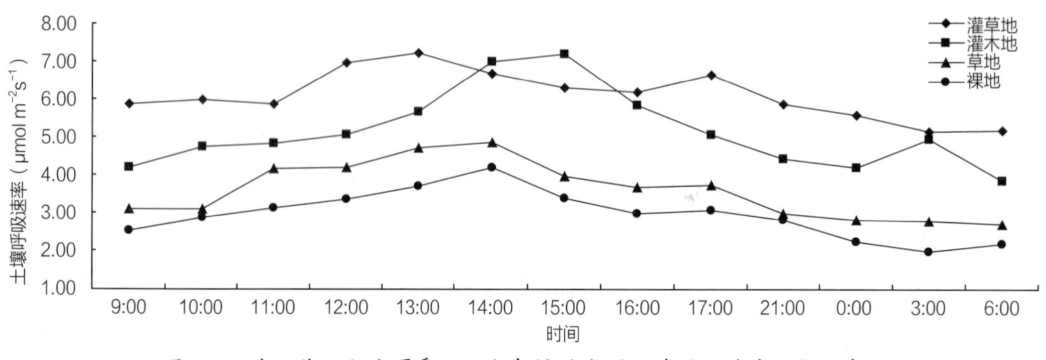

图8-2 非石漠化土地夏季不同地表植被类型土壤呼吸速率日变化特征

非石漠化土地秋季的土壤呼吸全天监测结果如下，从非石漠化土地四种土地类型的日变化（图8-3）来看，其变化趋势较为一致，监测到灌草地的最大值出现在6:00，为4.50 μmol m^{-2} s^{-1}，最小值出现在9:00，为2.49 μmol m^{-2} s^{-1}，这可能与当天的天气变化有关，日均值为3.54 μmol m^{-2} s^{-1}；灌木地全天的变化较为平缓，9:00—12:00呈增加趋势，之后到00:00，呈缓慢降低趋势，3:00出现一个最大值，大小为4.72 μmol m^{-2} s^{-1}，全天的均值为3.00 μmol m^{-2} s^{-1}；草地的最大值出现在一天中的12:00，为3.02 μmol m^{-2} s^{-1}，最小值出现在21:00，为1.83 μmol m^{-2} s^{-1}，全天的平均值为2.32 μmol m^{-2} s^{-1}，略低于灌木地的全天平均值；对裸地的监测结果显示：其各个时刻的值均低于其他三种土地的，其最大值出现在一天之中的9:00，为2.12 μmol m^{-2} s^{-1}，最小值为21:00的1.12 μmol m^{-2} s^{-1}，全天的平均值为1.55 μmol m^{-2} s^{-1}；灌草地的土壤呼吸速率值是裸地的2倍多，各类土地的差异明显。

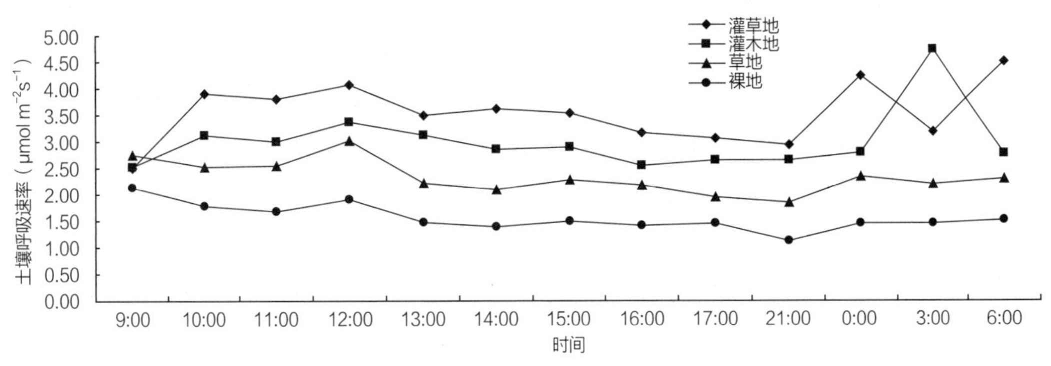

图8-3 非石漠化土地秋季不同地表植被类型土壤呼吸速率日变化特征

岩溶区冬季土壤呼吸速率日变化（图8-4）显示灌草下全天各个时刻的土壤呼吸速率变化幅度很小最大值出现在12:00—14:00，监测的数据最大值为1.68 μmol m^{-2} s^{-1}，最小值出现在17:00到次日6:00，平均值为0.85 μmol m^{-2} s^{-1}，全天的平均值为1.06 μmol m^{-2} s^{-1}。灌木地的变化特征基本与灌草地的基本相同，但其各个时刻的土壤呼吸速率值低于前者的，其最大值出现在12:00—15:00，均值为1.33 μmol m^{-2} s^{-1}，最小值出现在21:00到次日6:00，平均值为0.85 μmol m^{-2} s^{-1}；草地的最大值出现在11:00—15:00的时间段内，平均呼吸速率值为1.00 μmol m^{-2} s^{-1}，最小值出现在17:00到次日3:00，平均呼吸速率值分别为0.50 μmol m^{-2} s^{-1}；裸地的土壤呼吸速率值在非石漠化土地中是最低的，全天呈现先增加后降低的趋势，最大值分布在12:00—16:00，该时间段平均值为0.66 μmol m^{-2} s^{-1}，最小值从17:00到次日3:00，均值为0.24 μmol m^{-2} s^{-1}。由于冬季平均气温较低，植被多枯萎死亡，因此可以看出监测到的土壤呼吸速率值明显低于前三个季节的。通过计算得出非石漠化土地的灌草地、灌木地、草地和裸地的冬季日土壤呼吸速率平均值分别为1.23 μmol m^{-2} s^{-1}、1.06 μmol m^{-2} s^{-1}、0.78 μmol m^{-2} s^{-1}和0.49 μmol m^{-2} s^{-1}。

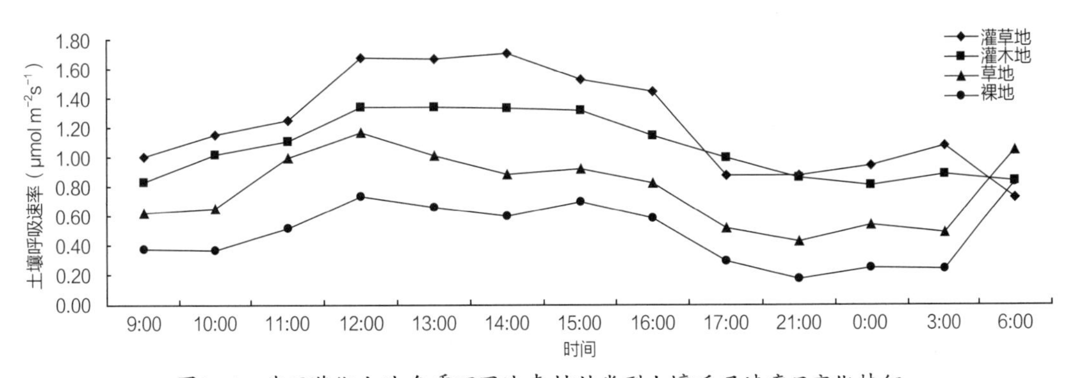

图8-4 非石漠化土地冬季不同地表植被类型土壤呼吸速率日变化特征

根据上面的分析结果，可以得知：土壤呼吸速率首先与地表植被类型有关，其次与温度有很大关系，一天中出现最大值的时间段与一天中温度最高的时间段相吻合，而21:00到次日3:00温度最低，土壤呼吸速率也维持在一个相对较低的水平，且变化幅度微小，例如在冬季夜间的土壤呼吸速率几乎为零。

8.1.1.2　潜在石漠化土地土壤呼吸速率日变化特征

潜在石漠化土地是一类生态敏感性较高的土地类型，在本次试验样地中，存在有乔木地、灌草地、草地和裸地四种类型。由下面的土壤呼吸速率日变化（图8-5）可以看出，乔木地土壤呼吸速率值远远高于另外三个类型，其最大值出现在一天之中的10:00—14:00，最大值为8.00 μmol m^{-2} s^{-1}，21:00到次日6:00趋于稳定，平均值为3.36 μmol m^{-2} s^{-1}；另外三个类型的日变化趋势基本一致，且差别不显著，其中灌草地的最大值同样出现在10:00—14:00，最大值为3.16 μmol m^{-2} s^{-1}，最小值为21:00到次日6:00时间段的3:00，大小为1.25 μmol m^{-2} s^{-1}；草地从10:00—17:00一直维持一个较为平稳的速率，最大值为2.65 μmol m^{-2} s^{-1}，之后缓慢减小，24:00到次日6:00为一天中最低的时间段，最小值为0.61 μmol m^{-2} s^{-1}；裸地在一天之中的变化幅度较小，最大值为15:00的2.29 μmol m^{-2} s^{-1}，最小值为3:00的1.08 μmol m^{-2} s^{-1}。潜在石漠化样地中乔木地、灌草地、草地和裸地的日平均值分别为5.32 μmol m^{-2} s^{-1}、2.44 μmol m^{-2} s^{-1}、1.93 μmol m^{-2} s^{-1}和1.72 μmol m^{-2} s^{-1}。

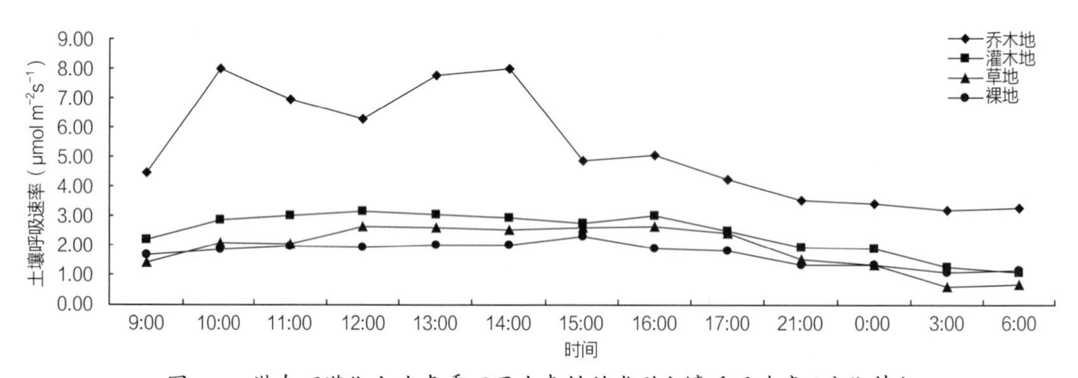

图8-5　潜在石漠化土地春季不同地表植被类型土壤呼吸速率日变化特征

从图8-6可以得知：乔木地的土壤呼吸速率值最高，13:00—16:00时间段是一天中最大的，最大值为3.30 μmol m^{-2} s^{-1}，均值为2.86 μmol m^{-2} s^{-1}；灌草地一天中的变化较为平缓，在16:00达到一天中的峰值，大小为3.30 μmol m^{-2} s^{-1}，最小值出现在3:00，大小为1.27 μmol m^{-2} s^{-1}，草地与裸地的变化趋势基本一致。潜在石漠化土地中乔木地、灌草地、草地和裸地全天的均值分别为2.53 μmol m^{-2} s^{-1}、1.88 μmol m^{-2} s^{-1}、1.50 μmol m^{-2} s^{-1}和1.39 μmol m^{-2} s^{-1}，乔木地是裸地的2倍。

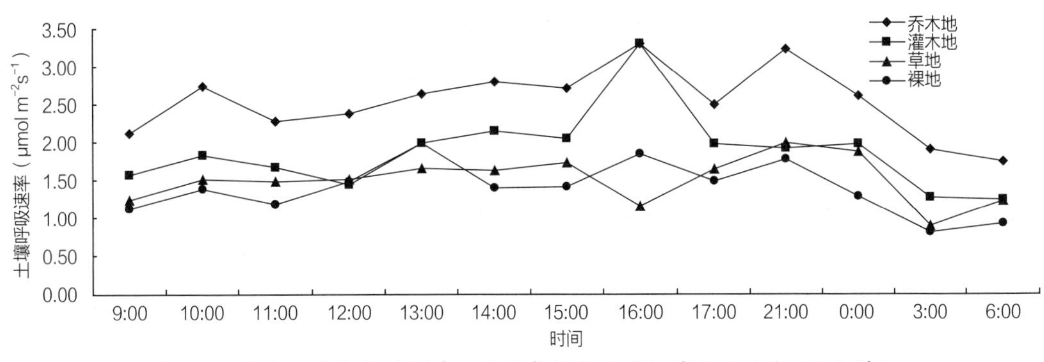

图8-6　潜在石漠化土地夏季不同地表植被类型土壤呼吸速率日变化特征

从对潜在石漠化土地秋季的监测结果（图8-7）可以看出：乔木地、灌草地和草地的日土壤呼吸速率均值分别为2.53 μmol m^{-2} s^{-1}、2.16 μmol m^{-2} s^{-1}和2.15 μmol m^{-2} s^{-1}，具有差异不明显但存在大小差异的特征，而裸地的日均值明显低于前三者，只有1.26 μmol m^{-2} s^{-1}。各个类型的变化趋势曲线跳跃性强烈，对于乔木地9:00—14:00呈现出明显的跳跃性变化，14:00—17:00为一天中土壤呼吸速率值较高的时段，均值为3.34 μmol m^{-2} s^{-1}，17:00后呈降低趋势，3:00出现全天最小值，大小为1.67 μmol m^{-2} s^{-1}；灌草地的跳跃程度要低于乔木地的，12:00—16:00的土壤呼吸速率值较高，最大为13:00的2.98 μmol m^{-2} s^{-1}，全天的最小值出现在早上9:00，大小为1.66 μmol m^{-2} s^{-1}；草地从9:00—15:00，其土壤呼吸速率值忽高忽低，没有明显的趋势性，而15:00之后，基本呈缓慢降低趋势；相比前三种土地类型，裸地在全天出现了两个峰值，分别是11:00的1.95 μmol m^{-2} s^{-1}和16:00的1.86 μmol m^{-2} s^{-1}，最小值为3:00的0.72 μmol m^{-2} s^{-1}。

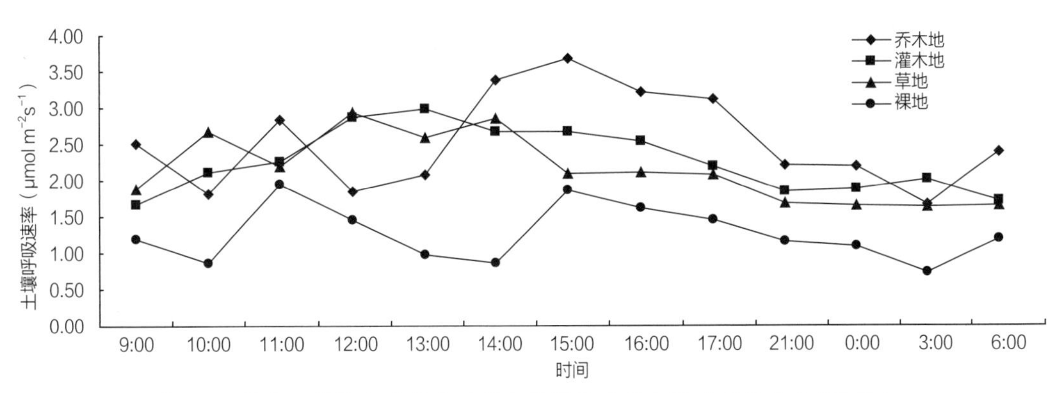

图8-7　潜在石漠化土地秋季不同地表植被类型土壤呼吸速率日变化特征

潜在石漠化土地冬季的土壤呼吸监测结果（图8-8）显示：地表植被的覆盖程度反映了土壤呼吸速率的大小，同时均表现出先增加后降低的趋势。乔木地各个时刻的呼吸速率值都是最大的，最大值出现在12:00—16:00的时段内，平均值为2.20 μmol m^{-2} s^{-1}，最小值出现在6:00—9:00，平均值为1.39 μmol m^{-2} s^{-1}，全天呈现先增加后降低的变化趋势；灌草地在13:00—15:00与乔木地的土壤呼吸值较为接近，但21:00到次日6:00明显低于前者，其最大值为14:00的2.18 μmol m^{-2} s^{-1}，最小值为24:00的1.09 μmol m^{-2} s^{-1}；草地的最大值同样出现在14:00，大小为1.84 μmol m^{-2} s^{-1}，12:00—17:00为一天中土壤呼吸值相对较大的时段；裸地的最大值出现在13:00—15:00的时段，监测值依次为1.20 μmol m^{-2} s^{-1}、1.10 μmol m^{-2} s^{-1}、1.05 μmol m^{-2} s^{-1}，最小值21:00到次日6:00，平均大小为0.51 μmol m^{-2} s^{-1}。潜在石漠化土地中乔木地、灌草地、草地和裸地的土壤呼吸速率日均值分别为1.87 μmol m^{-2} s^{-1}、1.56 μmol m^{-2} s^{-1}、1.24 μmol m^{-2} s^{-1}和0.77 μmol m^{-2} s^{-1}，裸地的明显低于其他三种类型的。

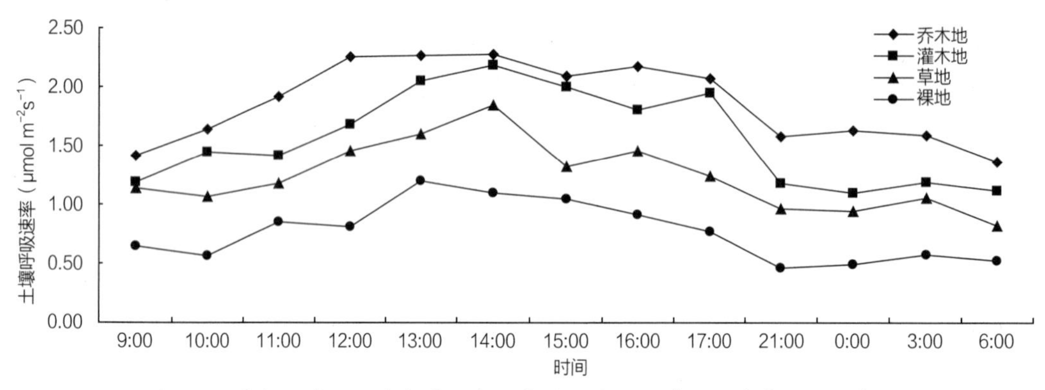

图8-8　潜在石漠化土地冬季不同地表植被类型土壤呼吸速率日变化特征

8.1.2　石漠化土地土壤呼吸速率日变化特征

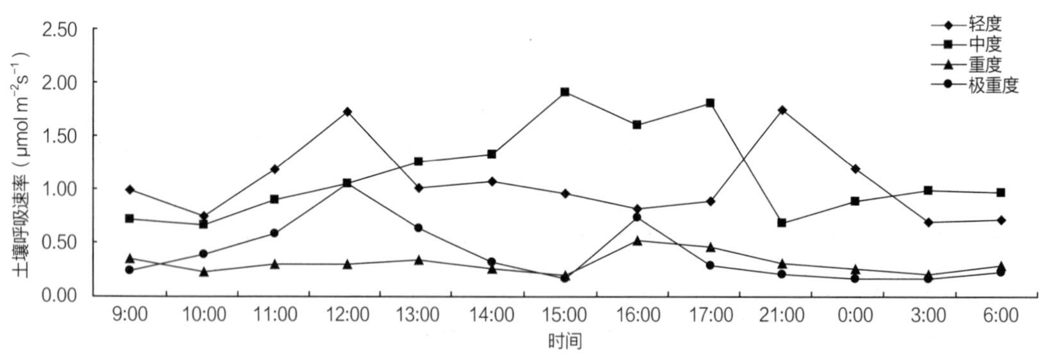

图8-9　石漠化土地春季土壤呼吸速率日变化特征

从石漠化土地春季土壤呼吸速率日变化（图8-9）中可以看出：其呼吸速率值明显低于非石漠化土地和潜在石漠化土地的，最大值为1.91 μmol m^{-2} s^{-1}，最小值为0.2 μmol m^{-2} s^{-1}。轻度和中度石漠化土地的值在各个时刻不相上下，且变化幅度都较大。轻度石漠化土地的最大值出现在12:00和21:00，为1.73 μmol m^{-2} s^{-1}，最小值为3:00—6:00，此时段均值为

0.70 μmol m^{-2} s^{-1}；中度的最大值出现在15:00—17:00时段，最大值为1.91 μmol m^{-2} s^{-1}，最小值为10:00，大小为0.74 μmol m^{-2} s^{-1}，这种变化的不确定性可能与当天的天气状况有关，其日均值分别为1.06 μmol m^{-2} s^{-1}和1.13 μmol m^{-2} s^{-1}；重度和极重度石漠化土地的值基本相同，其中重度的变化幅度微小，而极重度石漠化土地的相对前者有一定的变化幅度，这两种类型的平均值分别为0.31 μmol m^{-2} s^{-1}和0.39 μmol m^{-2} s^{-1}。

从石漠化土地夏季全天土壤呼吸速率（图8-10）中可以看出，在整体上轻度石漠化土地的土壤呼吸速率值高于其他等级石漠化土地的，其一天的变化较为平缓，基本在平均值2.49 μmol m^{-2} s^{-1}，上下浮动；中度石漠化土地在16:00前的呼吸值均低于轻度石漠化土地，在21:00时有一个突变的峰值，大小为3.88 μmol m^{-2} s^{-1}，出现这种情况的原因较为复杂；重度石漠化土地全天无非常明显的变化，最大值出现在从14:00—17：00，均值为1.87 μmol m^{-2} s^{-1}，全天的均值为1.45 μmol m^{-2} s^{-1}；极重度石漠化土地在全天的各个时刻的值均低于重度石漠化土地，只是在15:00时出现了一个突变的峰值，大小为2.62 μmol m^{-2} s^{-1}，全天的均值为1.10 μmol m^{-2} s^{-1}。轻度石漠化土地的均值是极重度石漠化土地的2倍多。

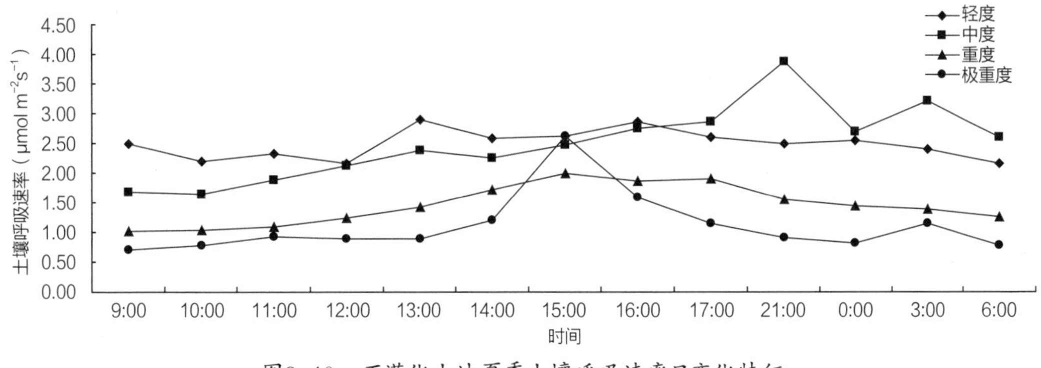

图8-10　石漠化土地夏季土壤呼吸速率日变化特征

从石漠化土地秋季土壤呼吸的监测结果（图8-11）可以看出：轻度石漠化土地的变化趋势十分明显，具有大升大降的变化特征，11:00—17:00，完成了一个先增加后降低的变化周期，其中12:00—16:00的均值为7.45 μmol m^{-2} s^{-1}，17:00到次日6:00迅速降低，最小值为00:00—6:00的0.46 μmol m^{-2} s^{-1}；对于中度石漠化土地，9:00—17:00基本是呈现一个增加的趋势，00:00后各个时刻的值没有明显的规律性。重度石漠化土地的最大值出现在10:00为3.55 μmol m^{-2} s^{-1}，最小值为00:00的0.28 μmol m^{-2} s^{-1}，日平均值为1.57 μmol m^{-2} s^{-1}；极重度石漠化土地的最大值出现在13:00的4.37 μmol m^{-2} s^{-1}，最小值为16:00的0.52 μmol m^{-2} s^{-1}，日平均值为2.90 μmol m^{-2} s^{-1}。对于不同程度的石漠化土地而言，其全天各个时刻的土壤呼吸速率存在较大差别。

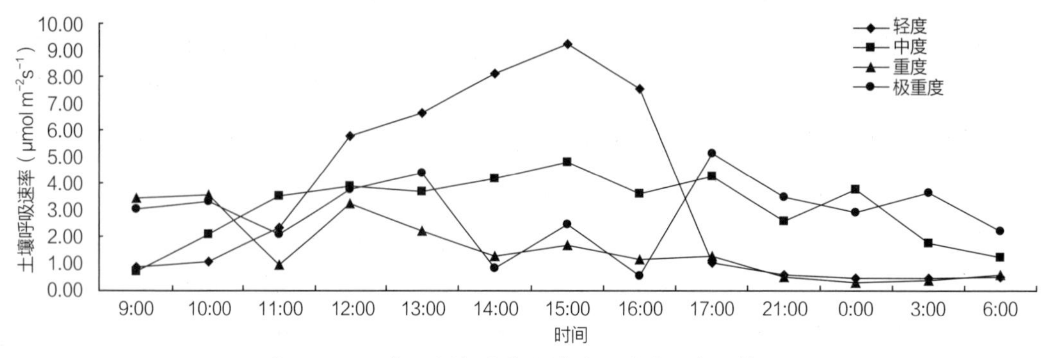

图8-11　石漠化土地秋季土壤呼吸速率日变化特征

从石漠化土地冬季土壤呼吸速率日变化（图8-12）可以看出，不同程度的石漠化土地其土壤呼吸速率值也存在差别，基本呈现出先增加后减小的变化趋势。轻度石漠化土地的变化曲线较为特别，其全天的平均值为2.15 μmol m^{-2} s^{-1}，远远高于其他任何一种土地类型的土壤呼吸速率平均值，从10:00—17:00其土壤呼吸速率值一直保持较高水平，最大值出现在16:00，为3.36 μmol m^{-2} s^{-1}，最小值出现在9:00，大小为1.06 μmol m^{-2} s^{-1}，21:00到次日6:00，土壤呼吸速率值较为稳定保持在1.53 μmol m^{-2} s^{-1}上下；对于中度石漠化土地，从12:00—16:00，是一天中土壤呼吸速率值较高的时段，最大值为14:00的1.94 μmol m^{-2} s^{-1}，最小值为21:00到次日6:00，平均值为0.28 μmol m^{-2} s^{-1}，其全天的均值仅为0.91 μmol m^{-2} s^{-1}；重度石漠化土地全天的土壤呼吸速率平均值为0.51 μmol m^{-2} s^{-1}，从12:00—16:00，土壤呼吸速率值是一天中较高水平的时段，最小值出现在3:00，大小为0.24 μmol m^{-2} s^{-1}；极重度石漠化土地的土壤呼吸速率日均值是所有等级中最小的，其最大值出现在13:00—15:00，均值为0.59 μmol m^{-2} s^{-1}，21:00到次日6:00土壤呼吸强度微弱，几乎为零，其日均值大小为0.31 μmol m^{-2} s^{-1}。

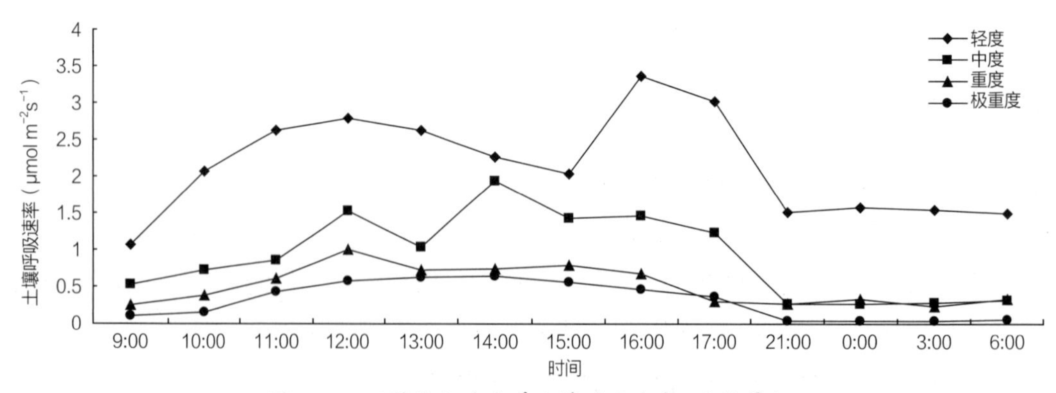

图8-12　石漠化土地冬季土壤呼吸速率日变化特征

8.2　岩溶区土壤呼吸速率季节变化特征

在上节分析了岩溶区未石漠化土地和石漠化土地四个季节的土壤呼吸速率日变化特征后，计算得出其季节变化特征，结果见表8-1。从季节序列来看，对岩溶区不同土地类型的土壤呼吸速率求平均值，结果发现秋季的平均值要高于夏季的，约高出10.02%，而春季和冬季的平均值相等，但最大值还是出现在夏季，最小值则出现在冬季和春季；说明在岩溶峡谷区，少雨的秋季的土壤呼吸排放量要高于多雨的夏季，即便夏季的平均温度要高于秋季的，从另一个方面可以认为土壤中水分的增加会抑制土壤的呼吸作用，减少碳的排放。从不同的土地类型来看，非石漠化土地在夏季的土壤呼吸速率远远高于其他三个季节的，其次是秋季，春季和冬季的基本持平，且为一年中相对较低的；潜在石漠化土地春季的最大，其次是夏季和秋季，冬季的最小；轻度石漠化土地是秋季的最大，其次是夏季和冬季，其春季的最小；中度石漠化土地秋季最大，其次为夏季和春季，冬季最小；重度石漠化土地秋季最大，其次是春季，而冬季和春季的要明显低于前两个的；极重度石漠化土地秋季最大，其次是夏季，春季和冬季基本持平。

表 8-1　岩溶区土地年碳排放量表

岩溶区土地类型	日平均土壤呼吸速率（μmol m^{-2} s^{-1}）				不同土地土壤年碳排放量（t/km^2）
	春季	夏季	秋季	冬季	
非石漠化土地	1.03	5.01	2.93	1.01	944.68
潜在石漠化土地	2.13	1.59	1.88	1.17	636.97
轻度石漠化土地	1.06	2.49	3.42	2.15	859.71
中度石漠化土地	1.13	2.49	3.08	0.91	718.46
重度石漠化土地	0.31	1.45	1.57	0.51	362.95
极重度石漠化土地	0.39	1.10	2.90	0.31	443.85

8.3　岩溶区土地土壤碳排放影响因子

8.3.1　土层深度对土壤碳排放的影响

本次研究在春季对所选样地进行了不同土层深度的土壤呼吸速率监测，其中非石漠化样地和潜在石漠化样地分别选择了裸地土地类型进行监测，石漠化土地中对轻度石漠化土地样地进行了监测，结果如下。

8.3.1.1　未石漠化土地样地裸地的土壤呼吸速率日变化特征

从图8-13中可以看出：地下20cm处的土壤呼吸速率值明显高于地表和地下30cm处的，三个不同土层深度的呼吸速率值基本呈现先上升后降低的变化趋势。地表的土壤呼吸速率从11:00—16:00是一天中数值较大的时段，最大值出现在14:00，大小为0.92 $\mu mol\ m^{-2}\ s^{-1}$，最小值为21:00到次日6:00，全天的平均值为0.49 $\mu mol\ m^{-2}\ s^{-1}$；地下20cm处的变化特征为13:00—16:00，是全天呼吸速率值较高的时段，平均值为1.59 $\mu mol\ m^{-2}\ s^{-1}$，21:00到次日6:00的呼吸速率值相对较低，最小值为00:00的0.1 $\mu mol\ m^{-2}\ s^{-1}$，全天的平均值为0.86 $\mu mol\ m^{-2}\ s^{-1}$；地下30cm处的土壤呼吸速率值与地表的值差异不明显，13:00—16:00为一天中的较高时段，平均值为0.78 $\mu mol\ m^{-2}\ s^{-1}$，21:00到次日6:00土壤呼吸行为微弱，全天的平均值仅为0.39 $\mu mol\ m^{-2}\ s^{-1}$。

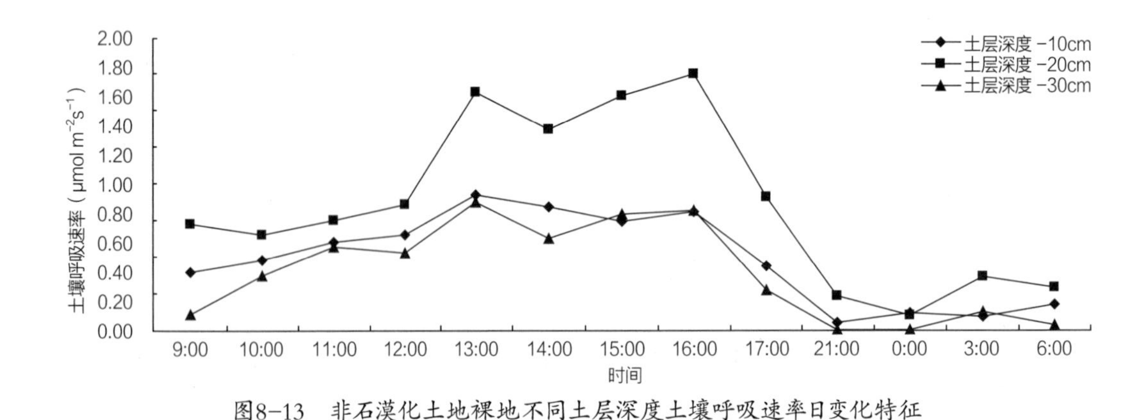

图8-13 非石漠化土地裸地不同土层深度土壤呼吸速率日变化特征

图8-14 潜在石漠化土地裸地不同土层深度土壤呼吸速率日变化特征

监测结果显示（图8-14）：裸地中地下20cm处的土壤呼吸速率值显著高于地表和地下30cm处的，从10:00—17:00一直保持较高的呼吸速率，平均值为4.93 $\mu mol\ m^{-2}\ s^{-1}$，全天的最小值出现在3:00，大小为0.55 $\mu mol\ m^{-2}\ s^{-1}$，全天的平均值为3.62 $\mu mol\ m^{-2}\ s^{-1}$，地表从11:00—16:00是一天中相对较高的，平均值为2.02 $\mu mol\ m^{-2}\ s^{-1}$，最小值出现在3:00，大小为1.08 $\mu mol\ m^{-2}\ s^{-1}$，全天的平均值为1.72 $\mu mol\ m^{-2}\ s^{-1}$；潜在石漠化土地中裸地类型地下30cm与地表的呼吸速率值差异较小，10:00—17:00一直保持相对较高的水平，该时段的平均值为2.56 μmol m^{-2} s^{-1}，最小值出现在凌晨3:00，大小为0.57 μmol m^{-2} s^{-1}，全天的平均值为1.94 μmol m^{-2} s^{-1}。

8.3.1.2　石漠化土地的土壤呼吸速率日变化特征

从图8-15中可以看出：地表的土壤呼吸速率曲线出现了两个峰值，分别是12:00的1.03 μmol m^{-2} s^{-1}和16:00的0.92 μmol m^{-2} s^{-1}，9:00—12:00呈增加趋势，12:00—16:00先降低后增加，16:00之后呈降低趋势，全天的平均值为0.72 μmol m^{-2} s^{-1}；地下10 cm处的土壤呼吸速率值呈先增加后降低的趋势，其中12:00—16:00为一天中相对较高的，平均值为0.97 μmol m^{-2} s^{-1}，最小值出现在3:00，大小为0.19 μmol m^{-2} s^{-1}，全天的平均值为0.41 μmol m^{-2} s^{-1}；对于地下20 cm处的土壤呼吸速率，从13:00—16:00一直保持较高的水平，平均值为0.69 μmol m^{-2} s^{-1}，00:00前后土壤呼吸强度微弱，全天的平均值为0.42 μmol m^{-2} s^{-1}。

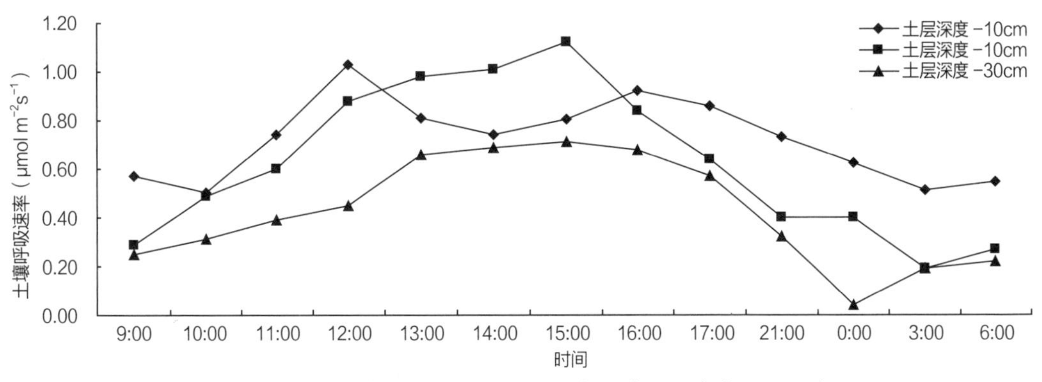

图8-15　轻度石漠化土地不同土层深度土壤呼吸速率日变化特征

8.3.2　土壤温度对土壤碳排放的影响

据前人的研究可知温度升高一般会促进土壤 CO_2的排放（Raich，1995；Liu et al.，2002），这是碳循环与全球变暖之间的一个正反馈效应。温度对土壤呼吸的影响一般用 Q_{10}函数关系表示，温度每增加10℃，土壤呼吸增加的倍数，通常 Q_{10}=2，在不同的生态系统 Q_{10}值不同，温暖地区 Q_{10}值较低，寒冷地区 Q_{10}值较高（Qi et al.，2002）。除温度外，Q_{10}还与测定温度的土层深度有关，土壤呼吸的 Q_{10}随着测定温度的土层深度增加而增加，而且土壤表层的 Q_{10}比下层土壤的 Q_{10}小（Fierer et al.，2003）。这主要是因为地温在一定的土壤层深度内随着土壤深度增加而减小造成的。

8.3.2.1　不同土地土壤温度日变化特征

非石漠化样地中，由于植被形成的小环境不同，因此会形成小的气候环境（图8-16）。春季四种植被类型下的温度日变化曲线趋势基本一致，但可以看出裸地的温度要高于有植被覆盖的样地，说明植被在改善微环境方面具有一定的贡献；该地区夏季白天和夜晚的温度变化明显，在15:00—17:00到达一天中的最大值，21:00后大幅下降，这个温度与上图中的土壤呼吸速率值有很好的对应性；非石漠化土地样地秋季灌草地、灌木地、草地和裸地的日均温度分别为22.73℃、23.01℃、22.81℃和23.54℃，差异不显著，全天的最高温出现在裸地的12:00时刻，大小为24.32℃；冬季灌草地、灌木地、草地和裸地的土壤的日均温度分别是15.41℃、15.69℃、16.08℃和16.48℃，裸地的略高于其他三种土地类型的，说明在没有植被覆盖时，土壤的温度相对较高。

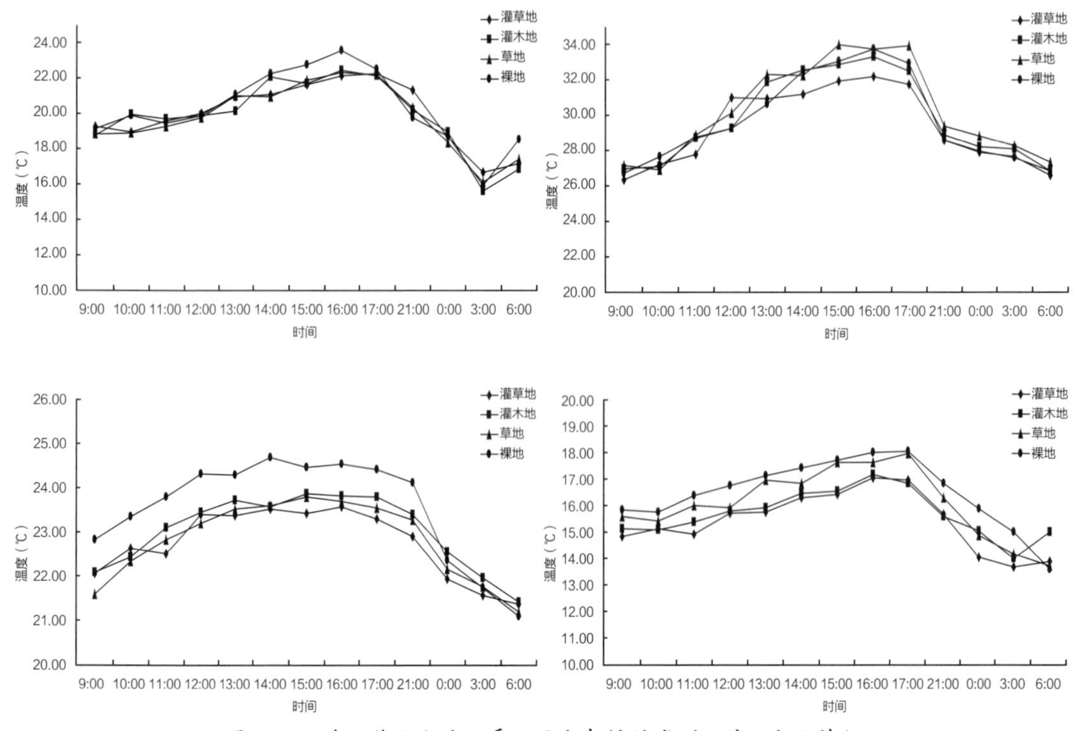

图8-16　非石漠化土地四季不同地表植被类型温度日变化特征

潜在石漠化土地春季的温度日变化（图8-17）显示：该样地乔木地、灌草地、草地和裸地的日均温度分别为26.05℃、26.84℃、25.81℃和25.59℃，深刻地反映了小环境的温度差别；潜在石漠化地夏季温度变化幅度较小，一天中土壤温度的最大值、最小值和均值分别为27.11℃、24.01℃和25.76℃，其中灌草地下土壤的平均温度略高于其他三个类型的；秋季全天的最高温出现在裸地的15:00，大小为27.42℃，乔木地、灌草地、草地和裸地的日均温度分别为23.96℃、24.53℃、24.22℃和24.39℃，差异性不明显；冬季乔木地、灌草地、草地和裸地的土壤日平均温度分别为17.34℃、17.67℃、18.25℃和17.88℃，温度的较小差别不足以对土壤呼吸速率引起较大的影响，地表植被状况还是影响土壤呼吸速率的主要限制因子。

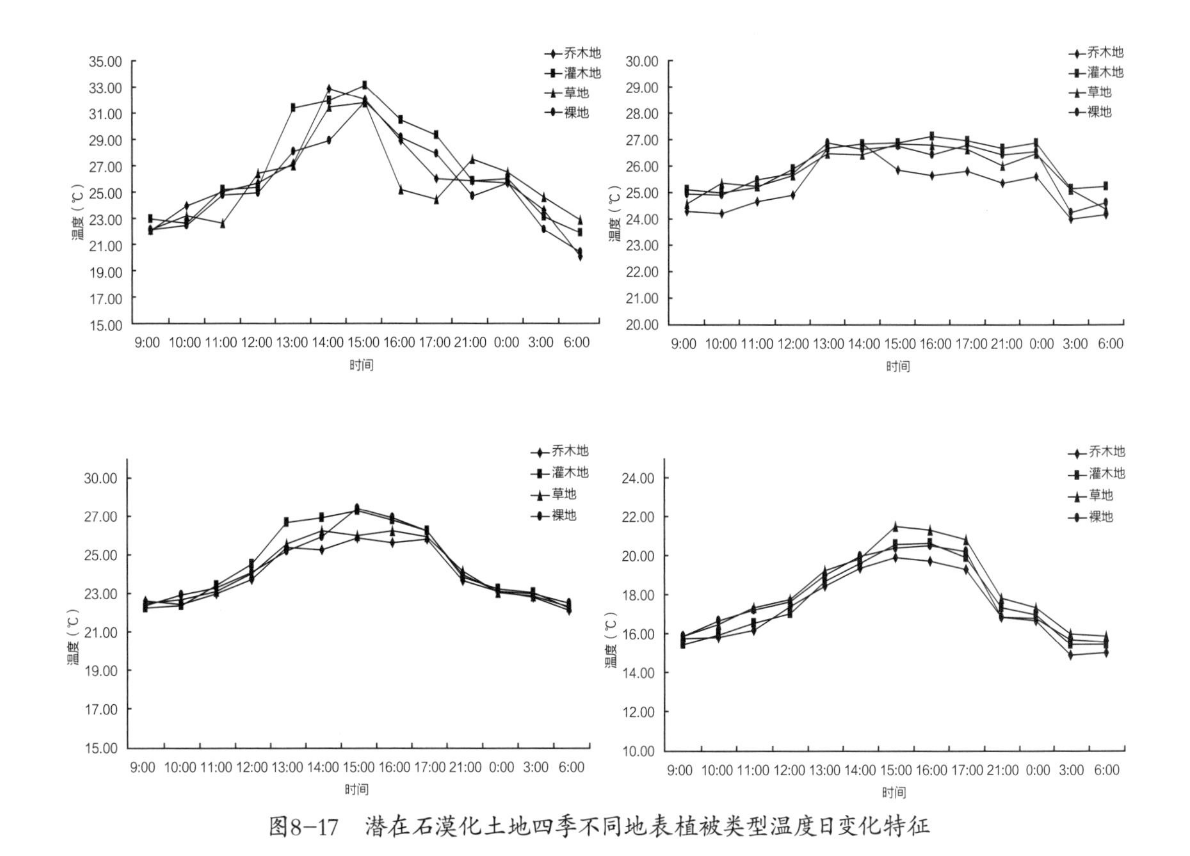

图8-17　潜在石漠化土地四季不同地表植被类型温度日变化特征

从春季日温度变化（图8-18）可以看出石漠化土地的土壤呼吸日变化幅度较大，极重度石漠化样地的水分略高于其他三个类型的，在该样地土壤较非石漠化土地和潜在石漠化土地样地的土壤疏松，多为雨水冲刷下来的土壤，存在于石块之间的平缓区域，整体而言，这个样地的水分条件还是相对最差的，这与植被稀少有密切关系；夏季石漠化土地的土壤温度变化幅度要大于潜在石漠化土地的，轻度、中度、重度和极重度石漠化土地的日均温度分别为26.04℃、26.51℃、27.15℃、26.99℃，除中度石漠化土地的土壤水分略低外，其他三个类型的基本一致，可见在石漠化地区，由于植被稀少，无论何种程度的石漠化土地，其土壤温度的变化和土壤水分含量的差别较小；秋季石漠化土地不同等级土地的土壤温度基本一致，分别为27.76℃、27.31℃、27.20℃和27.39℃，由于该试验地海拔较低，邻近北盘江，因此干热河谷特征明显，秋季的日均温度较高；冬季石漠化土地的土壤温度变化特征明显，17:00—21:00出现骤降，土壤水分含量基本维持在9%左右。

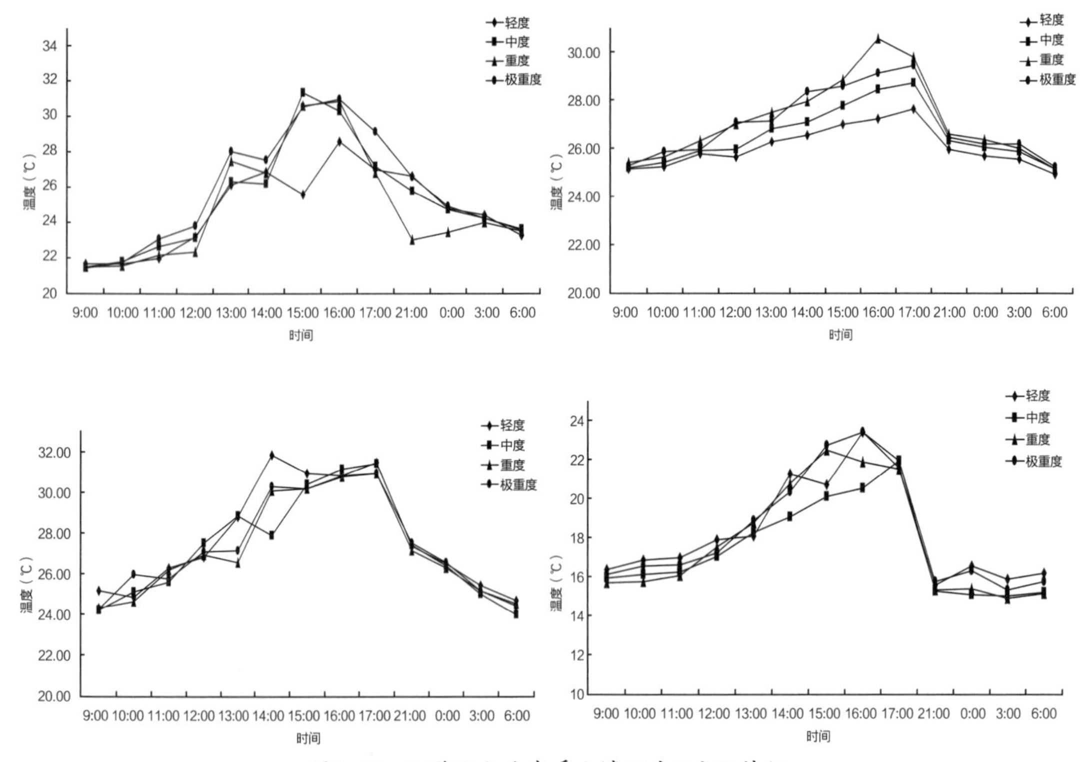

图8-18　石漠化土地春季土壤温度日变化特征

8.3.2.2 土壤温度与土壤呼吸速率的关系

对于不同的土地类型，土壤温度与土壤呼吸的关系存在显著不同（图8-19）。非石漠化土地中，温度与土壤呼吸的关系最为紧密，R^2值为0.88；潜在石漠化土地中，土壤温度与土壤呼吸的R^2值为0.57；而石漠化土地中，土壤温度与土壤呼吸的R^2值仅为0.41。这说明，随着土地的退化，土壤温度对土壤呼吸的影响作用在减弱，主导影响因子的地位在下降，而土壤温度的变化与地表植被类型有关。

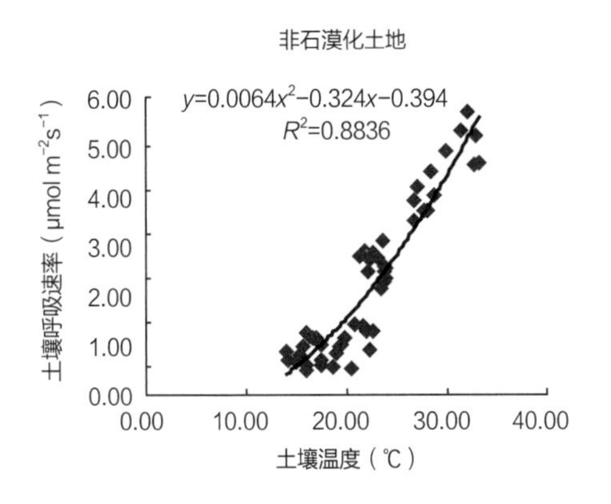

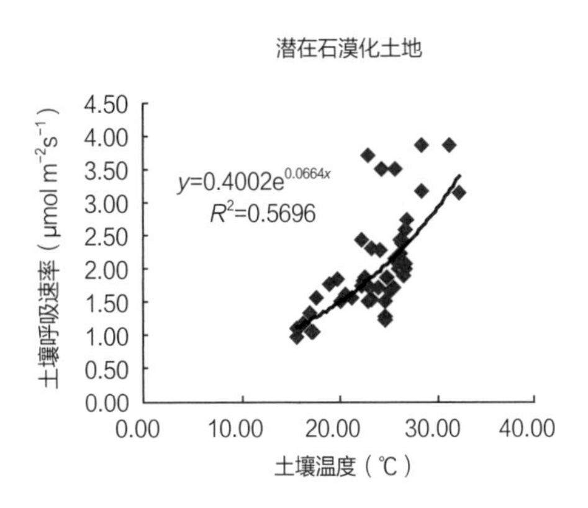

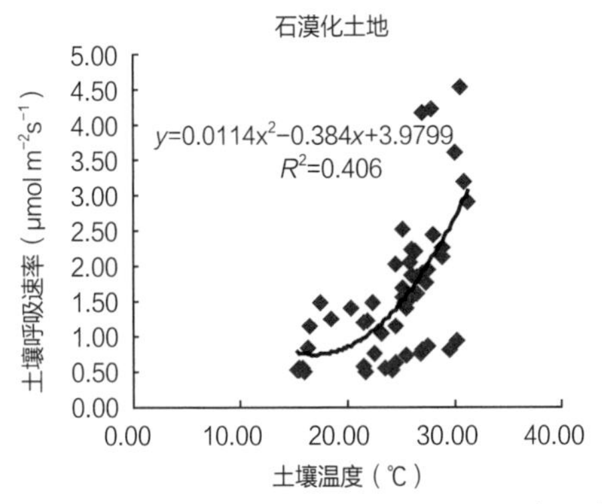

图8-19　土壤温度与土壤呼吸速率散点图

8.3.3　土壤水分对土壤碳排放的影响

土壤水分对 CO_2产生的影响小于温度的，在极端干旱和大量降水的情况下，土壤水分会瞬时影响 CO_2的产生速率（Anderson，1973；Edwards，1975）。水分通过影响根系生长、根系呼吸、土壤微生物群落构成、微生物活力以及土壤代谢活力，进而影响土壤呼吸。水分过高将阻碍土壤中 CO_2的扩散从而降低微生物的分解和土壤 CO_2的产生（Davidson et al.，1998；Jassal et al.，2004）。有研究者将土壤水分对土壤呼吸的影响概括为三种情景：①当土壤含水量较低时，土壤的代谢活动会受到抑制，且随土壤含水量的增高，抑制作用减弱；②达到土壤饱和含水量，当土壤水分达到土壤饱和含水量的一半时，土壤的生物代谢活动最强；③当土壤含水量远高于饱和含水量时，由于氧缺乏而阻滞需氧呼吸（Raich et al.，1995）。因此，土壤水分与土壤呼吸关系非常密切。

8.3.3.1　不同土地土壤水分日变化特征

非石漠化土地不同季节不同地表植被类型土壤体积含水量日平均值（图8-20）显示：春季草地和灌草地的土壤体积含水量相当，明显高于裸地，这也说明土壤呼吸速率与土壤水分具有密切关系；夏季草地的日均土壤水分含量最高，灌草地的最低，说明在该地区草本具有很好的保墒功能，而对于灌草地，由于地表枯落物丰富，不利于水分的下渗，因此，水分含量略低于其他三个类型；由于秋季试验区降水较少，因此渗入到土壤内的水分也较少，枯落物的存在会影响水分的进一步下渗，因此乔木地下土壤的水分含量较其他三种类型的低，且差异较明显，在石漠化地区，草地和灌草地是比较好的土地利用方式；冬季裸地的土壤水分在四个土地类型中是最低的，相比之下灌草地和草地的土壤水分含量较高，而灌草地的是相对最高的。

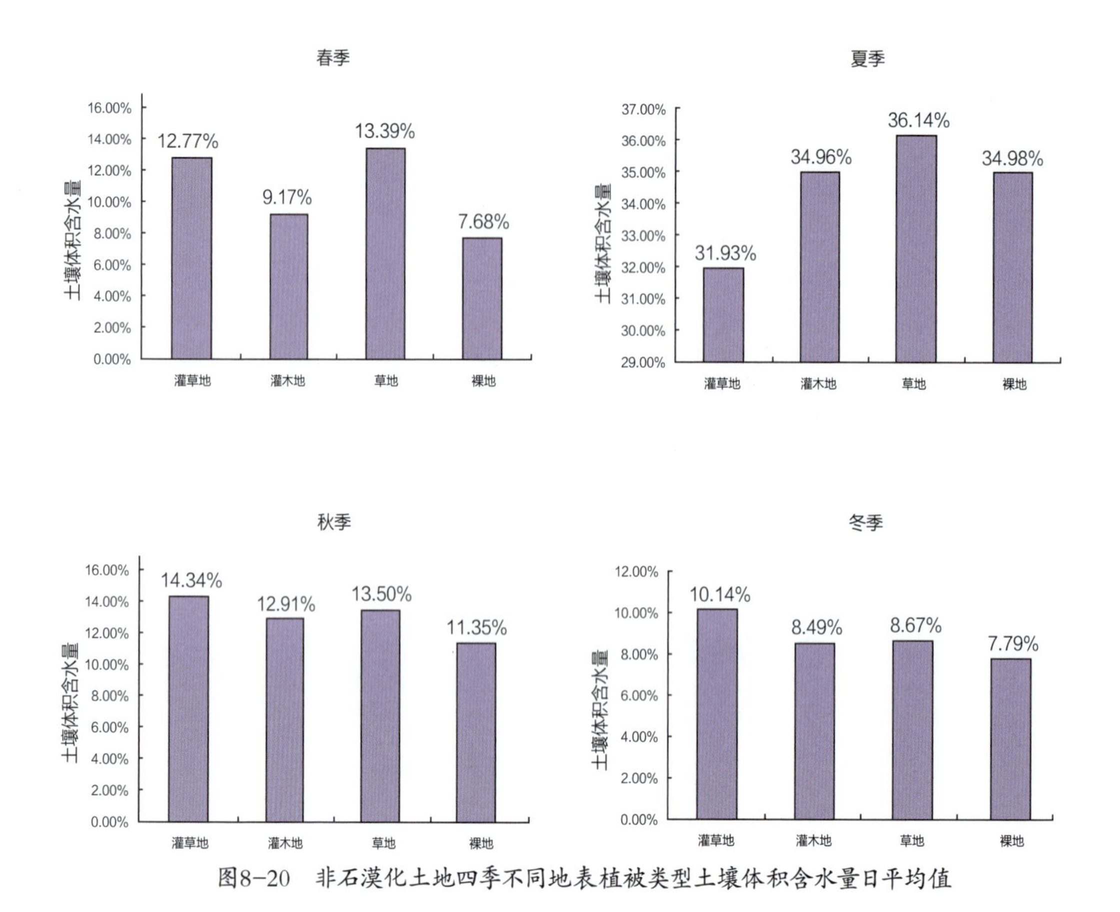

图8-20 非石漠化土地四季不同地表植被类型土壤体积含水量日平均值

潜在石漠化土地中，春季的土壤体积含水量大小顺序与温度顺序有所差别，裸地的水分含量最高，其他三个类型的基本一致（图8-21）。导致出现这种现象的原因有可能是裸地中的土壤结构紧实，水分未能渗透下去而储存在土壤中，而其他小样地由于有植被生长，水分被利用或下渗，由此可以看出植被在岩溶地区的重要性；夏季草地的日均土壤水分含量最高为37.27%，乔木地和灌草地分别为35.79%和36.09%，而裸地的明显低于前三者的只有32.96%，由于夏季温度是一年中最高的，地面蒸发强烈，无植被覆盖的地面水分蒸发快，不利于土壤的保湿保墒，这说明一个问题，即在石漠化治理中，地表植被的恢复重建是一个首要的最为关键的措施；由于秋季试验区降水较少，因此渗入到土壤内的水分也较少，枯落物的存在会影响水分的进一步下渗，因此乔木地下土壤的水分含量较其他三种类型的低，且差异较明显，在石漠化地区，草地和灌草地是比较好的土地利用方式；在冬季乔木地下的土壤水分含量是相对较高的，乔木地具有较高的保持土壤水分能力，而灌草地、草地和裸地的土壤水分含量不分上下，差别微小，这与其他季节的监测结果有一定的区别。

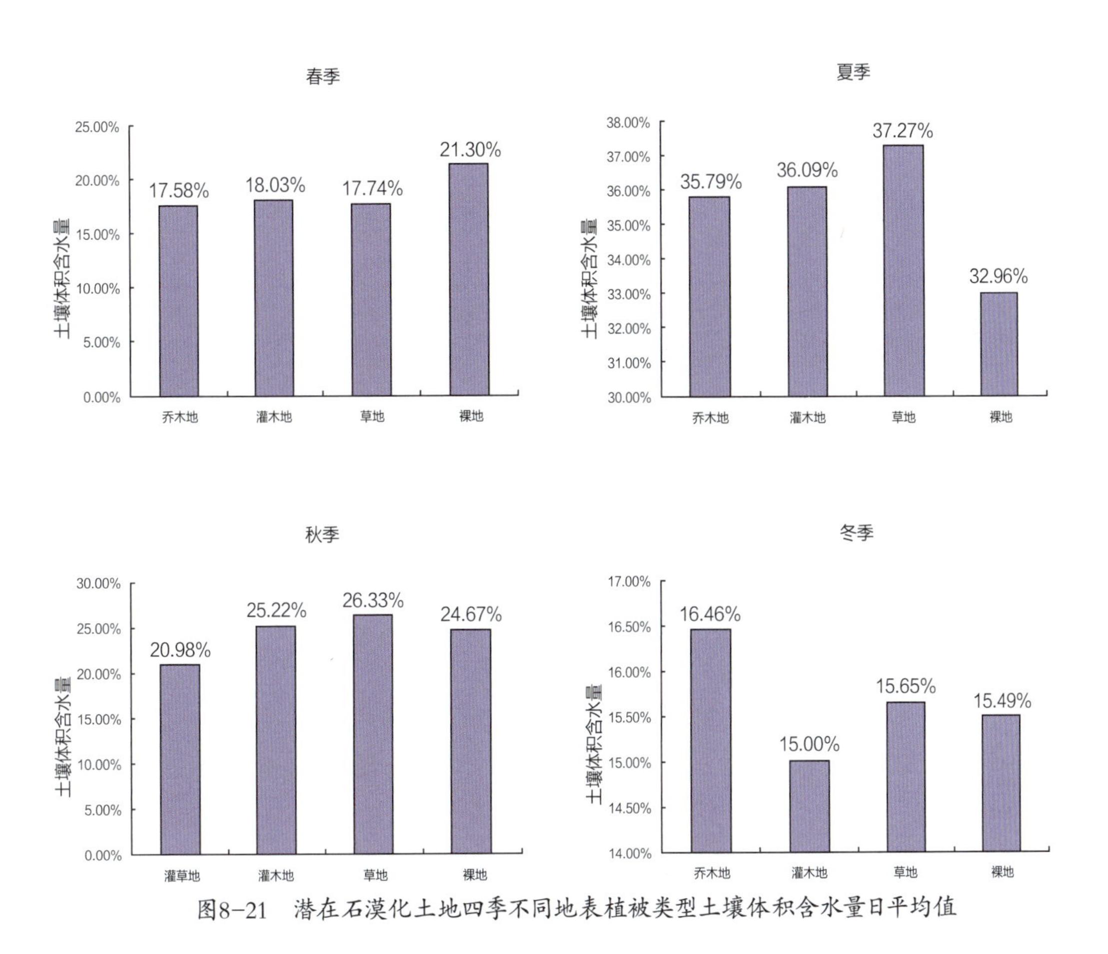

图8-21 潜在石漠化土地四季不同地表植被类型土壤体积含水量日平均值

石漠化土地春季的土壤水分条件是相对最差的，这与植被稀少有密切关系；夏季除中度石漠化土地的土壤水分略低外，其他三个类型的基本一致（图8-22）。可见在石漠化地区，由于植被稀少，无论何种等级的石漠化土地，其土壤水分含量的差别较小；从秋季土壤水分图看出，极重度石漠化土地的土壤水分相对最低，其土壤保墒能力最差，治理难度更高；冬季不同等级石漠化土地的土壤水分含量基本维持在9%左右。

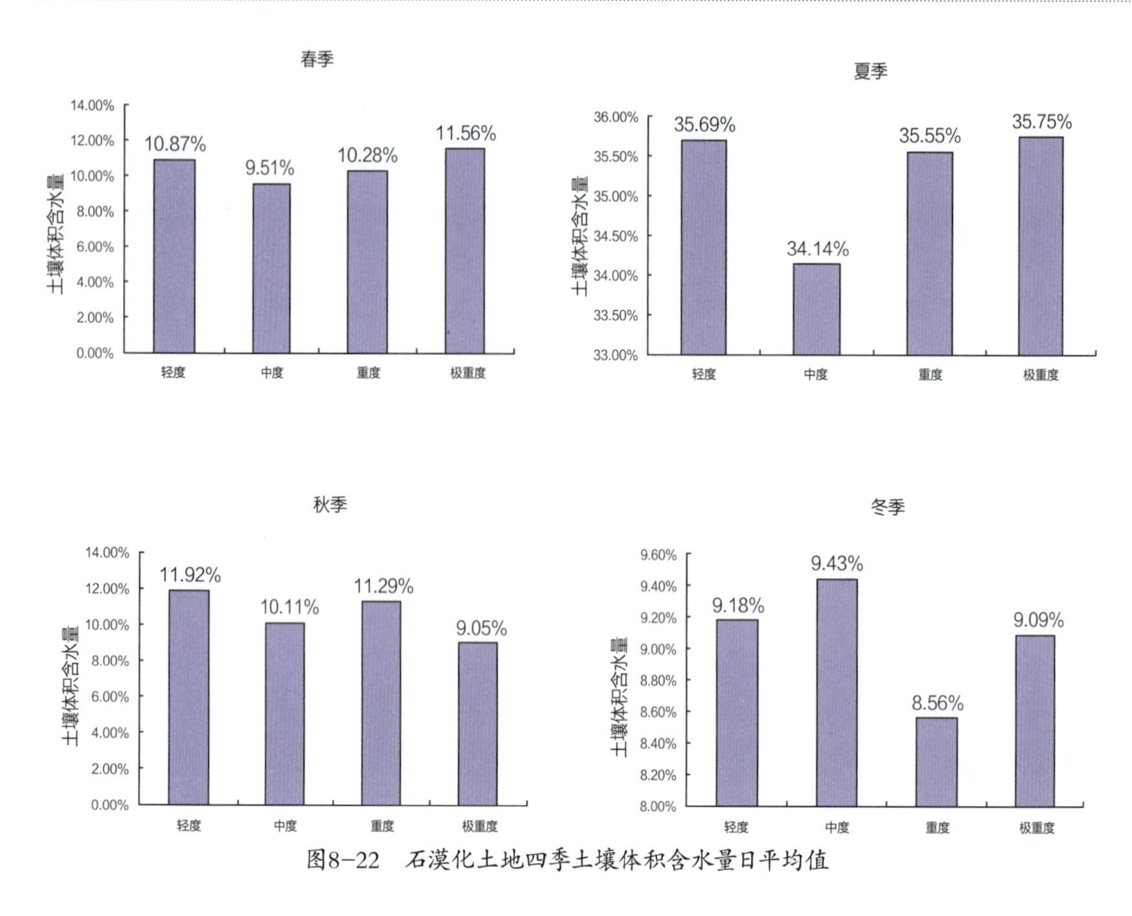

图8-22　石漠化土地四季土壤体积含水量日平均值

8.3.3.2　土壤温度与土壤呼吸速率的关系

对于不同的土地类型，土壤水分与土壤呼吸的关系存在显著不同（图8-23）。非石漠化土地中，温度与土壤呼吸的关系最为紧密，R^2值为0.88，从图中可以看出，非石漠化土地全年的土壤水分存在一个明显的界限，小于20%和30%~40%之间，这是明显的旱季和雨季的分界；潜在石漠化土地中，土壤水分与土壤呼吸的R^2值仅为0.25，相关性明显下降土壤水分含量不存在明显的界限划分；而石漠化土地中，土壤水分与土壤呼吸的R^2值降到0.03，土壤含水量对土壤呼吸的影响作用不明显，不是主导影响因子。有研究表明在贵州喀斯特地区，相对于温度而言，土壤含水量对土壤中CO_2的影响要处于次要地位（Kiefer，1990；戴万宏，2002；郎红东，2004；程建中等，2010）。

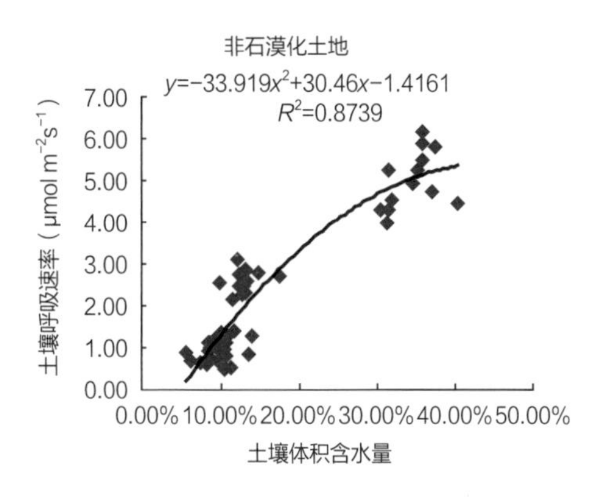

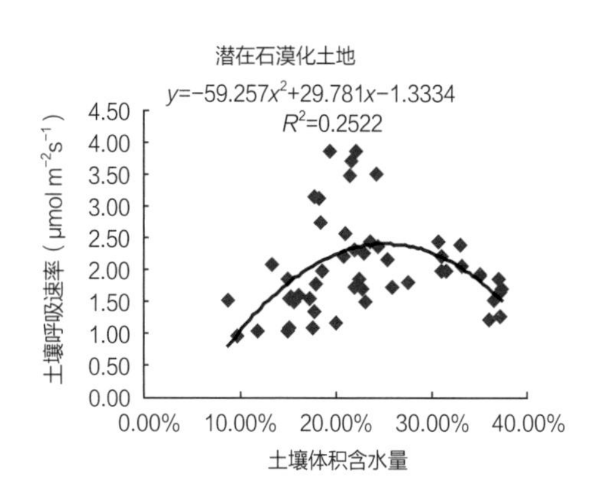

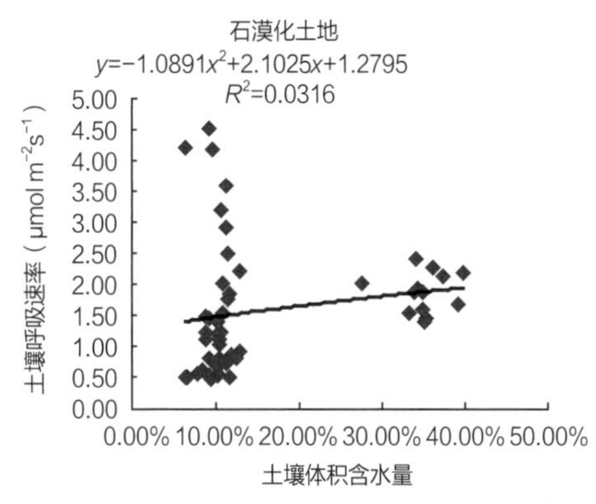

图8–23　土壤水分与土壤呼吸速率散点图

8.3.4　土壤养分对土壤碳排放的影响

对数据进行回归分析，土壤呼吸速率与土壤水解氮含量有较强的拟合关系，R^2=0.76，且从散点的分布状况来看，基本遵循随土壤水解氮含量的增加，土壤呼吸速率增加的变化趋势。在不同的土地类型中，土壤水解氮含量均随土层深度的增加递减，其中非石漠化土地和潜在石漠化土地中的灌草地的含量最高，其平均值分别为128.08mg/kg和121.20mg/kg；其次是非石漠化土地和潜在石漠化土地中的裸地，平均值分别为61.45mg/kg和74.73mg/kg；石漠化土地的最低；轻度石漠化土地的平均值为52.44mg/kg；重度石漠化土地的平均值为60.97mg/kg。非石漠化土地、潜在石漠化土地和石漠化土地的水解氮含量变化范围分别为46.00~154.86mg/kg、62.73~139.96mg/kg、46.06~84.41mg/kg。石漠化土地中的含量相对最小，土壤呼吸速率也相对较小，因此，土壤中的水解氮对土壤呼吸作用具有促进作用。

有效磷在非石漠化土地中的变化范围为0.30~1.47mg/kg，在潜在石漠化土地中的变化范围为0.30~6.04mg/kg，在轻度石漠化土地中的变化范围为0.48~2.46mg/kg，重度石漠化土地中的变化范围为2.33~2.49mg/kg。有效磷的含量普遍较低，随土层深度的变化特征不明显。

速效钾在非石漠化土地中从地表到地下呈递减趋势，变化范围为107.99~160.59mg/kg，其中裸地的平均值高于灌草地的；在潜在石漠化土地中，灌草地的平均值高于裸地，分别为151.04mg/kg和136.37mg/kg，变化范围为120.75~171.75mg/kg；轻度石漠化土地的平均值为84.22mg/kg，重度石漠化土地的平均值为78.93mg/kg。

同时，植被的退化不仅影响土壤质量，也不利于土壤的呼吸作用。综合样地土壤呼吸速率和土壤的养分信息可知，土壤养分越好，土壤呼吸速率越高；土壤养分条件较差的石漠化土地，其土壤呼吸作用较弱。

8.3.5 其他因子对土壤碳排放的影响

在非石漠化土地和潜在石漠化土地中，土壤密度越小，总孔隙度越大、渗滤系数越大，土壤速率就越高，土壤呼吸速率与土壤密度呈负相关关系，与总孔隙度和渗滤系数呈正相关关系；在石漠化土地中，松散且有利于水分入渗的土壤结构会加快土壤呼吸速率。因此，土壤的渗透性对土壤呼吸速率具有重要影响，例如粘性土就不利于水和CO_2的渗透，因此会抑制土壤呼吸作用。

8.4 石漠化对土壤碳排放影响的规律

（1）季节与土壤碳排放的关系。对于非石漠化土地，其土壤呼吸速率随季节的变化按照夏季>秋季>冬季＝春季，即按生长季节发生变化。而潜在石漠化土地由于生态脆弱性高，地表植被及土壤特性发生或正在发生变化，其规律有所打破，反而春季的土壤呼吸速率值最高。春季是万物复苏的季节，草本植物开始萌芽，地下根系呼吸作用旺盛，在该地区，秋季的植被覆盖度明显高于夏季的，而冬季的则相对较低，潜在石漠化土地的前身基本都为良好的农田或林地，其下层土壤质量要优于表层的；对于已经发生石漠化的土地不同的等级都是秋季的最大，夏季次之，春冬两季的值变化不明显。当土地未发生明显的石漠化时土壤呼吸速率遵循植物的生长周期，且在生长最旺盛的夏季呼吸强度最大；而当土地发生一定的退化，其土壤呼吸速率规律被打破，例如对潜在石漠化土地的监测；当非石漠化土地退化为石漠化土地时，又分为严重的和相对比较严重的两个阶段，土壤呼吸速率是否可以作为评判土地退化程度的指标有待进一步的研究。

（2）未石漠化土地、石漠化土地与土壤碳排放的关系。未石漠化土地中，非石漠化土地的土壤表层碳排放量是最高的，而潜在石漠化土地作为一个中间过渡阶段却低于石漠化土地中的轻度和中度等级，但远高于重度和极重度等级。从表8-1中的数据可将之分为四个大类，分别是：①非石漠化土地，该土地类型生态状况良好，植被丰富，土壤肥沃，土壤健康指数最高，因此土壤呼吸的强度也最大，尤其是在雨热同期的夏季，表现尤为突出；②潜在石漠化土地，这类土地生态敏感性较高，很容发展成石漠化土地；③程度相对较低的石漠化土地，例如轻度和中度石漠化土地；④程度相对较高的石漠化土地，例如重度和极重度石漠化土地，极重度的值略高于重度的，这是因为虽然极重度石漠化土地的岩石出露率、植被覆盖度和土壤厚度小于重度石漠化土地的，但在土壤质量及营养成分方面未比前者差，因此会出现这种情况。

8.5　2005—2010 年关岭县土壤年碳排放量变化情况

在进行样方调查时，对样地中各种类型的土地面积比例进行了测定与估算。非石漠化土地样地中，除裸露岩石面积外，灌草地的土地面积比例约为40%，灌木地的土地面积比例约为30%，草地的土地面积比例约为20%，裸地的土地面积比例约为10%；潜在石漠化土地样地中，除裸露岩石面积外，乔木地的土地面积比例约为5%，灌草地的土地面积比例约为20%，草地的土地面积比例约为40%，裸地的土地面积比例约为35%。根据上述数据计算非石漠化土地和潜在石漠化土地的土壤呼吸速率值，进而计算出岩溶区土壤年碳排放量，未石漠化土地中，非石漠化土地和潜在石漠化土地土壤的年碳排放量分别为944.68 t/km^{2}和636.97 t/km^2；不同等级石漠化土地土壤的年碳排放量分别为859.71 t/km^2、718.46 t/km^2、362.95 t/km^2、443.85 t/km^2；与其他研究者在非石漠化区域的研究结果相比较，明显较低。例如通过对丁访军等（2010）测定的阔叶林、针阔混交林、灌木林的CO_2排放速率，我们计算出其年碳排放量分别为3091.12 t/km^2、2855.50 t/km^2、3492.23 t/km^2；程建中等（2010）的测定结果为森林、次生林、玉米地和烧荒地分别为4307.29 t/km^2、2274.1 t/km^2、1782.66 t/km^2、1140.26 t/km^2。可见石漠化地区的土壤碳排量相对较小。

土地碳排放量 = 土壤碳排放量 × 土壤覆盖度。进行计算后得出，未石漠化土地中，非石漠化土地和潜在石漠化土地的年碳排放速率分别为850.21 t/km^2、445.88 t/km^2；不同程度石漠化土地土壤的年碳排放速率分别为515.83 t/km^2、287.38 t/km^2、72.59 t/km^2、44.39 t/km^2。关岭县碳排放量增加了47709.47 t。

第 9 章　石漠化治理对地下岩溶碳汇的影响

岩溶作用是地表及地下水通过化学和物理过程对可溶性岩石的破坏及改造，其中化学作用包括分解和化合，物理作用包括流水的侵蚀、沉积、运输等（杨景春等，2012）。岩溶溶蚀作用是岩溶地区的一个重要自然现象，溶蚀作用通过碳酸盐岩溶解或消耗大气或土壤中的CO_2形成汇的作用。我国是世界碳酸盐岩溶蚀作用强烈的地区之一（任美锷等，1979）。岩溶地质作用在碳汇中的作用和强度是当前应对全球气候变化和“节能减排增汇”的重要研究领域。土地石漠化后，土壤的理化性质会发生改变，从而会影响岩溶作用强度，不同程度的退化对岩溶作用产生的影响也存在差异，通过影响植被和土壤状况进而影响岩溶作用的发生，对区域碳循环产生不利影响。

中国近年来开展了石漠化综合治理工程，包括退耕还林（草）、封山育林、人工造林/种草、兴建水保工程、产业结构调整、生态移民等。国家启动岩溶区石漠化综合治理工程的大背景下，岩溶地区的碳循环成为地质作用和生物作用最好的结合点。随着西南岩溶区石漠化治理研究和生态恢复工作的不断深入开展，越来越多的研究在关注人类活动与岩溶自然系统之间的相互影响，特别是土地覆被变化对自然系统的作用和影响等（何腾兵，2000；章程等，2005）。

本研究以贵州省关岭县的花江峡谷示范区不同石漠化程度土地为研究对象，通过试验对不同程度石漠化土地对地表及土下的碳酸盐岩岩溶作用速率进行了研究，包括土壤条件对溶蚀速率的影响；研究了不同的植被恢复措施对岩溶溶蚀速率的影响，以及土壤中留存的岩溶碳汇与土壤碳排放量和土壤有机碳库的关系，研究结果为石漠化治理过程中增加区域碳汇的实现途径提供科学参考。

研究所用岩溶标准溶蚀试片均采自桂林屏风山，岩性为融县组灰岩，委托桂林理工大学加工制作。在埋放前首先将试片编号烘干，用万分之一天平称重。参照测定土壤呼吸的土地类型进行埋放，试片分别埋置在地表、地下20 cm、地下40 cm或基岩处，为保证试验结果的可信度每层放置三个，避免上层试片对下层试片的干扰，试片埋置需垂直、水平且上下错开。由于所选样地均位于坡面上，因此试片均埋置在坡上较高一侧，以尽量减少土壤结构破坏带来的影响。取出后将试片用纯水清洁，经102℃持续烘干8 h至质量恒定称重。埋放时间为2012年5月30日—6月1日，取出时间为2012年12月底。其中非石漠化土地、潜在石漠化土地和石漠化土地的埋放时间分别为202天、200天、199天。

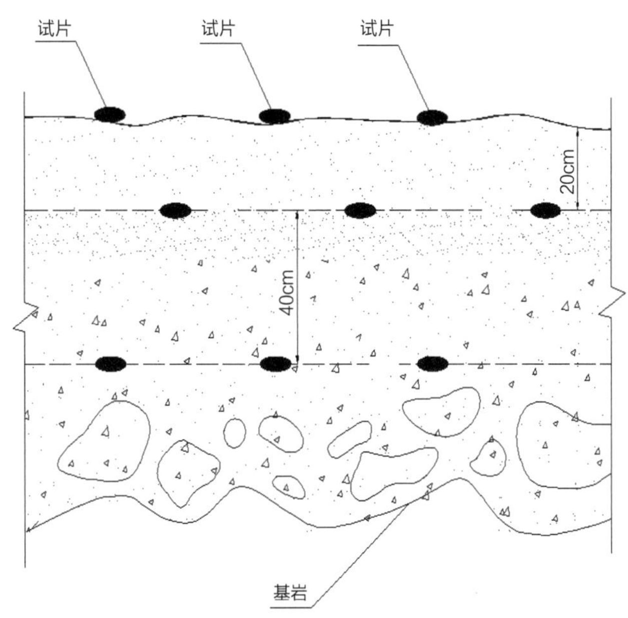

图9-1　试片放置示意图

计算试片的溶蚀量，试片初重减去取回后的烘干重量；溶蚀速率计算公式如下：

$$E_R=（W_1-W_2）\times 10^7/（T\times S）$$

式中：

E_R—— 单位面积溶蚀量 [mg/(m^2·d)]；

W_1—— 试片初重（g）；

W_2为试片取回后烘干重量（g）；

（W_1-W_2）—— 埋放时间内试片绝对溶蚀量（mg）；

T—— 埋放天数（d）；

S—— 试片表面积（约28.91 cm^2）。

溶蚀作用消耗 CO_2通量，计算公式如下：

$$A=F\times S\times C\times M_{CO_2}/M_{CaCO_3}$$

式中：

F—— 试片的侵蚀通量 [g/(cm^2·a)]；

S—— 试片的表面积（cm^2）；

C—— 石灰岩试片中 $CaCO_3$的含量（本试验中为100%）；

M_{CO_2}——$CaCO_3$的摩尔分子量；

M_{CaCO_3}——$CaCO_3$的摩尔分子量。

9.1　地下岩溶作用试验结果

试验结果显示：在监测样地内，既存在试片的溶蚀现象也存在试片的沉积现象，已排除由于人为原因导致的试验误差；在埋放时段内中，未石漠化土地样地内除非石漠化土地的灌草地和灌木地试验结果为溶蚀外，其余均发生了沉积现象；而石漠化土地中，均为溶蚀现象，溶蚀量与土地石漠化程度和土层深度有关（表9-1）。

表 9-1　岩溶区不同土地类型标准溶蚀试片变化量（单位：mg）

土地类型			地表	地下 20cm	地下 30cm 或 40cm	均值
未石漠化土地	非石漠化土地	灌草地	1.39	2.13	4.85	2.79
		灌木地	0.91	1.30	1.85	1.35
		草地	-10.63	-9.12	-10.93	10.23
		裸地	-10.91	-9.34	-12.19	10.81
		均值	5.96	5.47	7.46	6.30
	潜在石漠化土地	灌草地	11.68	-6.79	-6.23	8.23
		灌木地	0.90	-4.96	-4.48	3.45
		草地	-3.31	-3.93	-9.99	5.74
		裸地	-6.47	-8.48	-6.34	7.10
		均值	5.59	6.04	6.76	6.13
石漠化土地	轻度		24.47	17.66	45.54	29.22
	中度		21.55	30.69	31.87	28.04
	重度		20.92	10.83	32.58	21.44
	极重度		9.28	25.00	29.09	21.13
	均值		19.06	21.05	34.77	24.96

9.1.1　不同程度石漠化土地地下溶蚀速率

运用公式计算出不同土地埋放试片的溶蚀速率（表9-2）。未石漠化土地中，地表与地下20cm处溶蚀速率相差不大，均小于地下40cm处的，样地中的草地和裸地的绝对溶蚀速率最大且两者数值接近，约为灌草地的4倍，灌木地的8倍，非石漠化土地平均溶蚀速率为6.30mg/(m^2·d)；潜在石漠化土地中，从地表到地下的溶蚀速率较为接近，样地平均溶蚀速率为10.60mg/(m^2·d)，其中，灌草地和裸地的平均值较大，其次草地的大于灌木地的；石漠化土地中，从地表到地下基岩处，平均溶蚀速率逐渐增加，随石漠化等级的增加，平均溶蚀速率也增加，石漠化土地的平均溶蚀速率为43.38mg/(m^2·d)。总之，未石漠化土地中非石漠化土地的平均绝对溶蚀速率略大于潜在石漠化土地，但潜在石漠化土地均表现为沉积作用；石漠化土地的平均绝对溶蚀速率远大于未石漠化土地，且溶蚀速率随土层深度的增加而增加。

表 9-2　岩溶区不同土地类型溶蚀速率 [单位：$mg/(m^2 \cdot d)$]

土地类型			地表	地下	地下 30cm 或 40cm	均值
未石漠化土地	非石漠化土地	灌草地	2.38	3.64	8.31	4.78
		灌木地	1.55	2.22	3.16	2.31
		草地	−18.20	−15.62	−18.72	17.52
		裸地	−18.68	−15.99	−20.87	18.51
		均值	10.20	9.37	12.77	10.78
	潜在石漠化土地	灌草地	20.19	−11.74	−10.77	14.23
		灌木地	1.56	−8.58	−7.74	5.96
		草地	−5.73	−6.79	−17.28	9.93
		裸地	−11.20	−14.67	−10.96	12.28
		均值	9.67	10.45	11.69	10.60
石漠化土地	轻度		42.53	30.70	79.15	50.79
	中度		37.46	53.35	55.40	48.74
	重度		36.36	18.83	56.63	37.27
	极重度		16.14	43.46	50.57	36.72
	均值		33.12	36.58	60.44	43.38

9.1.2　不同程度石漠化土地中留存的岩溶碳汇

岩溶作用是全球碳循环的一部分，但在近年来的全球碳循环研究中却忽视了地质作用（包含岩溶作用）。已有研究表明土壤空气中 CO_2 的增加会导致碳酸盐岩溶蚀作用的加剧，还与气温、降水动态密切相关（刘再华等，2000）。通过对花江峡谷区的研究，计算出不同土地类型的碳汇大小。如表 9-3 所示，未石漠化土地中，非石漠化土地和潜在石漠化土地的年碳汇量分别为 0.35 t/km^2 和 0.50 t/km^2，石漠化土地不同程度土地的年碳汇量分别为 0.89 t/km^2、1.28 t/km^2、1.31 t/km^2 和 1.45 t/km^2。与其他研究者的研究结果相比，据例如章程（2011）的研究结果，林地、草地、灌丛下由于岩溶作用导致的年 CO_2 消耗量分别为 27.94 t/km^2（7.62 t C/km^2）、17.6 t/km^2（4.8 t C/km^2）、3.08 t/km^2（0.84 t C/km^2）；刘再华（2000）的研究结果是南方岩溶区 CO_2 消耗量为 31.32 t/km^2（8.54 t C/km^2）；该地区的 CO_2 消耗量非常低，这可能是与该地区较低水平的降雨量有很大关系，水分是制约岩溶作用的重要因素。

表 9-3　不同程度石漠化土地的岩溶作用年碳汇表（单位：t/km^2）

土地类型			绝对溶蚀量	单位面积 CO_2 消耗量	碳汇
未石漠化土地	非石漠化土地	灌草地	1.74	0.77	0.21
		灌木地	0.84	0.37	0.10
		草地	6.39	2.81	0.77
		裸地	6.76	2.97	0.81
		小计			0.35
	潜在石漠化土地	灌草地	5.20	2.29	0.62
		灌木地	2.18	0.96	0.26
		草地	3.63	1.60	0.44
		裸地	4.48	1.97	0.54
		小计	3.87	1.70	0.50
石漠化土地	轻度		18.54	8.16	0.89
	中度		17.79	7.83	1.28
	重度		13.60	5.99	1.31
	极重度		13.40	5.90	1.45

9.2　岩溶作用对土壤碳库和碳排放的影响

根据潘根兴（2000）对桂林试验场 ^{13}C 特征的研究表明：土壤有机碳是土壤 CO_2 的主要来源，土壤 CO_2 是 HCO_3^- 的重要来源。因此在通常情况下土壤有机质对岩溶作用具有明显的促进作用。但在花江峡谷区，试验结果则相反，这说明在该地区土壤有机碳含量不是岩溶作用的主要影响因素。土壤活性有机碳，可直接快速参与土壤生物化学转化过程，虽然只占土壤全碳的较小部分，但是综合评价土壤质量和肥力状况的一个重要指标。影响土壤活性有机碳的自然因素包括土壤母质和气候条件等，人为因素主要为土地利用方式和管理方式。岩溶区土壤中的活性有机碳同样会对岩溶作用产生较大影响。土壤在岩溶作用进程中扮演着极其重要的作用（李阳兵等，2006），土壤的物理和化学性质将对岩溶作用产生不一样的影响，这又表现在不同的土地利用方式上。前人研究认为，岩溶地区对碳增汇有巨大贡献（袁道先等，2002）。

岩溶作用不仅与气候、水文、地质等大背景有关，而且还与土地利用类型有关，在花江峡谷区，由于全年平均温度偏高，尤其是夏季的干热气候，使得水分具有更高的影响效果，同一个样地中，植被的正向演替能显著促进地下溶蚀作用，既增加了陆地生态系统 CO_2 碳汇量，也增加了岩溶作用碳汇量。大量监测和试验数据表明，岩溶区地表森林系统发生增汇过程的同时，地下也在同步发生着类似的增汇过程。

从表9-4可以看出，对于未石漠化土地，土地的土壤有机碳密度远高于土地的碳排放量，而岩溶作用产生的碳汇相比之下，非常微小；而对于石漠化土地而言，土地的土壤碳密度和碳排放量明显低于未石漠化土地的，且岩溶作用碳汇高于未石漠化土地的，因此，岩溶作用在一定程度上会影响石漠化土地的碳库和碳排放量，几乎不对未石漠化土地产生影响。

表 9-4　不同土地的碳密度、碳排放量、岩溶碳汇 [单位：t/(km^2·a)]

土地类型			有机碳密度	活性有机碳密度	无机碳密度	碳排放量	碳汇
未石漠化土地	非石漠化土地	灌草地	12275.32	691.62	6650.98		0.21
		灌木地	8118.82	408.78	4268.11		0.10
		草地	7930.90	445.46	10758.02		0.77
		裸地	6944.20	286.42	1924.67		0.81
	土地碳密度		8663.74	465.31	5656.41	850.21	0.35
	潜在石漠化土地	乔木地	7290.82	374.36	905.43		0.62
		灌木地	12581.10	654.43	1984.32		0.26
		草地	5863.52	328.38	1247.09		0.44
		裸地	4033.47	186.04	4187.57		0.54
	土地碳密度		4646.52	242.25	1684.64	445.88	0.50
石漠化土地	轻度		3184.60	150.69	567.49		
	土地碳密度		1910.76	90.42	340.49	515.83	0.89
	中度		2168.51	125.71	361.83		
	土地碳密度		867.41	50.28	144.73	287.38	1.28
	重度		1452.49	90.56	215.84		
	土地碳密度		290.50	18.11	43.17	72.59	1.31
	极重度		2419.93	147.43	364.77		
	土地碳密度		241.99	14.74	36.48	44.39	1.45

9.3　石漠化对地下岩溶碳汇的影响规律

（1）溶蚀试片重量增加的问题探讨：非石漠化土地的草地和裸地、潜在石漠化土地的试片在溶蚀试验后，重量不但没有减少，反而出现增加的现象。相同的结果在前人的试验中也有过出现，例如海格尔木（袁道先等，1988）、西藏拉萨、安多和定日（章典等，

2002）、乌海（梁永平等，2007）等地。这些点均出现在我国的西部地区，雨量一般大约400~500mm，干旱少雨，蒸发量大的气候条件下，使土壤水中碳酸钙过饱并发生沉积是出现这种结果的内在原因。花江峡谷区是一个干热峡谷，多年平均降雨量仅为600mm，气候干燥，水分蒸发强烈，同时由于非石漠化土地中的裸地较灌草林地土壤板结，水分下渗困难，而潜在石漠化土地中同样存在这样的问题即土中钙结核含量和砾石含量较高，地下土壤水分含量低，不利于岩溶作用的发生；石漠化土地，虽然植被覆盖率低，但土壤多为山坡冲刷下来的堆积土壤，结构较为松散，有利于水分的向下入渗，因此利于岩溶作用的发生。

（2）岩溶作用产生的碳汇相比土壤碳库和土壤碳排放量非常微弱，对石漠化土地的影响要大于未石漠化土地的，岩溶作用强度不仅与气候、水文、地质等大背景有关，而且还与土地利用类型有关。在花江峡谷区，由于全年平均温度偏高，尤其是夏季的干热气候，使得水分具有更高的影响效果。同一个样地中，植被的正向演替能显著促进地下岩溶作用的发生，既增加了陆地生态系统 CO_2 碳汇量，也增加了岩溶作用碳汇量。大量监测和试验数据表明，岩溶区地表森林系统发生增汇过程的同时，地下也在同步发生着类似的增汇过程。需要系统的研究各影响因素在岩溶过程中所起的作用，从定性描述向定量计算方向发展，更好地促进碳汇研究工作。

9.4　2005—2010 年关岭县地下岩溶碳汇的变化情况

根据关岭县2005—2010年的土地类型变化情况，计算出2005—2010年岩溶区土地土壤碳库、碳排放的变化量（表9-5）。未石漠化土地中，非石漠化土地的变化量最大，共增加碳储量837232.32t，潜在石漠化土地的变化量很小，仅为非石漠化土地的1/10；石漠化土地中，轻度和中度石漠化土地的变化量相对较大，但轻度石漠化土地是增加了碳储量12720.21t，而中度石漠化土地则是减少了22693.13t，重度石漠化土地减少了2924.03t，极重度石漠化土地增加了1229.69t，但石漠化土地的碳储量总体是减少的，其中土壤呼吸碳排放量减少了5780.56t，有机和无机碳库减少了17407.32t；关岭县碳排放量增加了47709.47t，土壤碳库增加了881821.13t，相当于每平方千米增加了674.18t；碳储存量共增加了834093.55t，相当于关岭县岩溶区每平方千米增加了637.67t，按照瑞典的碳税率每吨150美元（折合人民币每吨1200元），则每平方千米有机碳的价值可增加80.90万元。

表 9-5　石漠化治理对关岭县岩溶区土地碳储量与碳排放量的影响（单位：t）

关岭县土地类型		土壤呼吸碳排放	土壤有机碳	土壤无机碳	岩溶碳汇	小计
未石漠化土地	非石漠化土地	52843.95	538486.10	351568.51	21.67	837232.32
	潜在石漠化土地	646.08	6732.81	2441.04	0.72	8528.50
	小计	53490.03	545218.90	354009.55	22.39	845760.81

续表

关岭县土地类型		土壤呼吸碳排放	土壤有机碳	土壤无机碳	岩溶碳汇	小计
石漠化土地	轻度	3778.97	13998.23	2494.43	6.52	12720.21
	中度	-8982.35	-27111.77	-4523.68	-40.03	-22693.13
	重度	-808.94	-3237.33	-481.09	-14.55	-2924.03
	极重度	231.76	1263.43	190.46	7.56	1229.69
	小计	-5780.56	-15087.44	-2319.88	-40.51	-11667.27
总计		47709.47	530131.46	351689.67	-18.12	834093.55

9.5　2005—2010 年岩溶石漠化区土壤碳库和碳排放的变化

（1）从土壤碳储量和碳排放量的角度来评价石漠化综合治理的成效看，该工程在关岭县起到了良好积极的生态环境改良作用。但是由于石漠化区环境恶劣，立地条件差，人工造林和封山育林的难度较大，治理成本较高，加之投入跟不上，后期管理不到位，治理进度还非常缓慢，尤其是边远局部地区，不但没有得到很好的治理，石漠化还有进一步加剧的趋势。土壤碳排放量和碳库减少的主要是中度石漠化土地和重度石漠化土地，由此可见，这两种程度的石漠化土地在治理中应该优先治理，而轻度石漠化土地则属于应该加强遏制进一步恶化的类型。

（2）用监测数据推算贵州省的2005—2010年土壤碳排放量和土壤有机碳、无机碳量，可以得出该省由于不同程度石漠化土地面积和程度的变化，导致的土壤碳排放和土壤碳含量变化。贵州省2005—2010年石漠化土地中轻度石漠化土地增加了63 km^2，中度石漠化土地面积减少了1988 km^2，重度石漠化土地面积减少了578 km^2，极重度石漠化土地面积减少了420 km^2，计算结果显示贵州省石漠化土地的土壤碳排放量减少了599.41万 t，但同时土壤有机碳含量减少了187.36万 t，石漠化土地碳储量共减少了158.46万 t。

（3）与2005年相比，2010年我国西南八省（自治区、直辖市）市的石漠化土地面积中，轻度石漠化土地面积增加了7520 km^2，中度石漠化土地面积减少了7300 km^2，重度石漠化土地面积减少了7570 km^2，极重度石漠化土地面积减少了2250 km^2。用试验监测的数据进行计算得出石漠化土地土壤碳排放量减少了141.28万 t，土壤有机碳库增加了529.33万 t，土壤无机碳库增加了109.51万 t。

（4）由于在野外测定土壤呼吸时，土壤呼吸的空间异质性和石漠化土地较高的异质性，应多设置样点，以保证测定结果更趋向于实际值，那么石漠化地区应采用何种方式进行布点是一个非常重要的方法问题，本章在研究过程中是根据样地内不同的植被类型进行布点，再根据该种类型土地的面积进行加权计算得出代表该类样地的土壤呼吸平均值。因此，我们用这样一组数据来估算贵州省或整个西南岩溶区的碳排放量和土壤碳含量变化还是具有一定的局限性，但在一定程度上可以反映研究区域碳的变化情况。

第10章　岩溶石漠化地区区域生态服务价值评估研究

生态系统是生物圈的基本组织单元，它不仅为人类提供各种商品，同时在维持生命的支持系统和环境的动态平衡方面起着不可取代的重要作用。但是在相当长的历史时期内，人类错误地认为生态系统是大自然的赠予，是取之不尽、用之不竭的。人与自然的关系被理解为利用贡献和索取的关系。然而，随着人口的急剧增加、资源的过度消耗和环境污染的日益加剧，自然生态系统遭到了人类活动的巨大冲击与破坏，全球性和区域性的生态危机日益显现，自然生态系统的服务功能迅速衰退，而生态系统服务功能的退化反过来又影响到了人类的生活和社会发展（李文华等，2008、2009），致使人们越来越深刻地认识到国家经济的发展需要消耗一定的环境为代价的这一事实，以及资源稀缺和环境退化对人们的生活质量与国家长期发展能力的潜在影响。但是，长期以来环境退化价值并没有在国家经济核算中得以体现，资源的耗竭和环境的退化并没有反映在现有的国民经济账户中（赵同谦等，2004）。

诸多事实表明，人类的可持续发展必须建立在保护地球生命支持系统、维持生物圈和生态系统服务可持续性的基础上。随着对环境保护的重视和可持续发展理念的兴起，很多学者和国际组织开始探索考虑环境要素的经济发展指标。1993年，联合国统计署发布的《综合环境与经济核算手册》中首次正式提出了绿色GDP的概念：将经济活动对环境的利用作为追加投入看待，从原有的经济总量中予以扣除，得到的经过环境因素调整的产出指标，即生态国内产出（EDP）。随后，绿色GDP指标的测算及国民经济核算体系的构建引起了世界各国的普遍关注。在绿色GDP核算中，需要衡量自然资源和环境的价值，而对生态系统服务价值的评估则是自然资源和环境价值核算以及生态环境恢复费用核算的重要组成部分。在这种背景下，全面了解并恰当估价生态系统服务成为生态学研究的热点之一。Costanza等（1997）对全球主要类型的生态系统服务价值进行了评估，标志着生态系统服务价值评估研究已经成为生态学和生态经济学研究的热点和前沿。

在退化环境中，我国是世界上石漠化危害最严重的国家，其中喀斯特石漠化是中国西南最严重的生态经济问题之一。石漠化面积12.00万km^2，潜在石漠化面积12.34万km^2，受石漠化危害影响人群高达2.2亿，石漠化发展的危害已成为我国西部大开发战略和社会主义和谐社会建设的重大障碍，对区域生态安全与国民经济可持续协调发展构成严重威胁。

贵州省为我国典型石漠化代表地区，本研究依据生态与经济学相关原理与方法建立石漠化生态系统服务价值损失评估指标体系总体框架、筛选和建立了相应的核算方法和模型，并基于遥感资料及典型样点调查数据开展对贵州省的石漠化生态系统服务的价值损失的定量评估，其结果可为科学、准确和动态地评估我国石漠化地区生态系统的服务功能价值奠定基础；同时，提出环境退化造成的损失及环境退化在国民经济发展中的地位，为我国退化环境价值评价与绿色GDP核算提供基础数据，为决策者提供充分的信息，对社会经济发展、对石漠化地区生态环境建设与保护等都具有重要的科学意义。

10.1　生态系统服务功能的含义及其发展

生态系统服务的文字记载开始于19世纪中叶。George Marsh在《Man and Nature》一书中记载了水土保持、动植物尸体分解等生态服务功能。又经过近一个世纪，Aldo Leopold才开始率先对生态系统的服务进行了深入的思考，提出了“土地伦理”观念，人类只是自然界的普通一员，而不是统治者，生态系统服务具有不可代替性；Vogt（1948）还首次提出了自然资本的概念；1970年，研究文献中开始出现“service”一词，并列出了包括害虫控制、昆虫传粉、渔业、土壤形成、水土保持、气候调节、洪水控制、物质循环与大气组成等相关的自然生态系统对人类的服务内容；Daily等（1997）认为生态系统服务是指自然生态系统及其物种所形成、维持和实现人类生存的所有条件与过程，即生态系统服务是指通过生态系统及其中的物种提供的有助于维持和实现人类生活的所有条件和过程；Costanza等（1997）将生态系统服务功能归纳为4个层次17类内容（表10-1）即：生态系统的生产（包括生态系统的产品及生物多样性的维持等），生态系统的基本功能（包括传粉、土壤形成等），生态系统的环境效益（包括改良减缓干旱和洪涝灾害、调节气候、净化空气、废物处理等），生态系统的娱乐价值（休闲、娱乐、文化、艺术素养、生态美学等）。Costanza等（1997）的生态系统服务内涵包含了其他学者提出的所有内容，比较概括、全面而又系统，因此，国内外学者在进行相关研究时，基本是按这一分类框架来开展的。

表10-1　生态系统服务和功能

序号	生态系统服务	生态系统功能	举例
1	气体调节	调节大气化学成分	CO_2/O_2平衡、O_3防护UV-B和SOX水平
2	气候调节	全球温度、降水及其他全球和区域性气候调节	温室气体调节以及影响云形成的DMS（硫化二甲酯）生成
3	干扰调节	生态系统对环境波动的容量、延迟和综合反应	防止风暴、防洪抗旱及植被结构控制的生境对环境变化的反应能力
4	水调节	水文流动和水分循环调节	农业、工业或交通的水分供给
5	水供给	水资源的贮存和保持	集水区、水库和含水层的水分供给
6	控制侵蚀和保持沉积物	生态系统内的土壤保持	风、径流和其他运移过程的土壤侵蚀和在湖泊、湿地的累积

续表

序号	生态系统服务	生态系统功能	举例
7	土壤形成	土壤形成过程	岩石风化和有机物的积累
8	养分循环	养分的贮存、内循环和获取	固氮和N、P等元素的养分循环
9	废弃物处理	外来养合物的去除和降解	废弃物处理、污染控制和毒素降解
10	传粉	有花植物配子的运动	植物种群繁殖授粉者的供给
11	生物防治	生物种群的营养动力学控制	关键种捕食者对猎物种类的控制，顶级捕食者对草食动物的消减
12	避难所	为常居和迁徙种群提供生境	迁徙种的繁育和栖息地，本地种区栖息地或越冬场所
13	食物生产	总初级生产中可用为食物的部分	鱼、猎物、作物、果实的捕获与采集，给养的农业和渔业生产
14	原材料	总初级生产中原材料的部分	木材、燃料和饲料的生产
15	基因资源	独特的生物材料和产品来源	药物、抵抗植物病原和作物害虫基因、装饰物种（宠物和园艺品种）
16	休闲	提供休闲旅游活动机会	生态旅游、体育、钓鱼和其他户外休闲娱乐活动
17	文化	提供非商业性用途的机会	生态系统美学的、艺术的、教育的、精神的或科学的价值

10.1.1 生态系统服务价值评估方法

常用的生态系统服务价值评估包括物质量评估和价值量评估方法（赵景柱，2000）。

物质量评估主要是从物质量的角度对生态系统提供的各项服务进行定量评估，根据不同区域、不同生态系统的结构、功能和过程，以生态系统服务功能机制出发，利用适宜的定量方法确定产生的服务的物质数量，常采用的手段和方法包括定位试验研究、遥感、地理信息系统以及调查统计等。

价值量评估方法主要是利用一些经济学方法将服务功能价值化的过程，许多学者对价值评估进行了探索性研究，目前较为常用的评估方法主要是借鉴了生态经济学、环境经济学和资源经济学的一些研究成果，可分为三类：直接市场法（包括费用支出法、市场价值法）；替代市场法（包括机会成本法、恢复和防护费用法、影子工程法、人力资本法、旅行费用法和享乐价格法等）；模拟市场价值法（包括条件价值法等）（刘玉龙，2005）。

10.1.2　生态系统服务价值评估指标体系

生态系统服务价值评估指标，是进行评估的基础和工具。指标是可以定性描述或定量测定的变量，并可定期检测其变化趋势。指标通常是指标准的某一方面的度量，如可以用蒸散量来度量生态系统涵养水源的功能效益，用生态系统N、P、K含量来反映生态系统营养物质循环等。指标将生态系统所提供的效益作为动态系统来探讨，提供了描述、监测和评估生态系统服务价值与效益的基本框架。建立科学、合理的指标体系，关系到评估结果的正确性，目前，国内外虽然提出了不少服务价值评估指标体系（蔡庆华，2003），但在评估标准方面，仍存在一些问题：一方面，人们的评估方法各异，不断提出新指标，使指标体系数目不断增大；另一方面，由于缺乏科学有效的指标筛选方法，大都是靠评估者的经验或主观臆断选择指标，故存在很大的主观性与盲目性。

10.1.3　生态系统服务价值评估研究领域及案例

10.1.3.1　全球或区域生态系统服务价值评估

Constanza等（1997）世界13位科学家综合了国际上已经出版的用各种不同方法对生态系统服务价值评估的研究结果，率先开展了对全球生态系统服务价值的分类与全面评估；Pimentel等（1997）对全球生物多样性和美国生物多样性进行的比较研究，估算出世界生物多样性在废物处理、土壤形成、氮固定、化学物质的生物去除、作物和家畜育种、生物技术、害虫的生物控制、寄主植物抵抗力、多年生作物、授粉、渔业、狩猎、海产品、其他野生食物、木材生产、生态旅游、植物药物、森林固定CO_2等方面的经济效益，结果是世界生物多样性的年均经济价值为2.928万亿美元；此外，Serafy（1998）对世界生态系统服务和自然资本的非使用价值进行了评估；Sutton（2002）研究了全球生态系统的市场价值和非市场价值及其与世界各国GDP的关系；联合国千年生态系统评估工作组开展的全球尺度和33个区域尺度的“生态系统与人类福利”研究，是目前最新也是规模最大的评估（Millennium Ecosystem Assessment，2005）。

10.1.3.2　流域尺度生态系统服务价值评估

Gren（1995）等对欧洲多瑙河流域经济价值进行了评估；Dixon（1997）讨论了英国某流域土壤有机物保持的价值评价及其对流域环境管理的指导作用；Pattanayak（2004）则评价了印度尼西亚Manggarai流域减轻旱灾的价值，并着重对其三步评价方法进行了具体讨论。

10.1.3.3　单个生态系统服务价值与生态系统单项服务价值评估研究

Peters等（1989）对亚马孙热带雨林的非木材林产品价值评估，Tobias等（1991）和Maille等（1993）对热带雨林的生态旅游价值评估，Hanley等（1993）对森林的休闲、景观和美学价值评估等案例，这些研究都为后来这项研究工作提供了经验。Adger等(1995)

对墨西哥森林的直接利用价值（仅计算了旅游价值）、间接利用价值（功能性价值）、选择价值（药物植物）和存在价值等进行了评估研究，Loomis 等（2000）用条件评价法（CVM）对恢复美国普拉特河流域的废水处理、水的自然净化、侵蚀控制、鱼和野生生物生境、休闲旅游经济价值进行了系统研究。这些研究对森林、湿地等重要生态系统的可持续管理具有重要意义。

10.1.3.4 物种和生物多样性保护价值评估

Jakbosson（1996）采用条件价值评估方法对澳大利亚维多利亚州所有濒危物种的价值进行了评估；Mendoca（2003）采用支付意愿法和种群生存分析模型（PVA）讨论了巴西金狮绢毛猴等3个物种的货币价值，并预测了未来各个物种的生存概率；Bandara（2004）讨论了斯里兰卡亚洲象保护的净效益及其政策含义。

10.1.3.5 国内生态系统服务价值的评估研究

国内较早开展对生态系统服务价值的研究，是薛达元等（1997）对长白山自然保护区生态系统生物多样性的经济价值的评估研究；欧阳志云等（1999）从有机物质的生产、维持大气、CO_2和O_2的平衡、营养物质的循环和储存、水土保持、涵养水源、生态系统对环境污染的净化作用等方面，对中国陆地生态系统服务的生态经济价值进行了估算，这些方面的总经济价值为30.488万亿元/a；赵景柱对世界13个主要国家的区域生态系统服务价值进行了比较；欧阳志云、王如松、赵同谦等对中国陆地地表水、中国草地、中国森林、海南岛等大尺度区域的生态系统服务进行了价值评估；在国内也对城市、流域、湿地、河口海岸等单个生态系统的服务价值与生态系统单项服务价值开展了一些评估案例（徐俏，2003；鲁春霞，2004；靳芳，2005；石惠春，2010），中国林业科学研究院（2010）首次在全国尺度上，对森林植被生物量和碳储量以及森林涵养水源、保育土壤、固碳释氧、营养物质积累、净化大气环境和生物多样性保护等生态服务进行了评估。

10.1.4 国内外荒漠生态系统研究进展

10.1.4.1 荒漠化与石漠化提出与含义

荒漠化是全球共同面对的一个重要的经济、社会和环境问题，早在1949年法国科学家 A. Aubrevile 首次提出荒漠化（Desertification）的概念，1979年 H. E. Legrad 首次提出了喀斯特地区的生态环境问题，1983年美国科学促进会第149届年会上，正式把喀斯特和沙漠边缘地区等同地列为脆弱环境。全球现有荒漠化土地面积约3600万 km^2，占陆地总面积的1/4，遍布全球六大洲的110多个国家，10亿多人口面临荒漠化灾害的威胁。随着全球荒漠化问题的日益突出，包括联合国在内的各级各类组织参与到抵制荒漠化的行动中，早于1977年的联合国荒漠化会议就通过了《防治荒漠化行动计划》，1992年在里约热内卢召开的联合国环境与发展大会对解决荒漠化问题达成了共识，认为必须在社区层次上开展促进可持续发展的行动。1994年6月17日，《关于在发生严重干旱和荒漠化的国家特别是在非洲防治荒漠化公约》在巴黎通过，对“荒漠化”进行了明确界定：荒漠化是指包括气候变异和人类活动在内的种种因素造成的干旱、半干旱和亚湿润干旱地区的土地退化。并承认荒漠化和干旱是全球范围问题，影响到世界所有区域，需要国际社会联合行动，并且严重干旱或荒漠化高度集中在发展中国家，尤其是最不发达国家，在非洲已造成了特别悲惨的后果，目前已有1043个国家参与到其中。

10.1.4.2 荒漠化与石漠化关系

1973年Le Grand于美国《科学》杂志上发文指出了喀斯特地区地面塌陷、森林退化、旱涝灾害、原生环境中的水质等生态环境问题。1977年联合国正式明确荒漠化乃土地生物潜力的下降或破坏，并最终导致类似荒漠景观条件的出现。1984年联合国环境规划署（UNEP）对荒漠化进行了重新界定，荒漠化是土地生物潜能衰减或遭到破坏，最终导致出现类似荒漠的景观。它是生态系统普遍退化的一个方面，是在为了多方面的用途和目的而在一定时间谋求发展，提高生产力，以维持人口不断增长的需要，从而削弱或破坏了生物的潜能，即动植物生产力。喀斯特石漠化代表了世界上一种比较独特的荒漠化类型，即湿润区石质荒漠化，形成了独特的区域生态系统，直至20世纪90年代末期喀斯特石漠化才受到普遍重视。我国乃世界上荒漠化程度最严重的国家之一，诸多学者围绕荒漠化问题开展了许多探索研究，与我国北方荒漠化研究相比，喀斯特石漠化研究相对滞后，许多问题有待深入。在“中国学术期刊网络出版总库”中利用篇名为“石漠化”的检索词进行文献检索，共搜索到公开发表的期刊文献495篇，其中只有2篇为2000年以前的（分别为1998年和1995年）。足以看出，我国对喀斯特石漠化的研究起步较晚，起源于20世纪，在21世纪才得到迅速发展，尤其是随着对喀斯特石漠化危害的普遍共识，源于国家层面的重大决策相继出台。早期对于喀斯特石漠化的研究，主要集中在其成因机制上，继而利用多种现代理论、方法以及手段，如空间技术、地球系统科学、地球动力学等，对石漠化的发育规律、致灾机理、防范治理等进行全方位探索研究。石漠化分类目前还没有严格科学意义上的划分标准，也没有统一的石漠化评价指标体系。现行的石漠化程度分级过于简单，不能反映石漠化前后地面物质组成和植被景观的变化，难以满足石漠化成因分析、石漠化治理规划编制和治理措施选择的需要。石漠化分类评价中没有考虑到土地利用这一主要影响因子，也没有区分自然因素的差异；有关石漠化的监测数据因人因机构有别，部分治理模式因为严重的地域局限性或经济不合理性无法大面积推广。李阳兵等指出，单纯的石漠化程度调查分类不利于石漠化的深层次防治工作，土地利用类型和植被属性不同，石漠化成因、机理和表现形式均不同，按土地利用类型对石漠化进行分类，反映不同的土地利用方式对石漠化土地的影响，从而揭示人为活动对石漠化的作用，主张在石漠化土地现状调查时有必要考虑石漠化土地的成因类型。岩性地貌的不同，其土壤分布、水文过程、群落结构及其功能等生态学过程必然不同，石漠化分类评价指标体系中应体现岩性地貌的差异性。王世杰认为，当前对石漠化概念已有清晰的认识，但大部分工作主要集中在石漠化现象描述和石漠化现状分布方面。石漠化评价指标选择和石漠化强度与等级的划分等方面尚缺乏深入研究。石漠化研究中，既要重视岩石裸露率，更要重视植被变化，特别是生产力的变化，重视这种变化的形成原因。

10.1.4.3 荒漠化研究进展

国外对森林生态系统或植物生态的研究较多，但专门研究荒漠生态的资料并不多见，而涉及到荒漠生态的一些研究，也主要是从草原生态和资源环境的角度出发，从草原生态角度研究的苏联，早在20世纪20年代就在卡拉库姆沙漠建立了捷别列克生态定位研究站开展研究，50年代又在俄罗斯大草原建立了生态研究站。美国自60年代初期将辽阔的北美草原划分为高草原、杂草草原和低草原进行生态定位研究。还有非洲的马格里布半荒漠草原以及澳大利亚的荒漠草原的生态研究等。从环境资源角度研究的如蒙古，60年代与苏联组成了俄罗斯一蒙古生态学综合考察队，对蒙古的各类生态系统进行了长期的考察以及定位、半定位研究，结合遥感技术于1991年完成了《蒙古生态系统环境图》。之后开始从植被（植物）、气候土壤等角度研究荒漠生态。Constanza对全球生态系统服务功能进行了划分，但由于对沙漠研究甚少，没有对沙漠的服务功能进行评价。总之，对荒漠生态系统服务功能专门性的研究很少。

1956年中国科学院在宁夏沙坡头建立了沙漠研究站。新中国成立初期，我国的沙漠研究站的工作主要是营造沙区防风固沙林。1957年，中科院组建了黄河中上游综合考察队固沙分队，在内蒙古、陕西、宁夏等地进行沙漠考察。1959年成立由800多人组成的中国科学院治沙队，一是开始进行了长达三年时间的大规模沙漠考察，基本上摸清了我国沙漠的分布、面积、类型、成因、资源以及自然条件和社会经济条件，绘制出了1∶300万的《中国沙漠分布图》。二是在西北五省（自治区）及内蒙古建立了6个治沙综合试验站：磴口（内蒙古）治沙综合试验站、民勤（甘肃）治沙综合试验站、榆林（陕西）治沙练台试验站、灵武（宁夏）治沙综合试验站、托克逊（新疆）治沙综合试验站、格尔木（青海）治沙综合试验站，同年还建立了20个治沙研究中心站和32个沙漠考察分队。这两项工作既标志着我国荒漠生态研究的开端，又为我国的荒漠生态研究奠定了基础。王新平等对两种主要固沙（半）灌木单株植物冠层在自然降水条件下的截留损失水量、冠层截留容量以及截留率与降水属性参数的关系进行了分析，并利用固沙植物群落内植被盖度等指标将所测得单株植物冠层截留转换为一定群落水平上冠层对降水的分割效应，对其降水截留特征进行分析。司建华等运用微气象学方法以多路传感器同步观测的方式对极端干旱区荒漠河岸林小气候进行了观测研究。赵振勇等通过对下游退化荒漠生态系统的脆弱性和不稳定性以及干扰体驱动力的分析，阐述了该系统退化的机制，并在此基础上，提出了退化荒漠生态系统的恢复对策。国内学者主要从荒漠生态气候、植被、水文、土壤、物候以及自然分布特征、演替规律和人工防风固沙林的防风固沙效益等方面的研究已经很多，但对于关于荒漠生态系统服务功能的系统研究还比较少，李有斌等以“中国生态系统生态服务价值当量因子表”为基础，通过生物量等因子的校正，评价民勤荒漠绿洲植被的生态服务功能价值及其变化，并分析其变化原因。任鸿昌等以2002年NOAMAVHRR卫星遥感数据为依据，结合第二次荒漠化监测数据，对荒漠化地区生态系统分布特征和规律进行了分析。从荒漠生态系统的特殊功能和生态环境建设的要求考虑，对荒漠生态系统服务功能进行价值评价有重要的现实意义。

近年来，许多学者对石漠化的成因机制、评价及其治理做了较为深入的研究（如王德炉、张殿发、李瑞玲等），但基本上以定性分析为主，定量研究明显不足，在我国喀斯特地区生态系统服务评价主要可概括为两个方面：①小尺度上的单个系统或单项服务功能评估有：吴孔运（2008）喀斯特石山区次生林恢复后生态服务价值评估、李苇洁（2010）花江喀斯特峡谷区顶坛花椒林生态系统服务功能价值、贵州茂兰喀斯特森林生态系统服务功能价值评估、秦彦（2010）森林生态系统文化功能价值计算方法与应用——以张家界森林公园为例等；这类评估大多借用森林生态系统服务功能的内涵和森林生态系统特征，采用物质量和价值量相结合的评价方法，使用市场价值法、影子工程法、生产成本法、机会成本法等定量评价。②中尺度的大多采用遥感、GIS等方法对生态系统服务进行动态监测及综合系统性的评估：如张明阳（2009）喀斯特生态系统服务功能遥感定量评估与分析、马骅（2010）基于GIS的喀斯特地区生态敏感性及生态系统服务功能价值分析评价——以贵州省毕节地区为例、张明阳（2010）喀斯特生态系统服务价值时空分异及其与环境因子的关系等。但以上这些案例评价过程中没有把喀斯特地区的石漠化和非石漠化生态系统很好地区分开来，尤其是针对石漠化这一特殊的退化生态系统的评价指标体系和核算方法上没有区别对待，大多还是采用森林生态系统评估的研究方法，另外，在采用遥感、GIS等方法对喀斯特地区生态系统服务进行动态监测中，方法还十分粗糙，也没有专门适用的定量模型和方法，这将是生态系统服务评价方法不断完善和改进的切入口。

10.1.5　发展趋势

10.1.5.1　生态系统服务价值评估理论和方法的完善

目前，生态系统服务经济价值评估的各种方法都具有一定的优点和不足，需要根据不同的评估对象和评估目标选择不同的评估方法。从国内外研究趋势来看，研究方法已逐渐从直接市场方法向非市场方法过渡。

10.1.5.2　服务价值评估对象的尺度转变

今后，生态系统服务价值评估对象将由大尺度区域逐渐向中小尺度重要生态系统和重要功能和作为环境舒适性资源方向演化，并最终趋向物种和生物多样性保护层。

10.1.5.3 生态系统服务的动态模拟与评估研究

基于遥感和地理信息系统的技术集成等技术的飞速发展，通过加强数据规范化，建立健全各种空间尺度的生态资产数据库，开展周期性调查评估，也将逐步实现生态系统服务价值的动态模拟评估；同时，利用区域社会、经济、地理信息，分析变化的驱动力，可以构建环境数学模型以预测生态系统服务变化与人类活动的双向影响联系。

10.1.5.4 完善生态系统服务价值的评估体系

提出科学的生态系统服务评估指标体系，并将其作为重要的组成部分纳入到国家环境经济价值核算体系之中，是科学经营管理生态系统和合理配置自然资源的科学依据，也是实现人类、社会、经济可持续发展的重要保障。

10.2 生态系统服务功能评估研究内容

10.2.1 构建贵州省岩溶石漠化生态系统服务价值评估指标体系

针对岩溶石漠化生态系统植被保土能力差、水土流失严重、生物多样性降低、生态功能脆弱的特点，有针对性地选用生态效益指标、经济效益指标及社会效益三大指标，来构建符合岩溶石漠化生态系统服务功能特点的价值评估指标体系。

10.2.2 筛选和建立价值评估的核算方法和计算模型

参考森林生态系统、荒漠生态系统价值评估方法，通过数学建模，建立和筛选市场评估法如：替代市场法（影子工程法、机会成本法、替代花费法、旅行费用法等）、非市场价值评估法及假想市场评估法等生态服务功能价值评估方法。

10.2.3 开展贵州省的岩溶石漠化地区生态系统服务价值评估

收集相关的遥感及社会资料，并结合典型定点调查数据及社会公益数据，选取相应的评估指标和模型，估算和评价该区石漠化生态系统服务价值损失。

10.3 贵州省石漠化地区生态系统价值评估体系构建

10.3.1 评估体系构建原则

评价指标能够将所需要的大量信息浓缩为一些可以测量的参数，利用这些参数对不同的研究目的作出判断。但在实践中，生态系统服务评估指标的选择要以生态经济学理论和使用的评估方法为依据，并结合评估对象的特点进行。因此石漠化评价应涵盖各种生态系统类型的综合服务指标，当以具体的生态系统为对象开展评估时，可根据评估目的和评估对象的特点从中遴选相应指标，同时构建石漠化生态系统服务评估指标体系总体框架时应遵循以下原则。

10.3.1.1 科学性原则

即指标的选择、权重系数的确定，数据的选取、计算和合成，必须以公认的科学理论为依据。石漠化生态系统服务评估指标的选取应建立在对生态系统的结构、功能、过程等基础理论有充分的认识、深入研究的基础上，同时要结合社会经济的发展和人类的现实需求。所选指标必须具备：明确的内涵和外延，简明的层次结构，规范的设计，有相对应的评估理论和方法，互不重复，能科学地反映系统整体，准确反映生态系统服务和评估指标之间的相互关系，保证评估结果的准确性和精确度。

10.3.1.2 系统性原则

生态系统服务是一个包含多重功能的整体概念，对它的评估不能只考虑单项因素，必须采用系统设计、系统评估的原则。石漠化是人类不合理经济活动叠加于脆弱生态地质环境背景上综合作用的结果，所选取的各指标应相互联系，相互补充，充分揭示各影响因素与石漠化发展规律之间的内在联系。同时，指标应从评价内容出发，既包括反映现状指标，也能体现其危险性和发展趋势，能较全面系统地对石漠化进行评价。

10.3.1.3 代表性原则

无论是石漠化的辨识指标还是影响因素，都可以从多个角度去研究。各指标应能够直接反映石漠化特点和潜在影响因素，具有代表性，简洁明了，操作性强，对石漠化变化非常敏感；指标体系既能系统反映石漠化的演化趋势，又要体现其发生、发展过程的地域性。

10.3.1.4 数量化原则

影响石漠化的因素既有定性的，也有定量的。为使评价过程减少主观因素的影响，尽量选择一些可数量化的指标，设置的指标便于进行计算分析。

10.3.1.5 可获取性原则

目前对石漠化各方面的研究还处于探索阶段，且石漠化发生的区域性强，资料和数据获取的难度大。因此，指标的设置应充分考虑数据容易获取，用常规的实测和遥感监测等方法可以获得，以保证数据的准确性并能及时更新，在较短时间内反映出石漠化各方面的动态变化情况，使评价过程客观可靠。

10.3.2 石漠化评价的尺度和生态基准

10.3.2.1 评价尺度

石漠化是一个动态变化过程，一定区域的生态系统类型和生物生产量随着人类生产活动逐渐发生变化。不同时段和不同区域景观类型差异极大，因此不能用统一的指标去评价不同尺度的石漠化程度。石漠化评价指标选取时要考虑指标的适用范围，对指标应用的空间尺度和时间尺度给予规定。尺度通常是指观测和研究的物体或过程的空间分辨率和时间单位。

10.3.2.2 空间尺度

从生态学角度来说，空间尺度是指研究对象、生态系统的面积大小。不同空间尺度上石漠化的不同表现形式，决定了评价过程中程度的指标选取和指标阈值都不相同。喀斯特石漠化是土地荒漠化的主要类型之一，可借鉴荒漠化评价中一些相对成熟的理论。荒漠化评价一般采用地方、区域、国家、全球四级指标体系（孙武，2000），根据不同评价目的分别采用相应指标。喀斯特石漠化发生在亚热带，尤其以中国西南地区最为典型，可以只考虑地方和区域尺度。就目前喀斯特石漠化研究现状而言，对贵州喀斯特石漠化的研究较多，对其他省份的研究相对较少，且基本上以定性研究为主，定量研究少。评价各地区石漠化程度必须建立在对区域石漠化整体分布规律全面、可靠的调查研究基础之上。因此，当前应首先对喀斯特石漠化面积及整体分布情况进行概查，找出宏观规律，再研究小尺度下的生态系统变化过程。基于这种目的，结合数据的精度要求和获取的可行性，评价的空间尺度范围可初步定为10~100 km，指标能够适于县级尺度调查，石漠化制图比例尺为1：250000~1：500000，调查可采用遥感与野外调查相结合手段。在这种尺度下，石漠化的变化主要表现为植被覆盖率和岩石裸露程度的变化。

10.3.2.3 时间尺度

时间尺度是指所研究生态系统动态的时间间隔。生态系统中物种多样性和生物生产量在不受人为因素扰动的条件下有一定的自然恢复速率。时间尺度过长，土地生产力和景观都会发生变化，造成石漠化范围的扩大或缩小。根据对贵州典型喀斯特环境自然恢复速率的研究（杨胜天，2000），在自然恢复过程中，从草丛到灌丛的恢复过程大约要8年时间，从灌丛到灌木林只需2年。从自然恢复速率看，在灌丛恢复到灌木林的过程，植被覆盖率平均每年增加3.5%，生物生产量翻倍增长，从草本恢复到灌丛的前4年时间，物种多样性增加非常缓慢，后4年则基本以每年3倍速度增长。从以上研究可知，在典型喀斯特环境中，植被覆盖较好的地方3年以后植被覆盖率和生物生产量会有较大变化；在植被覆盖率较低的区域经过4年左右的自然恢复，生物的物种多样性和生产量也会发生很大变化。基于以上研究，石漠化评价指标适用的时间尺度可定为3~5年，超过这个时间尺度，随着植被覆盖率和生物生产量的变化，指标的阈值也应该进行相应的调整。

10.3.2.4 石漠化评价中的生态基准探讨

石漠化是相对于生态基准的退化，理论生态基准面包括退化的初始面与终极面。初始面是退化前土地同气候相适应的景观，终极面则是在人类和其他各种条件影响下土地退化的最终状态（李瑞玲等，2004）。生态基准面是石漠化各等级之间量化界线确定的重要依据，可用目前喀斯特地区植被覆盖和土地生产力高的地区作为基准，近似地代替理论基准。西南岩溶地区在水热条件匹配良好的地区顶极植被群落为常绿阔叶林，在人为因素和自然因素影响下会发生逆向演替，最终退化为次生裸地石山（姚长宏，2001）。石漠化各等级之间界线的确定既要考虑喀斯特地区的生态基准，还要结合当地的具体生态环境状况。

10.3.3　生态系统服务价值评估方法论基础

生态系统服务价值评估方法就是指上述的价值量评估方法，从经济学角度主要有以下方法论基础来支持各种类型评估方法的使用。

10.3.3.1　成本—收益分析

对于公共物品来说，其生产和消费问题不能由市场上的个人决策进行解决。因此必须由政府来承担提供公共产品的主体。经济学对于是否值得进行公共物品的生产，主要是通过成本 — 收益分析来进行的。

成本 — 收益分析就是一种以货币计量为基础的评估和分析方法。通过税收、补贴、配额以及关税等，可以纠正市场失灵、经济租金（经济利益）、消费者剩余以及不管是有形的还是无形的外部性。成本 — 收益分析是进行生态系统服务评估的重要基础（Perrings，1992）。对于生态系统服务价值的决策制定最普遍的就是成本 — 收益分析。它衡量的是政策或者行动形成的社会净收益或者成本，目的是分析如果实施某项政策或者行动，那么作为整体的社会的福利是否会增进。具体步骤如下：①辨明要分析评估的政策和行动，收集相关的信息：评估对象的位置、作用时间长短、受众人群分析等等；②描述和定量将会产生成本和收益的某项政策的影响：研究人员要收集相关信息，提供某项功能的成本数据、预期影响如何、影响受众人群的程度如何；③估计社会成本和收益：收益一般是直接的，也包括生态系统的非使用价值的改善，这些收益可以通过相关方法进行定量分析；④比较项目的成本和收益。

由于成本和收益的发生有个时间过程，因此，必须计算其现值。在生态系统服务价值评估中，常常应用这种方法，因为其评估结果更为公众接受和认知。

10.3.3.2　局部均衡分析

局部均衡分析研究的是单个区域，它把要研究的区域从其相互联系和相互作用的整体范围内区分出来，然后进行分析研究。很多局部均衡分析可以揭示现实的经济和自然现象，并且可以节约投入成本（徐嵩龄，2001）。采用这种方法可以进行实践探讨和分析，有利于真正的进行经济理论的分析，从而避免数据不全和难以收集导致的结果的可靠性下降，提高评估结果的可信度。

对于生态系统服务来说，假定外界因素 —— 自变量是已知和固定不变的，然后研究因变量达到均衡时应该具备的条件，进而就可以明确该服务的价值。虽然从物理、化学、生物等学科来说，生态系统区域发挥作用是一个整体，并且与外界环境密切相关，但是就目前的技术水平而言，如果进行整体均衡计算是很困难的，因为缺乏明确的边界范围，就难以确定很多价值的边界。局部均衡分析可以有效划分各项服务的边界，明确评估的范围，从而可以避免重复计算，得出可信度高的价值评估结果。

10.3.3.3 多标准多目的分析

对于环境物品的评估要采用多目的评估方法，因为隔离其他外界因素，单独评估某个地点可能导致研究结果的过高估计导致收益的增大，因此使用多目的评估是很实用的。在进行生态系统服务价值评估时，要适当考虑使用多目的评估方法，以符合环境的多目标要求，保证评估结果符合受众人群的心理预期，从而具有指导意义。

10.3.3.4 贴现率与收益计算

从心理学角度看，进行贴现率计算有两个原因：①人们通常更愿意较早地获得收益，较晚的支付成本；②现在投资，将来可以获得一定的回报收益。对于有关自然资源的决策来讲，合适的贴现率就是能够反映长期内资源分配使用的社会偏好度的利率。贴现率的确定是计算生态系统服务价值的核心基础，因为对于某些生态系统服务，其提供的收益存在较长年限，也就是存在收益流，那么如何确定现值才能提高评估结果的可靠性，就要依靠贴现率的确定（王健民，2002）。同时，对于潜在价值的评估，就更要充分考虑贴现率的问题，只有这样才能保证生态系统服务价值评估的准确合理。

10.3.3.5 回归模型分析

在生态系统服务价值评估方法体系中，很多时候都涉及到相关模型的建立和分析。这些模型是否合理和准确，关系到最终评估结果的精确性。回归模型分析就是通过借助数学探讨生态系统提供服务的经济数量关系及其变化规律，简洁有效地描述、概括某个真实社会、经济和环境体系的数量特征。具体步骤包括：模型设定，参数估计，模型检验，模型应用等。实际上，回归模型分析就是建立合理的模型，对相关数据进行统计分析，探讨经过相关分析后的自然现象和经济现象是否具有合理性、现实性和可预测性、可检验性等（严茂超，2001）。对于生态系统服务，就是要利用回归模型分析，来推出需求曲线和相关信息，从而在充分考虑社会、经济、环境因素的基础上来分析消费者的真实支付意愿。

上述的基础方法论，为进行生态系统的服务价值评估奠定了方法基础，从评估方法的角度保证了评估结果的可信度。实际上，评估方法的正确应用与否决定了评估结果的准确与否，例如，应用回归模型分析得出正确的需求曲线，就可以明确消费者剩余和支付意愿，进而正确分析生态系统某种服务的价值。

10.3.4 生态系统服务价值评估方法及其评价

生态系统服务价值的核算已经成为生态学家和生态经济学家研究的热点，许多学者对其进行了探索性研究，并且提出了一些方法。但是，由于其复杂性，生态系统服务价值的计量至今仍是一件十分困难的事情。概括起来，目前较为常用的评估方法主要是借鉴了生态经济学、环境经济学和资源经济学的一些研究成果（崔向慧，2006）可分为三类（表10-2）：直接市场法，包括生产率变动法、市场价值法等；替代市场法，包括机会成本法、费用分析法（恢复和防护费用法）、影子工程法、人力资本法、旅行费用法、享乐价格法和影子价格法等；模拟市场价值法，包括条件价值法、条件选择法、群体价值法（刘玉龙等，2005；赵士洞，2004）。

10.3.4.1 生产率变动法

通过生态系统服务对最终市场交易的产品和服务的贡献来评估生态系统服务价值的一种方法。一般需要三个步骤：首先，建立包含生态系统服务变量的生产方程；其次，评估生产率的变化与生态系统服务变化之间的关系；最后，估算生态系统服务价值（彭本荣，2006）。

10.3.4.2 市场价值法

市场价值法也称生产率法，其基本原理是将生态系统作为生产中的一个要素，生态系统的变化将导致生产率和生产成本的变化，进而影响价格和产出水平的变化，或者将导致产量或预期收益的损失（Farber，2002）。如大气污染将导致农作物的减产，影响农产品的价格等，因此，通过这种变化可以求出生态系统产品和服务的价值。市场价值法先定量地评价某种生态服务功能的效果，再根据这些效果的市场价格来估计其经济价值。在实际评价中，通常有两类评价过程。一是理论效果评价法，它可分为三个步骤：先计算某种生态系统服务功能的定量值，如农作物的增产量；再研究生态服务功能的“影子价格”，如农作物可根据市场价格定价；最后计算其总经济价值。二是环境损失评价法，如评价保护土壤的经济价值时，用生态系统破坏所造成的土壤侵蚀量、土地退化、生产力下降的损失来估计。

表 10-2 生态系统服务价值评估研究方法

方法类型	具体方法	适用范围及缺点
直接市场法	市场价值法	适用于有实际市场价格的生态系统服务价值评估；缺点是只考虑直接使用价值而不能考察缺乏市场价格服务价值（间接利用价值和非使用价值）
	生产率变动法	比较直观、容易被接受和认可，成本低；应用范围只限于可交易的产品的价值评估，可能低估生态系统服务的价值，生产方程建立比较困难

续表

方法类型	具体方法		适用范围及缺点
替代市场法	替代成本法		通过估算替代品的花费而代替某些生态系统服务价值；缺点是生态系统的许多功能是无法用技术手段代替和难以准确计量
	生产成本法	机会成本法	以保护某些生态系统服务的最大机会成本估算该种生态系统的服务价值
		恢复和防护费用法	以恢复或保护某种生态系统不被破坏而需要的费用作为这种生态资源被破坏后的损失来估计生态系统服务的经济价值；缺点是其结果只是对生态系统服务经济价值的最低估价
		影子工程法	是恢复费用技术的一种特殊形式，以人工建造一个替代生态工程的投资费用来评估生态系统的服务价值；缺点是影子工程的成本难以全面估算生态系统多方面的功能效益
	旅行费用法		用于评估生态系统的游憩休闲价值，以人们的旅行费用作为替代物来衡量旅游景点或其他娱乐物品的价值；缺点是计算出的结果只是生态风景资料游憩利用价值的一部分
	享乐价格法		利用物品特性的潜在价值估算环境因素对房地产价格的影响；缺点是所需要的大量精确数据难以获得，而且不涉及非使用价值，低估了总体的环境价值等
模拟市场价值法	条件价值法		适用于那些没有实际市场和替代市场交易和市场价格的生态系统服务的价值评估，是公共物品价值评估的重要方法；缺点是评估的依据是人们主观观点而非市场行为，所得结果受许多因素的影响而难免偏离实际价值量，另外需要大样本的数据调查，费时费力

10.3.4.3 机会成本法

机会成本常用来衡量决策的后果，所谓机会成本，就是做出某一决策而不做出另一种决策时所放弃的利益。任何一种自然资源的使用，都存在许多相互排斥的备选方案，为了做出最有效的选择，必须找出社会经济效益最大的方案（Seidl，2000）。资源是有限的，且具有多种用途，选择了一种方案就意味着放弃了使用其他方案的机会，也就失去了获得相应效益的机会。机会成本是指在其他条件相同时，把一定的资源用于生产某种产品时所放弃的生产另一种产品的价值，或利用一定的资源获得某种收入时所放弃的另一种收入。对于稀缺性的自然资源和生态资源而言，其价格不是由其平均机会成本决定的，而是由边际机会成本决定的，它在理论上反映了收获或使用单位自然和生态资源时全社会付出的最大代价。边际机会成本是由边际生产成本、边际使用成本和边际外部成本组成的。机会成本的数学表达式为：

$$Ck=\max\{E1，E2，E3，\cdots，Ei\}$$

式中：

*C*k——k 方案的机会成本；

*E*i——k 方案以外的其他方案的效益。

机会成本法是成本 — 效益分析法的重要组成部分，它常被用于某些资源应用的社会净化效益不能直接估算的场合，是一种非常实用的技术。

机会成本法简单易懂，能为决策者和公众提供宝贵的有价值的信息。生态系统服务的部分价值难以直接评估，因此可利用机会成本法，通过计算生态系统用于消费时的机会成本，来评估生态系统服务的价值，以便为决策者提供科学依据，更加合理地使用生态资源。

10.3.4.4　费用分析法

生态系统的变化最终会影响到费用的改变。人类为了更好地生存，不会对生态系统的退化不闻不问，而且还会采取必要的措施以应付生态系统的变化。例如，为了躲避噪声的干扰，将窗子加上隔音器，或者举家迁往更安静的地区。而这些实际行动都要花费一定的费用，因此可以通过计算这些费用的变化来间接推测生态系统服务的价值，这就是费用分析法。根据实际费用情况的不同，可以将费用分析法分为防护费用法、恢复费用法两类（李文华，2002）。

1. 防护费用法

防护费用法，是指人们为了消除或减少生态系统退化的影响而愿意承担的费用。例如，在水环境不断恶化的情况下，人们为了得到安全卫生的饮用水，购买、安装净水设备；为了防止低洼的居住区被洪水吞噬，采取修建水坝等预防措施。由于增加了这些措施的费用，就可以减少甚至杜绝生态系统退化带来的消极影响，产生相应的生态效益；避免了的损失，就相当于获得的效益。因此，可以用防护费用法来评估生态系统服务的价值。

用于评价生物多样性价值的物种保护基准价法就属于防护费用法，这种防护费用是指保护该物种生存所需要的最低费用，物种的保护费用受物种种群发展阶段、物种的生态位、物种分布的范围三个因素的影响。保护费用的成本可以根据其实际情况分为直接成本和间接成本两大类。前者包括投入的产业收益；后者即间接成本，包括为保护该物种占用当地土地资源而造成的土地净收益减少值。

防护费用法对生态环境问题的决策非常有益，因为有些保护和改善生态环境措施的效益评估非常困难，而运用这种方法，就可以将不可知的问题转化为可知的问题。

2. 恢复费用法

生态系统受到破坏后，会给人们的生产、生活和健康造成损害。为了消除这种损害，其最直接的办法就是采取措施将破坏了的生态系统恢复到原来的状况，恢复措施所需要的费用作为环境资源和生态系统破坏带来的最低经济损失，即该生态系统的价值。

10.3.4.5 影子工程法

影子工程法又称替代工程法，是恢复费用法的一种特殊形式，是指在生态系统遭受破坏后人工建造一个工程来替代原来的生态系统服务功能，用建造新工程的费用来估计生态系统破坏所造成的经济损失的一种方法。当生态系统服务价值难以直接估算时，可借助于能够提供类似功能的替代工程或影子工程的费用，来替代该生态系统服务功能的价值。如森林具有涵养水源的功能，这种生态系统服务很难直接进行价值量化（侯元兆，1998）。于是，可以寻找一个影子工程，如修建一座能储存与森林涵养水源量同样水量的水库，则修建此水库的费用就是该森林涵养水源生态服务功能的价值。再如，当计算森林生态系统因保持土壤而防止泥沙淤积的价值时，先算出该地区森林生态系统的总土壤保持量，而后用能拦蓄同等数量泥沙的工程费用来表示该森林生态系统土壤保持功能在防止泥沙淤积方面的价值。影子工程法的数学表达式为：

$$V=G=\sum X_i\ (i=1,\ 2,\ \cdots,\ n)$$

式中：

V—— 生态系统服务价值；

G—— 替代工程的造价；

X_i—— 替代工程中 i 项目的建设费用。

10.3.4.6 人力资本法

人力资本法是通过市场价格和工资多少来确定个人对社会的潜在贡献，并以此来估算环境变化对人体健康影响的损失。环境的变化会对人类的健康产生很大的影响（阎长乐，1997）。优美的环境使人心情舒畅，有益于身心健康；相反，环境的破坏特别是环境污染，会对人体健康造成极大损害，甚至可能剥夺人的生命。环境恶化对人体健康造成的损失主要有三个方面：因污染致病、致残或早逝而减少本人和社会的收入；医疗费用的增加；精神和心理上的代价。

一个健康的人在正常的情况下，能参与社会生产，创造物质或精神财富，在对社会做出贡献的同时，他本人也获得一定的报酬。如果由于环境破坏或污染，他过早地死亡或者丧失劳动能力，那么他对社会的贡献就减少到零。这种损失，通常可以用个人的劳动价值来等价估算。个人的劳动价值是每个人未来的工资收入经贴现折算为现在的价值（李双成，2002）。

10.3.4.7 旅行费用法

旅行费用法是利用游憩的费用（常以交通费和门票费作为旅游费用）资料求出“游憩商品”的消费者剩余，并以其作为生态游憩的价值（王洪翠，2006；宗文君，2006）。旅行费用法不仅首次提出了“游憩商品”可以用消费者剩余作为价值的评价指标，而且首次计算出“游憩商品”的消费者剩余。

10.3.4.8　享乐价格法

享乐价格与很多因素有关，如房产本身数量与质量，距中心商业区、公路、公园和森林的远近，当地公共设施的水平，周围环境的特点等。享乐价格理论认为：如果人们是理性的，那么他们在选择时必须考虑上述因素，故房产周围的环境会对其价格产生影响，因周围环境的变化而引起的房产价格可以估算出来，以此作为房产周围环境的价格，称为享乐价格法。西方国家的享乐价格法研究表明：树木可以使房地产的价格增加5%～10%；环境污染物每增加一个百分点，房地产价格将下降0.05%～1%。

10.3.4.9　影子价格法

人们常用市场价格来表达商品的经济价值，但生态系统给人类提供的产品或服务属于“公共商品”，没有市场交换和市场价格。经济学家利用替代市场技术，先寻找“公共商品”的替代市场，再以市场上与其相同的产品价格来估算该“公共商品”的价值，这种相同产品的价格被称为“公共商品”的“影子价格”。影子价格法的数学表达式为：

$$V=QP$$

式中：

V—— 生态系统服务价值；

Q—— 生态系统产品或服务的量；

P—— 生态系统产品或服务的影子价格。

影子价格已广泛应用于生态系统服务价值的定量评估，评估生态系统营养物质循环的经济价值时，先估算生态系统持留营养物质的量，再以各营养元素的市场价值作为“影子价格”，计算出生态系统营养物质循环的价值（Howarth，2002）。

10.3.4.10　条件价值法

条件价值法也叫问卷调查法、意愿调查评估法、投标博弈法等，属于模拟市场技术评估方法，它以支付意愿（WTP）和净支付意愿（NWTP）表达环境商品的经济价值。条件价值法是从消费者的角度出发，在一系列假设前提下，假设某种“公共商品”存在并有市场交换，通过调查、询问、问卷、投标等方式来获得消费者对该“公共商品”的 WTP 或 NWTP，综合所有消费者的 WTP 和 NWTP，即可得到环境商品的经济价值。根据获取数据的途径不同，又可细分为：投标博弈法、比较博弈法、无费用选择法、优先评价法和德尔菲法等（Bishop，1997；Brown，1999）。

10.3.5　贵州省石漠化地区生态系统服务价值评估体系框架

10.3.5.1　生态价值

1. 固碳释氧

全球碳循环中，对大气 CO_2 浓度平衡影响最大的是全球生物碳循环和人类活动。生物碳循环是地球上的绿色植物和海藻通过光合作用吸收水分，石漠生态系统中的植被通过光合作用固定大气中的 CO_2，释放 O_2，将生成的有机物质贮存在自身组织中的过程。

2. 水土保持

石漠化地区因土壤侵蚀，每年损失大量的表土，其经济损失表现在三个方面：一是因水土流失而造成岩石裸露；二是流失土壤中大量的养分；三是造成河流等泥沙淤积。因此水土保持功能分为减少表土损失、保护土壤肥力和减少泥沙淤积，通过土壤保持量估算。

3. 营养物质循环

生态系统的营养物质循环主要是在生物库、凋落物库和土壤库之间进行，其中生物与土壤之间的养分交换过程是最主要的过程，同时也是植物进行初级生产的基础，对维持生态系统的功能和过程十分重要。参与生态系统维持养分循环的物质种类很多，其中的大量元素有有机质、全氮、有效磷、有效钾。生态系统养分积累的服务价值取决于森林生态系统的面积、质量、单位面积生态系统养分持留量和持留时间，以及市场化肥价格。

4. 土壤形成

土壤形成过程是石漠生态系统的重要服务功能，随着裸岩上的苔藓、藻类等地被的生长，在裸岩表层形成薄薄的结皮，成土特征明显，使土壤表层有机质逐渐增加，物理、化学性质有了显著变化。随着地被层的植被盖度逐渐增大，土层加厚，从而减少裸岩率，增加了水土保持功能。

5. 维持生物多样性

森林生态系统本身就是生物多样性的重要组成部分，同时也是生物多样性存在的前提条件。森林为多种植物提供了生境，也为动物和其他生物提供栖息条件、隐蔽条件和各种各样的食物资源。石漠生态系统独特的森林气候条件和地理条件，为动植物的繁衍和栖息提供了良好的生境。

10.3.5.2 经济价值

石漠生态系统提供产品功能与森林和草原生态系统类似，同样可以归纳为植物资源产品和畜牧业产品两大类。

1. 植物资源产品

（1）活立木价值（有机质生产）

活立木潜在的价值是森林生产效益的重要组成部分。如木材、薪柴。

（2）林副产品价值

森林生态系统是人类重要的食物来源，例如有木本粮食之称的板栗、柿子、枣、柑橘、猕猴桃等多种水果，生产食用油料的油茶、核桃、油桐、乌桕等以及其他药材等；此外，森林生态系统还为人类提供生漆、松脂、橡胶等工业原料。

2. 农畜产品

各类生态系统提供给人类的粮食中大部分来自农田生态系统。农田生态系统有大量的产品输出系统之外，它能够借助人工辅助产能的投入，以较高的速度进行物质能量循环，为人类提供维持生命的基本物质及大量的经济作物，同时也为第二产业提供原料来源。畜牧业产品是指通过人类的放牧或饲养牲畜，草原生态系统产出的人类生活必需的肉、奶、毛、皮等畜牧业产品。

10.3.5.3　社会价值

自然生态系统的风光可以带给人类美的感受，同时还可以给人类提供不同的娱乐方式。比如河流给人类提供游泳、钓鱼等娱乐活动，森林给人类提供打猎、野餐等娱乐活动。这些娱乐活动可以强身健体，又可以缓解现代生活的各种压力，改善人类的精神健康状况。

1. 游憩价值

石漠生态系统由于其独特的自然地理环境、生态系统类型多样，地貌形态典型，使其在景观上呈现独特性。开发了众多旅游景点，有山、水、花、草、古迹，具有相当的观赏价值。

2. 生态文化价值

以石漠生态系统为基础形成并发展的颇具特色的区域、地方、民族文化多样性，精神和宗教价值，社会关系、知识系统（传说的和有形的）、教育价值，灵感、美学价值文化遗产价值。

3. 教育科研价值

生态系统的科研文化价值主要包括：相关的基础科学研究、应用开发研究、教学实习、文化宣传等价值。

岩溶石漠化生态系统各类服务功能价值评估指标体系见图10-1。

10.3.6　岩溶石漠化地区生态系统服务价值评估核算方法及模型

从贵州省岩溶石漠化生态系统各类服务功能价值评估指标体系图（图10-1）中，1个目标层（A）3个综合层（B）、10个项目层（C）及16个要素层（D），依据中华人民共和国林业行业标准《森林生态系统服务功能评估规范》（LY/T 1721—2008）、《中国森林生态系统服务功能研究》（张永利，2008）、《绿色国民经济框架下的中国森林核算研究》（2010）和《荒漠生态系统服务功能及其价值研究》《荒漠生态系统服务评估规范》（黄湘，2010），筛选评估核算方法及模型，具体见表10-3。

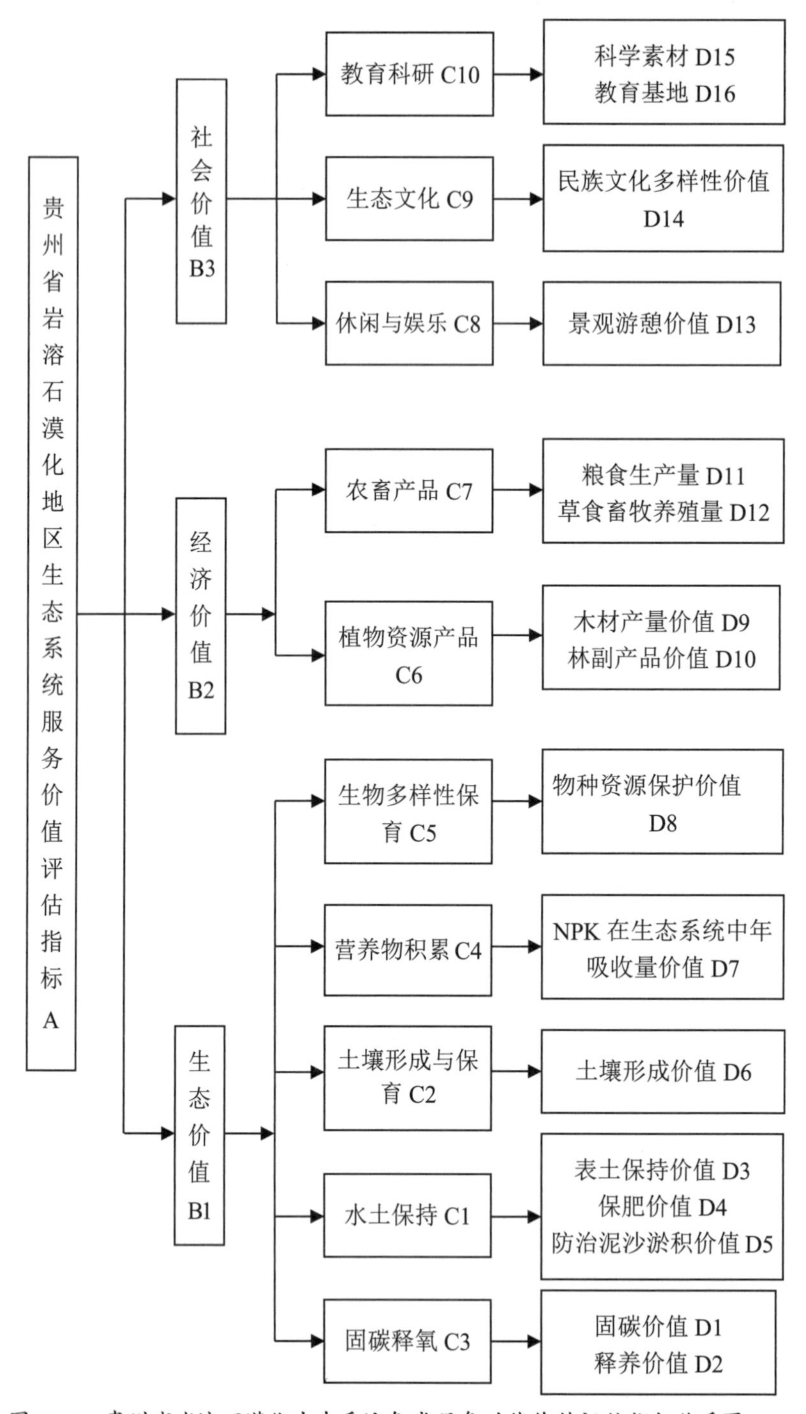

图10-1　贵州省岩溶石漠化生态系统各类服务功能价值评估指标体系图

表 10-3　岩溶石漠化地区生态系统服务价值量评估公式及参数说明

价值类别	功能类别	评价指标		评估公式	参数说明
生态价值	固碳释氧	固碳	植被固碳	$U_{碳}=1.63AB_{年}\cdot R_{碳}\cdot C_{碳}$	$U_{碳}$——植被年固碳价值（元/a）； A——植被面积（hm^2）； $B_{年}$——石漠生态系统植被年净生产力[t/（$hm^2\cdot a$）]； $R_{碳}$——CO_2 中碳的含量，为 27.27%； $C_{碳}$——市场碳价格（元/t）
			土壤固碳	$U_{土壤碳}=R_s\cdot A\cdot C_{碳}$	$U_{土壤碳}$——单位年面积植被土壤固碳价值（元/a）； R_s——土壤碳吸收潜力，即积累率[t/（$hm^2\cdot a$）]； $C_{碳}$——市场碳价格（元/t）
		释氧		$U_{氧}=1.19AB_{年}\cdot C_{氧}$	$U_{氧}$——植被年制氧价值（元/a）； $B_{年}$——石漠生态系统植被年净生产力[t/（$hm^2\cdot a$）]； $C_{氧}$——制氧成本（元/t）
	水土保持	固土		$U_{固土}=AC_{土}（X_2-X_1）/\rho$	$U_{固土}$——植被年固土价值（元/a）； $C_{土}$——挖取和运输单位体积土方所需费用（元/m^3）； X_2——无植被地土壤侵蚀模数[t/（$hm^2\cdot a$）]； X_1——有植被地土壤侵蚀模数[t/（$hm^2\cdot a$）]； ρ——有植被地土壤容重（t/m^3）
		保肥		$U_{肥}=A（X_2-X_1）（NC_1/R_1+PC_1/R_2+KC_2/R_3）$	$U_{肥}$——植被年保肥价值（元/a）； N——林分土壤平均含氮量（%）； C_1——磷酸二铵化肥价格（元/t）； R_1——磷酸二铵含氮量（%）； P——林分土壤平均含磷量（%）； R_2——磷酸二铵化肥含磷量（%）； K——林分土壤平均含钾量（%）； C_2——氯化钾化肥价格（元/t）； R_3——氯化钾化肥含钾量（%）
		减少泥沙淤积		$U_{淤}=U_{固土}\cdot C_3\cdot M$	$U_{淤}$——减少泥沙淤积功能价值（元/a）； $U_{固土}$——林分年固土价值（元/a）； C_3——侵蚀流失泥沙系数（一般侵蚀流失泥沙有 24% 淤积）； M——库容成本为 0.67 元/m^3
	营养物质循环			$U_{营养}=AB_{年}（N_{营养}C_1/R_1+P_{营养}C_1/R_2+K_{营养}C_2/R_3）$	$U_{营养}$——系统年营养物质积累价值（元/a）； $B_{年}$——石漠生态系统植被年净生产力[t/（$hm^2\cdot a$）]； $N_{营养}$——植被被平均含氮量（%）； C_1——磷酸二铵化肥价格（元/t）； R_1——磷酸二铵含氮量（%）； $P_{营养}$——植被平均含磷量（%）； R_2——磷酸二铵化肥含磷量（%）； $K_{营养}$——植被平均含钾量（%）； C_2——氯化钾化肥价格（元/t）； R_3——氯化钾化肥含钾量（%）

续表

价值类别	功能类别	评价指标	评估公式	参数说明
生态价值	土壤形成		$U_{土壤形成}=AC_{土地}G_{成土速率}/\rho$ $G_{成土速率}=(W_1-W_2)\times10^7/T/S$	G——石漠生态系统通过化学侵蚀与淋溶每年土壤形成新土壤的速率 [t/（$hm^2\cdot a$）]； A——石漠面积（hm^2）； W_1——岩溶试片初重 [t/（$hm^2\cdot a$）]； W_2——试片后重； T——测定时间（a）； S——溶试片表面积； $U_{土壤形成}$——石漠生态系统每年土壤形成总价值（元 /a）； $C_{土地}$——挖取和运输单位体积土方所需费用（元 /m^3）； ρ ——土壤容重（t/m^3）
	生物多样性	物种保育	$U_{生物}=S_{生}A$	$U_{生物}$——系统年物种保育价值（元 /a）； $S_{生}$——单位面积年物种损失的机会成本 [元 /（$hm^2\cdot a$）]； A——系统面积（hm^2）
经济价值	植物资源产品	活立木	$U_f(t)=\sum_{i=1}^{n}S_i(t)V_i(t)P_{wi}(t)$	U_f——区域森林生态系统木材价值； S_i——第 i 类林分类型的面积（hm^2）； V_i——第 i 类林分单位面积的净生长量（m^3）； P_{wi}——第 i 类林分的木材价值（元 /m^3）
		林副产品	$U_V(t)=\sum_{i=1}^{n}Q_i(t)P_i(t)$	U_V——林副产品年生产价值； i——林副产品种类； Q_i——i 类林副产品年生产数量； P_i——i 类林副产品的价格
	农畜产品		$Ua=1/7\sum_{i=1}^{n}\frac{m_ip_iq_i}{M}\ (i=1,\cdots,n)$	Ua——单位面积农田生态系统提供食物生产服务功能的经济价（元 /hm^2）； i——作物种类，m_i 为 i 种粮食作物面积（hm^2）； p_i——i 种粮食作物全国平均价格（元 /t）； q_i——i 种粮食作物单产（$t\cdot hm^2$）； M——n 种粮食作物总面积（hm^2）； 1/7——是指在没有人力投入的自然生态系统提供的经济价值，是现有单位面积农田提供的食物生产服务经济价值的 1/7
社会价值	休闲与娱乐	景观游憩	$U_{旅游}=A_{景区}N_{人}E/R_{旅游}$	$U_{旅游}$——石漠生态系统石漠旅游每年的总价值（元 /a）； A——石漠面积景区总面积（hm^2）； $N_{人}$——单位面积石漠景区合理环境容量范围内每年适宜的旅游人数 [人次 /($hm^2\cdot a$)]； E——游人平均每次游览支付的门票费用（元 / 人次）； $R_{旅游}$——景区游览费用占旅游总收入的比例（%）
	生态文化		石漠生态系统饱含民族文化和宗教文化，生态文化服务功能由于量化比较困难，通常结合谢高地和 Costanza，研究成果估算各生态类型的这项生态服务功能	
	教育科研		科研文化价值 = 每年的投入科研费用 + 教学实习价值 + 影视宣传价值	

10.4　贵州省岩溶石漠化地区生态服务单位价值量及损失量

10.4.1　贵州省岩溶石漠化地区生态系统概况

10.4.1.1　自然概况

1. 地理位置

贵州位于我国西南部，位于东经103°36′~109°35′、北纬24°37′~29°13′，东与湖南交界，北与四川和重庆相连，西与云南接壤，南与广西毗邻。全省土地总面积为176167km^2，约占全国土地面积的1.8%。

2. 地质地貌

贵州地处云贵高原东部，地势西高东低，自中部向北、东、南三面倾斜。贵州地貌属于中国西部高原山地的一部分，在全省总面积中，山地和丘陵占92.5%，山间小盆地占7.5%。境内山峦起伏，绵延纵横，主要山脉有乌蒙山、大娄山、苗岭和武陵山。

全省喀斯特（亦称岩溶）出露面积10.9万km^2，占全省土地总面积的61.9%，位居世界喀斯特分布最集中的东亚片区的核心位置，是名副其实的喀斯特省。在全省88个县（市、区）中，除赤水、雷山、榕江三县（市）外，其余均有分布，喀斯特面积达到总面积一半以上的占79.3%，达到90%以上的占10.3%。贵州喀斯特地貌千姿百态，类型复杂多样。地表有洼地、峰林、溶丘、天生桥、穿洞等喀斯特形态，地下有洞穴、地下河和石笋、卷曲石等钙质沉积形态以及流痕等多种洞穴溶蚀微形态。而且，多种喀斯特个体形态又在不同区域有规律地组合，形成峰林盆地、喀斯特高原峡谷等各种地貌类型。各种喀斯特地貌类型，规模不一，景观各异，使贵州的广袤土地成为一个色彩缤纷、气象万千的喀斯特世界。

3. 气象水文

贵州属亚热带高原季风气候区，气候温暖湿润，冬无严寒，夏无酷暑，大部分地区年平均气温在15℃左右。全省气候复杂多样，各地气候差异较大，气温的垂直变化明显。降水比较丰富，年降水量多在1300mm左右。日照时数全年约1300h，但多在农作物生长期，日照比较丰富，具有雨热同季的特点。

境内河流多发源于西部和中部，分属长江水系和珠江水系。属长江水系的主要河流有乌江、赤水河、清水江，属珠江水系的主要河流有南盘江、北盘江、红水河、都柳江。

4. 土壤植被

贵州的土壤总面积为15.91km^2，约占全省土地总面积的90.4%，地带性土壤属中亚热带常绿阔叶林红壤—黄壤地带。土壤类型复杂多样，主要有黄壤、石灰土、水稻土、红壤、黄棕壤和紫色土。

境内植被具有明显的亚热带性质，其地带性植被为中亚热带常绿阔叶林，但由于人为活动的影响，地带性植被现已存留不多。现状植被中以各类次生性植被占绝对优势，主要有常绿阔叶林、常绿落叶阔叶混交林、落叶阔叶林、针叶林、竹林、灌丛和灌草丛。

5. 物种多样性资源

贵州省生物多样性有明显的过渡性和复杂性，且有不少东亚特有种、中国特有种和贵州特有种，其丰富程度目前仅次于云南、四川、广西等省（自治区），在我国的生物多样性保护中具有重要意义。目前全省现已建立自然保护区130个，面积总计96.10万 hm^2，占全省总面积的5.46%左右，其中9个国家级自然保护区。自然保护区中有森林生态系统类型、野生动物类型、野生植物类型120个，内陆湿地类型8个，古生物遗迹类型1个，地质地貌类型1个。全省拥有高等植物7000多种、野生脊椎动物900多种，其中国家重点保护的野生植物71种，野生动物79种。

10.4.1.2 社会经济概况

全省辖贵阳、六盘水、遵义、安顺四个地级市和黔东南、黔南、黔西南三个自治州以及毕节、铜仁二个地区，共有县（市、区）88个，乡、镇、街道办事处1539个。2010年末，全省总人口4090.9万人，人口自然增长率7.41‰，共有49个民族成分，少数民族人口占全省总人口的37.8%。

2010年末，全省国民生产总值3893.51亿元，人均生产总值10258元。财政总收入779.58亿元，财政支出1358.76亿元，经济发展水平相对落后。农村居民人均纯收入3388.50元。农村贫困面大，贫困程度深，共有农村贫困人口580万人。

10.4.1.3 森林资源现状

根据2000年贵州省森林资源连续清查第四次复查结果，全省林业用地761.83万 hm^2，占土地总面积的43.25%；非林业用地999.45万 hm^2，占土地总面积的56.75%。在林业用地中，有林地420.15 hm^2，经济林66.29 hm^2，竹林9.61 hm^2，疏林地24.33 hm^2，灌木林地90.95 hm^2，未成林造林地9.61 hm^2，苗圃地0.32 hm^2，无林地216.47 hm^2。在有林地中，用材林188.30 hm^2，防护林116.24 hm^2，薪炭林27.22 hm^2，特用林12.49 hm^2。全省森林总覆盖率（含灌）为30.08%，其中森林（有林地）覆盖率为23.85%。活立木总蓄积量21022.16万 m^3，其中林分蓄积17795.72万 m^3。

10.4.2 研究方法

采用本研究建立的贵州省岩溶石漠化地区生态系统服务价值中的评估体系和评估公式，开展对该区的石漠化生态系统服务价值损失评估。首先，把贵州省石漠化生态系统按其不同程度分为五个等级，每个等级又分为四个不同用地类型，每个等级每种用地类型按生态功能服务价值项目单元分别计算石漠化生态系统服务价值量，然后依据已研究的岩溶区非石漠化地区各类价值基准量得出贵州省石漠化地区生态系统总的损失量。

10.4.2.1　岩溶石漠化程度分级及面积统计

1. 石漠化面积统计

（1）统计方法

应用1∶50000 TM遥感影像图作为工作底图，结合1∶5地形图和森林资源“二类”调查资料，到现地进行图斑区划、图斑因子调查和石漠化程度评定，用透明网格纸求算面积，将调查因子用国家林业和草原中南调查规划设计院提供的专用软件ArcView Gis录入计算机进行统计汇总，获取石漠化土地的面积、程度、分布及其他方面的信息。

（2）石漠化程度与各用地类型面积

①石漠化程度面积统计

在石漠化土地中，贵州省石漠化程度划分为四个等级。其中轻度石漠化1058799.6hm^2，占石漠化土地的32%；中度石漠化1743896.3hm^2，占石漠化土地的52%；重度石漠化424775.1hm^2，占石漠化土地的13%；极重度石漠化92086.2hm^2，占石漠化土地的3%（图10-2）。

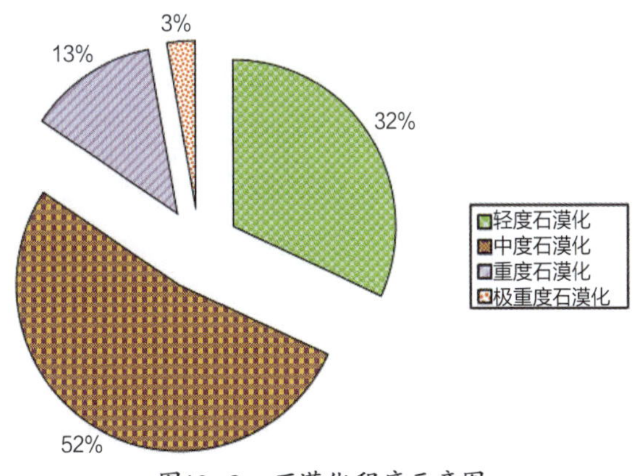

图10-2　石漠化程度示意图

②岩溶石漠化土地利用类型与面积

在石漠化土地和潜在石漠化土地中，分为林地、耕地、牧草地和未利用地四大类。其中林地4238063.6hm^2，占72%；耕地1400283.2hm^2，占24%；牧草地81475.8hm^2，占1%；未利用地185088.9hm^2，占3%（图10-3）。各等级程度用地类型面积分布见表10-4。

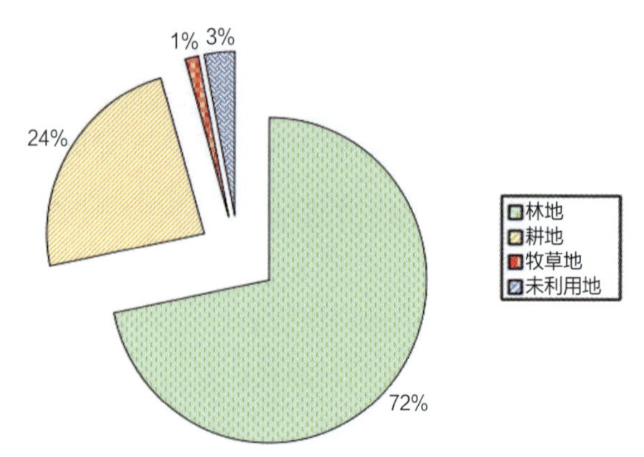

图10-3　石漠化土地利用类型示意图

表 10-4　石漠化等级程度及用地类型面积分布表（单位：hm^2）

等级类型	合计	林地	耕地	牧草地	未利用地
潜在石漠化	2585354.3	2351036.3	204866.7	29451.3	
轻度石漠化	1058799.6	847678.8	172546.3	19695.7	18878.8
中度石漠化	1743896.3	800616.6	864535.8	26455.4	52288.5
重度石漠化	424775.1	217341.7	155950.1	5551.7	45931.6
极重度石漠化	92086.2	21390.2	2384.3	321.7	67990

（3）石漠化分布特点

①石漠化土地分布

石漠化土地面积为3319557.2 hm^2，占岩溶地区土地面积的29%。从空间分布来看，石漠化土地多集中分布在喀斯特发育的贵州南部和西部，以毕节地区、黔南州、遵义市、黔西南州、安顺市、六盘水市所占面积较多（图10-4）。

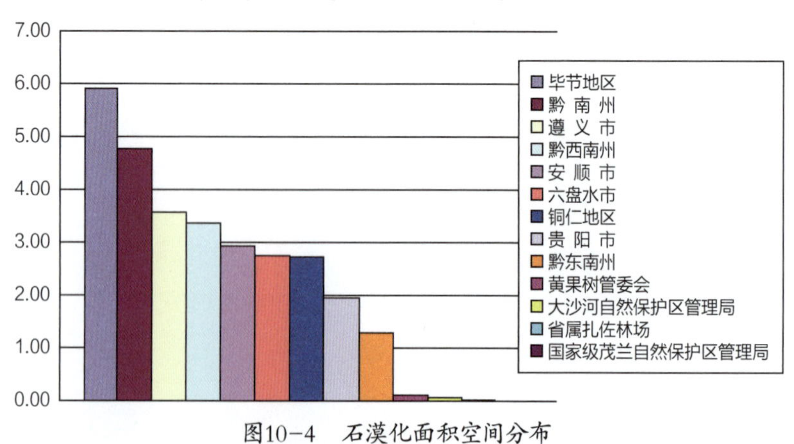

图10-4　石漠化面积空间分布

②石漠化程度及其特征

中度以上石漠化面积2260757.6hm^2，占岩溶区土地面积的20.1%，标志着石漠化的程度已经相当严重。加上潜在石漠化土地面积可达到52%，意味着石漠化的危险性非常高。中度以上石漠化土地占岩溶土地面积在40%以上的县有11个，即六枝、平坝、镇宁、关岭、紫云、兴义、晴隆、望谟、大方、黔西、黄果树管委会；占岩溶土地面积在30%~39%的县有7个，即习水、贞丰、册亨、安龙、纳雍、独山、长顺。石漠化土地多数有明显的外观石质化特征，土被零星，土层极薄，植被结构低—灌草丛为主、覆盖度低，生态环境严酷，土地多呈现难以利用的特征，生态上难以起到调节气候、涵养水源等功能，经济上的产出极为低下。石漠化各个等级强度的表现特征为：

潜在石漠化：岩石裸露度≥30%，植被综合盖度≥50%，土壤流失不太明显，土层平均厚度在20cm以下，坡度在20°以上，生境干燥、缺水、易旱，植被以岩生性、旱生性的藤刺灌丛类为主。这类土地具有生境潜在脆弱型，人地矛盾突出，土地农业利用价值甚为受限，生态环境甚为脆弱的特征，森林植被一旦破坏恢复起来极为困难。

轻度石漠化：基岩裸露度30%~49%，植被综合盖度≥20%，土壤侵蚀较明显，植被结构以稀疏的灌草丛为主，土被分布零星，平均土层厚度小，不宜耕作。这类土地生态环境为轻微脆弱型，封山育林恢复植被周期长，难度大。

中度石漠化：基岩裸露度50%~70%、植被综合盖度≥10%，平均土层厚度不足10cm，土被分布零星、破碎。这类土地生态环境为中度脆弱型，不适宜农耕也基本上不能农耕，生长植被的条件较为恶劣，植被低结构、低覆盖度。

重度、极重度石漠化：岩石裸露率71%~90%以上、以低结构灌草丛为主的植被综合盖度<10%，坡度陡，原生土层薄，大部分是经人为反复的植被破坏形成，石质荒漠化表现明显，土壤侵蚀强烈，甚至无土可流。这类土地生态环境属严重脆弱型，人地关系严重失调，农用价值丧失。当土壤侵蚀破坏极为强烈，已导致无土可流，植被综合盖度<5%时，成为极重度石漠化，是石漠化过程接近顶级的等级。

2. 评估指标体系及方法

由于获取数据受科学技术水平、计量方法和监测手段的限制，目前尚无法对石漠化每项效益都一一计量，本研究在具体的评价估过程中只通过有机质生产、固碳制氧、水土保持、营养物质积累、生物多样性保育、景观游憩六项比较常见且影响较大的指标：具体指标体系及相应的评估方法如下，计算公式见表10-3。其中，生物多样性与景观游憩2项生态服务功能主要结合谢高地（2006）和张明阳（2009）研究成果估算各类型的这2项生态服务价值。

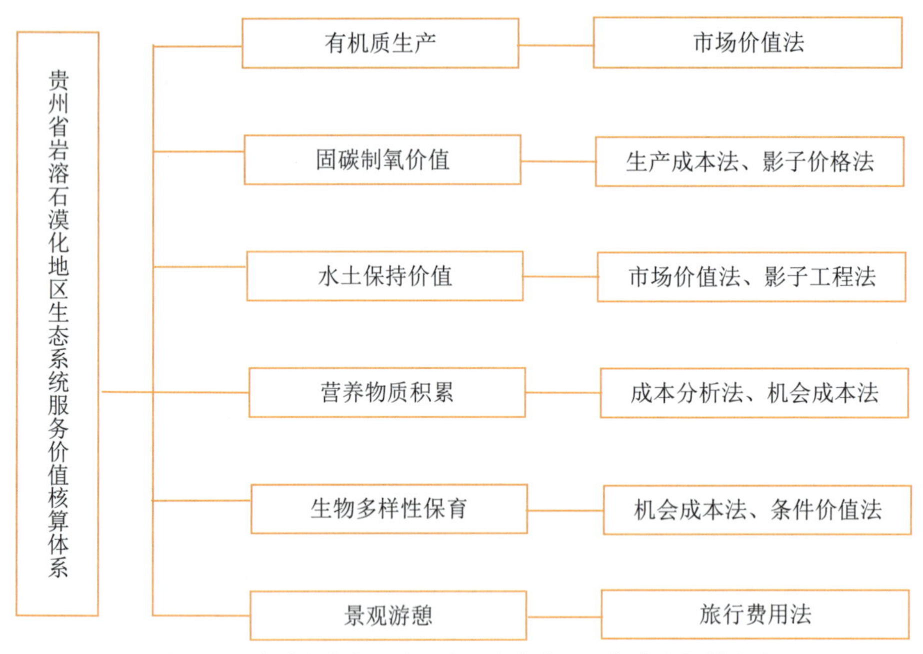

图10-5　贵州省岩溶石漠化地区生态系统服务价值核算体系

10.4.2.2　评估采用的数据及来源

中南规划设计院、国家林业局石漠化监测数据（2005年）；贵州省石漠化总结报告所提供数据；贵州省普定石漠化监测中心开展的长期、连续、定位观测研究数据集；我国权威机构公布的社会公共数据（表10-5）；毕节地区金沙县标准地调查、土壤及植物样实测的数据。

1. 样点区概况

样点区位于贵州省西北部，毕节地区东部的金沙县（105°47′~106°44′E，27°07′~27°46′N），地处黔中丘原向黔西北高原山地的过渡地带。其地形较为复杂，西南高，西北部和东北部低，海拔一般在700~1400m，最高海拔1884m，最低海拔457m，相对高差1427m。全县岩溶面积1993.37km^2，占全县土地面积的78.85%；无石漠化面积714.83km^2，占全县土地面积的28.28%；潜在石漠化面积662.32km^2，占全县土地面积的26.20%；石漠化面积616.22km^2，占全县土地面积的24.38%。

表10-5　社会公共数据

名称	单位价值	数据来源及说明
磷酸二铵含氮量	14.00%	化肥产品说明
磷酸二铵含磷量	15.01%	
氯化钾含钾量	50.00%	
磷酸二铵价格	2400元/t	采用农业部中国农业信息网2007年春季平均价格

续表

名称	单位价值	数据来源及说明
氯化钾价格	2200 元 / t	
有机质价格	320 元 / t	
固碳价格	1200 元 / t	采用中华人民共和国卫生部网站 2007 年春季氧气平均价格
制造氧气价格	1000 元 / t	
煤炭价格	400 元 / t	采用中国煤炭网 2007 年北京市场价格
清理河道淤泥成本	12.60 元 / t	《中华人民共和国水利部水利建设工程预算定程》（2002）上册

在石漠化土地面积中，轻度、中度、重度石漠化土地面积分别为355.37km^2、230.76km^2、30.09km^2，分别占全县土地面积的14.06%、9.13%、1.19%。该区属北亚热带湿润季风气候，年均降水量1032.6mm，年均气温15.1℃。森林覆盖率24.88%，林草覆盖率43.17%。由于地层褶皱，断裂发育，切割强烈，主要岩石类型以碳酸岩类为主，占全县土地总面积的67.9%。其次是砂页岩、碎屑岩。自然土壤以黄壤、石灰土、紫色土为主。结构不良，质地黏重，缺乏团粒结构，pH 值一般在6.5以上，易旱，吸湿水含量低，土壤水、肥、气、热不平衡。

2. 样品采集与分析方法

依据国家林业和草原局中南林业调查规划设计院1：250000石漠化程度评定等级图，根据等级划分，以潜在石漠化（Ⅰ）为对照，分别选择轻度石漠化（Ⅱ）、中度石漠化（Ⅲ）、重度石漠化（Ⅳ）、极重度石漠化（Ⅴ）4个研究等级区，并且在各等级分布较为集中的乌箐河、偏岩河、渔塘河、马络河4个小流域（图10-6）进行样地调查与土样采集。各等级植被类型均以灌草型为代表。并在每个等级研究区内按照相似的立地条件（地貌坡位、坡向、海拔、岩性等），设3个20m × 20m 的样地，每个用地类型按在相似的立地条件（地貌坡位、坡向、海拔、岩性等）设立3个20m × 20m 的样地。其调查的相关内容及测定指标有：

（1）植被

① 乔木层

每木检尺，实测林木胸径、树高、冠幅及枝下高。样品分析中测定生物量及全 C、全 N、全 P、全 K 含量。

② 灌木

林下植物多样性调查，设置5个小样方（2m × 2m），详细记录植物名称、高度、盖度、株（丛）数。选2~3个样方以收获法称量鲜重，地下、地下2部分取样300~500g 左右带回实验室分析。样品分析中测定生物量及全 C、全 N、全 P、全 K 含量。

③ 草本

林下植物多样性调查，设置5个小样方（1m×1m），详细记录植物名称、高度、盖度、株（丛）数。收获法称量鲜重，并取地下、地下两部分各取混合样300~500g左右带回实验室分析。样品分析中测定生物量及其全C、全N、全P、全K含量。

（2）土壤

样品采集：每个样地中机械布设样点100~150个，以钢钎打点测定土壤平均厚度（针对石漠化土体分布不均情况设置）、沿样地对角线以环刀分层法（0~20cm、20~40cm）采集3个点的原状土，以测定土壤密度等物理性质（平均土层厚度、土壤自然含水量、土壤密度、最大持水量、最小持水量、毛管持水量、孔隙度、土壤颗粒组成、土壤团聚体含量）。同时，取3个点的混合样采集土壤样品1kg左右，经风干、去杂、过筛后测定土壤有机质及N、P、K含量。采样时间为2010年10月中旬。

（3）样品分析方法

① 植被样品分析

植被样品中的灌木、草本生物量分析带回实验室烘至恒重统计其生物量，零星散生的乔木生物量由于建立新的生物量模型需要砍伐一定量的样木，对森林植被的破坏较大，因此本研究采用喀斯特地区已有模型（夏焕柏，2010；刘长成，2009）进行估算，净初级生产力按现存生物量的5年（夏焕柏，2010）估算平均值。

② 土壤样品分析

土壤物理性质：平均土层厚度、土壤自然含水量、土壤密度、最大持水量、最小持水量、毛管持水量、孔隙度（总孔隙度、毛管孔隙度、非毛管孔隙度）、土壤颗粒组成、土壤团聚体含量。

土壤化学性质：pH值、有机质、有机碳、全N、全P、全K、速效氮、速效磷、速效钾。

重铬酸钾氧化容量法测定有机质，开氏定氮法测定全氮，扩散皿法测定水解氮，酸溶—钼锑抗比色法测定全磷，Olsen法（$NaHCO_3$溶液浸提）测定有效磷，氢氟酸—高氯酸消煮—火焰光度计法测定全钾，乙酸铵浸提—火焰光度计法测定速效钾。不同石漠化等级样地的基本立地条件见表10-6；不同等级土壤化学性质分析结果见表10-7；不同等级石漠化生物量及生产力结果见表10-8。

表10-6　不同等级石漠化立地基本信息

等级	坡位	坡向	坡度	海拔(m)	平均土层厚度(cm)	土壤密度(g/cm^3)	基岩裸露率(%)	植被综合盖度(%)	土被覆盖率(%)
潜在	河谷	东南	＜15°	1086	44.72	1.200	＜30	＞70	＞60
轻度	坡顶	东南	＞15°	1175	16.19	1.100	＞30	50~70	＜60
中度	下坡	东南	＞18°	1118	14.23	1.365	＞60	35~50	＜30

续表

等级	坡位	坡向	坡度	海拔(m)	平均土层厚度(cm)	土壤密度(g/cm^3)	基岩裸露率(%)	植被综合盖度(%)	土被覆盖率(%)
重度	中坡	东南	＞22°	1145	9.74	1.155	＞70	20~35	＜30
极重度	上坡	东南	＞25°	1153	6.09	1.235	＞80	10~20	＜10

注：以上各等级的立地信息是四个小流域样地的综合情况

表 10-7　不同等级石漠化土壤养分含量特征

等级	土层(cm)	有机质(g/kg)	全氮(g/kg)	水解氮(mg/kg)	全磷(g/kg)	有效磷(mg/kg)	全钾(g/kg)	速效钾(mg/kg)
潜在	0~20	66.05	2.07	120.05	0.51	1.46	26.22	236.05
	20~40	56.79	1.70	103.20	0.49	1.43	23.66	178.90
	均值	61.42	1.89	111.63	0.50	1.45	24.94	207.48
轻度	0~20	54.03	2.11	164.80	1.12	10.71	20.61	225.70
	20~40	46.34	1.48	124.00	0.85	5.97	20.73	162.65
	均值	50.19	1.80	144.40	0.99	8.34	20.67	194.18
中度	0~20	46.74	2.20	118.50	0.70	1.61	17.72	128.60
	20~40	33.10	2.04	119.27	0.68	1.60	19.78	126.37
	均值	39.92	2.12	118.89	0.69	1.61	18.75	127.49
重度	0~20	35.49	2.06	110.65	0.64	1.23	12.25	142.20
	20~40	32.31	1.35	76.90	0.49	1.03	16.33	114.35
	均值	33.90	1.71	93.78	0.57	1.13	14.29	128.28
极重度	0~20	29.30	1.81	98.34	0.51	1.01	11.75	102.22
	20~40	—	—	—	—	—	—	—
	均值	29.30	1.81	98.34	0.51	1.01	11.75	102.22

表 10-8　不同等级石漠化生物量及生产力

等级	平均生物量（t/hm^2）	平均净生产力（$t/hm^2 \cdot a$）
潜在	27.55	5.51
轻度	14	2.8
中度	12.65	2.53
重度	6.9	1.38
极重度	3.1	0.62

10.4.3 单位面积生态服务价值

贵州省石漠化生态系统主要从有机质生产、固碳释氧、水土保持、营养物质循环、生物多样性保护及景观游憩六项服务功能进行评价，其不同等级下不同用地类型的单位价值量结果见表10-9。

表 10-9 不同等级下不同土地利用类型单位价值量

等级	土地利用类型 [元 /(hm²·a)]				
	林地	耕地	草地	未利用地	平均价值量
潜在	17457.90	10247.79	9745.96	0	12483.88
轻度	11666.88	6848.46	6766.79	4421.75	7425.97
中度	10302.95	6047.83	5975.71	3904.82	6557.83
重度	6934.90	4070.79	4022.24	2628.33	4414.06
极重度	5670.59	3429.01	3388.12	2532.54	3755.07

由表10-9可知，各类型从潜在石漠化到极重度石漠化，每公顷单位面积上的价值纵向递减，不同石漠化等级条件下，林地、耕地、草地、未利用地单位服务价值变化范围分别为5670.59~17457.90元 /(hm^2·a)、3429.01~10247.79元 /(hm^2·a)、3388.12~9745.96元 /(hm^2·a)、2532.5~4421.75元 /(hm^2·a)，最大值分别是最小值的3.1倍、2.9倍、2.8倍、1.7倍。从横向值量比较，耕地、草地、未利用地在单位价值量上分别是林地的0.587、0.580、0.379。各等级的平均单位价值来看：潜在 [12483.88元 /(hm^2·a)] >轻度 [7425.97元 /(hm^2·a)] >中度 [6557.83元 /(hm^2·a)] >重度 [4414.06元 /(hm^2·a)] >极重度 [3755.07元 /(hm^2·a)]。

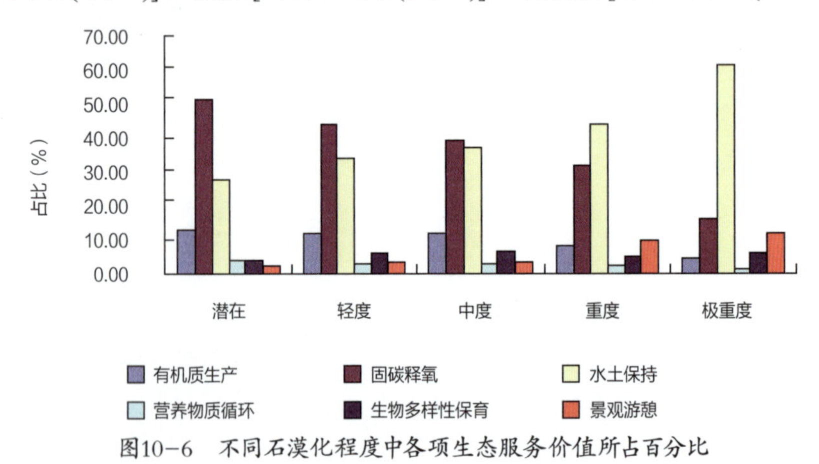

图10-6 不同石漠化程度中各项生态服务价值所占百分比

在六项石漠化生态系统服务单位价值的贡献之中（图10-6），不同石漠化等级条件下，价值量均以固碳释氧、水土保持价值较高；有机质生产居中，营养物质积累较低；随着石漠化等级加大，生物多样性保育价值降低，景观游憩价值增加。

潜在单位价值的贡献从大到小的顺序为：固碳释氧（50.87%）>水土保持（27.26%）>有机质生产（12.62%）>生物多样性保育（3.76%）>积累营养物质（3.51%）>景观游憩（1.96%）；轻度从大到小的顺序为：固碳释氧（43.68%）>水土保持（33.56%）>有机质生产（11.52%）>生物多样性保育（5.63%）>景观游憩（2.93%）>积累营养物质（2.67%）；中度从大到小的顺序为：水土保持（43.72%）>固碳释氧（38.86%）>有机质生产（11.79%）>生物多样性保育（6.38%）>景观游憩（3.32%）>积累营养物质（2.73%）；重度从大到小的顺序为：水土保持（33.56%）>固碳释氧（31.69%）>景观游憩（9.47%）>有机质生产（7.96%）>生物多样性保育（4.93%）>积累营养物质（2.22%）；极重度从大到小的顺序为：水土保持（60.80%）>固碳释氧（15.99%）>景观游憩（11.59%）>有机质生产（11.52%）>生物多样性保育（6.0%）>积累营养物质（1.22%）。造成以上各项服务价值的贡献率在不同等级间的变动，主要随着石漠化程度加大，植被生产力降低、生物多样性减小、岩石裸露率增大、景观游憩价值反而增加的缘故。

10.4.4　生态系统服务总价值损失量

鉴于多种喀斯特非石漠化地区生态系统服务价值评估结果（王兵，2009，贵州省黔东南州森林生态系统服务功能评估）主要采用近两年发表在生态学报上（张明阳，2009，喀斯特生态系统服务功能遥感定量评估与分析）张明阳的研究结果：岩溶非石漠化地区，林地、耕地、草地、未利用地的单位价值分别是17800元/($hm^2 \cdot a$)、10500元/($hm^2 \cdot a$)、10300元/($hm^2 \cdot a$)、6760元/($hm^2 \cdot a$)及平均价值量为14025.34元/($hm^2 \cdot a$)作为基准价值，得出石漠化各等级类型生态服务功能年退化总价值损失量见表10-10。

表10-10　贵州省石漠化地区生态系统服务总价值损失量

等级	类型	面积(hm^2)	单位价值[元/($hm^2 \cdot a$)]	各类基准价值量[元/($hm^2 \cdot a$)]	差额价值量[元/($hm^2 \cdot a$)]	总损失量（亿元/a）
潜在	林地	2351036.3	17457.90	17800	342.10	8.04
	耕地	204866.7	10247.79	10500	252.21	0.52
	草地	29451.3	9745.96	10300	554.04	0.16
	未利用地	0.00	0.00	6760	6760	0.00
	小计	2585354.3				8.72
轻度	林地	847678.8	11666.88	17800	6133.12	51.99
	耕地	172546.3	6848.46	10500	3651.54	6.30
	草地	19695.7	6766.79	10300	3533.21	0.70
	未利用地	18878.8	4421.75	6760	2338.25	0.44
	小计	1058799.6				59.43

续表

等级	类型	面积 (hm²)	单位价值 [元/(hm²·a)]	各类基准价值量 [元/(hm²·a)]	差额价值量 [元/(hm²·a)]	总损失量 (亿元/a)
中度	林地	800616.6	10302.95	17800	7497.05	60.02
	耕地	864535.8	6047.83	10500	4452.17	38.49
	草地	26455.4	5975.71	10300	4324.29	1.14
	未利用地	52288.5	3904.82	6760	2855.18	1.49
	小计	1743896.3				101.15
重度	林地	217341.7	6934.90	17800	10865.10	23.61
	耕地	155950.1	4070.79	10500	6429.21	10.03
	草地	5551.7	4022.24	10300	6277.76	0.35
	未利用地	45931.6	2628.33	6760	4131.67	1.90
	小计	424775.1				35.89
极重度	林地	21390.2	5670.59	17800	12129.41	2.59
	耕地	2384.3	3429.01	10500	7070.99	0.17
	草地	321.7	3388.12	10300	6911.88	0.02
	未利用地	67990.0	2532.54	6760	4227.46	2.87
	小计	92086.2				5.66
合计		5904911.5				210.85

由表10-10可知，贵州省石漠化地区生态系统服务的总价值损失量为210.85亿元/a。在各石漠化等级中，潜在总价值损失量为8.72亿元/a，占总价值损失量的4.14%；轻度59.43亿元/a，占总价值损失量的28.19%；中度101.15亿元/a、占总价值损失量的47.97%；重度35.89亿元/a，占总价值损失量的17.02%；极重度5.66亿元/a，占总价值损失量的2.68%。在各用地类型的总价值中，林地总价值损失量为146.25亿元/a、耕地55.51亿元/a、草地2.37亿元/a、未利用地6.7亿元/a。各损失量占总价值的贡献率分别为：69.37%、26.33%、1.12%、3.18%。以上数据说明，贵州石漠化地区生态系统的服务价值量年度损失很大，且主要体现在中度、轻度的林地这类型上，其贡献率基本上占70%，其他四个等级三个类型的生态价值功能总的贡献率不到30%。因此要提高石漠化地区的生态系统服务价值，从根本上的治理措施是加大造林面积来提高植被覆盖率。

10.4.5 价值损失量的空间分布格局

各市（州）石漠化地区生态系统服务的价值损失量位于12.92亿~56.57亿元/a，详情见表10-11。各市（州）损失量由大到小的顺序为毕节地区（56.57亿元/a）>黔南州（48.03亿元/a）>遵义市（38.84亿元/a）>黔西南州（32.86亿元/a）>安顺市（27.78亿元/a）>铜仁地区（27.11亿元/a）>六盘水市（25.65亿元/a）>黔东南州（12.92亿元/a）。各市（州）价值损失量在贵州省石漠化地区生态系统服务总价值损失量中的贡献率见图10-7。

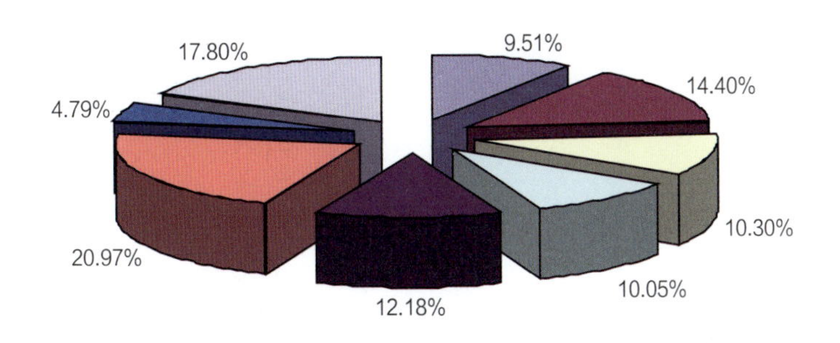

图10-7　贵州省各市（州）石漠化生态系统服务价值量贡献率

各流域石漠化生态系统服务价值位于0.22亿~176.50亿元/a，详情见表10-12。各流域价值损失量由大到小的顺序为长江流域>乌江流域>珠江流域>北盘江流域>红水河流域>沅江流域>赤水河流域>南盘江流域>西江干江流域>清江流域>桂江流域。各流域价值量在贵州省石漠化生态系统服务总价值的贡献率见图10-8。

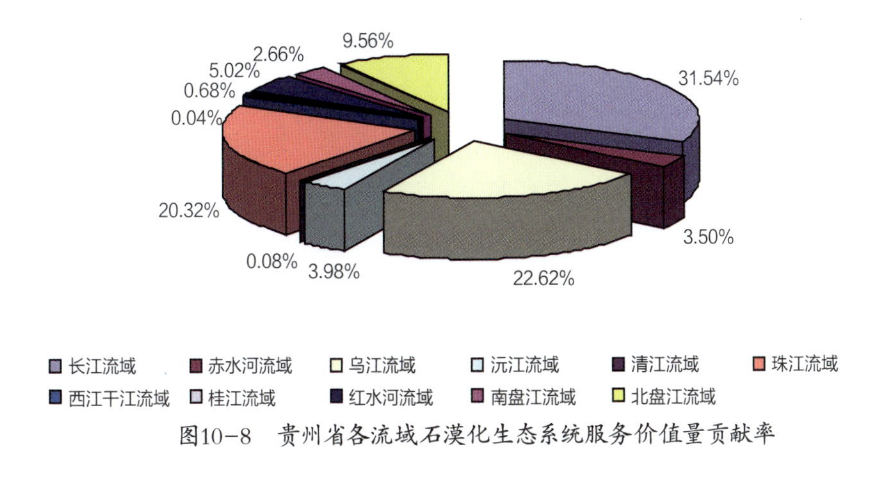

图10-8　贵州省各流域石漠化生态系统服务价值量贡献率

从空间分布来看，石漠化地区生态系统服务价值损失量较大区域主要集中分布在贵州的南部和西部，长江流域与乌江流域，这刚好与该省毕节地区、黔南州、遵义市、黔西南州等所占石漠化面积较多相印证，另外，服务价值总损失量与各市（州）及流域林地所占面积比例有较大的关系。因此，从研究结果表明，贵州省石漠化地区生态服务功能总体上严重衰退，生态环境日益恶化，尤其是贵州南部和西部，加强石漠化治理是件迫在眉睫之事。

表 10-11　贵州省各州市石漠化地区生态系统服务价值损失量

等级	平均单位服务价值 [元/(hm^2·a)]	平均单位服务基准价值 [元/(hm^2·a)]	各区面积 (hm^2)							
			六盘水市	遵义市	安顺市	铜仁地区	黔西南州	毕节地区	黔东南州	黔南州
潜在	12483.88	14025.34	110387.7	610414	103943.2	299469.4	177615.5	412463.2	150749.3	533921.4
轻度	7425.97	14025.34	87171.1	168939.5	62513.5	125582	65748.8	177397.7	59756.6	206513.3
中度	6557.83	14025.34	158415	189499.9	172001.8	148188.9	215302.2	399221.5	71086.8	264035.2
重度	4414.06	14025.34	44419.5	42130.1	88953.3	29189.6	65235.7	79401.9	13167.4	51972
极重度	3755.07	14025.34	20392.8	761.5	6430.2	3248.3	33441.1	10355.3	797.6	14240.1
各区域价值损失（亿元/a）			25.65	38.84	27.78	27.11	32.86	56.57	12.92	48.03

表 10-12　贵州省各流域石漠化地区生态系统服务价值损失量

等级	平均单位服务价值 [元/(hm^2·a)]	平均单位服务基准价值 [元/(hm^2·a)]	流域面积 (hm^2)										
			长江流域	赤水河流域	乌江流域	沅江流域	清江流域	珠江流域	西江干江流域	桂江流域	红水河流域	南盘江流域	北盘江流域
潜在	12483.88	14025.34	1918308.8	231840.9	1340657.8	261508.1	6828.1	667045.5	44721.6	2792.2	186827.4	94577	216906.1
轻度	7425.97	14025.34	700751.8	71268.8	442765.4	117960.9	2370	358047.8	16538.2	1500.1	109751.2	39287.4	128259.2
中度	6557.83	14025.34	1065741.7	124920.5	795687.4	113948.4	2677.4	678154.6	11696.6	949.4	181279.6	90134.7	334139.2
重度	4414.06	14025.34	198169.9	19477.1	160701.9	19477.1	0	226605.2	10964.1	26.1	41505.7	31344.1	124291.2
极重度	3755.07	14025.34	19992.4	1113	17960.4	851.8	41.2	72093.8	829.5	1.6	4527.9	10805	46715.3
各流域价值损失量（亿元/a）			176.50	19.59	126.59	22.28	0.47	113.74	3.79	0.22	28.11	14.90	53.50

10.5 贵州省岩溶石漠化地区生态价值评估结果

本研究以贵州省岩溶石漠化地区生态系统为研究对象，在综述国内外生态系统服务价值评估的文献基础上，依照相关生态学和经济学相关的原理和方法，结合我国岩溶石漠化生态系统特点，从1个目标层、3个综合层、10个项目层以及16个要素层上构建了一套符合我国岩溶石漠地区生态系统服务评估指标体系总体框架；并根据生态系统不同服务类型，筛选和建立了一套价值评估的核算方法和计算模型。同时，基于遥感资料、典型样点调查数据及社会公共数据，估算和评价了贵州省石漠化生态系统的有机质生产、固碳释氧、水土保持、营养物质积累、生物多样性保护及景观游憩六项生态服务的单项价值和总价值损失量。主要结论如下：

①不同石漠化等级条件下，林地、耕地、草地、未利用地单位服务价值变化范围分别为5670.59~17457.90元/(hm^{2}·a)、3429.01~10247.79元/(hm^{2}·a)、3388.12~9745.96元/(hm^{2}·a)、2532.54~4421.75元/(hm^{2}·a)，且随着石漠化程度加剧而降低。不同土地利用类型间，耕地、草地、未利用地的单位价值量分别是林地的0.587倍、0.580倍和0.379倍。不同等级平均单位价值表现为潜在[12483.88元/(hm^{2}·a)]＞轻度[7425.97元/(hm^{2}·a)]＞中度[6557.83元/(hm^{2}·a)]＞重度[4414.06元/(hm^{2}·a)]＞极重度[3755.07元/(hm^{2}·a)]。

②不同石漠化等级条件下，六项生态系统服务功能价值均以固碳释氧、水土保持价值较高，营养物质积累较低；随着石漠化等级加大，生物多样性保育价值降低，景观游憩价值增加。潜在等级下，六项石漠化生态系统服务单位价值的贡献从大到小的顺序为：潜在等级排序为：固碳释氧＞水土保持＞有机质生产＞生物多样性保育＞积累营养物质＞景观游憩；轻度等级排序为：固碳释氧＞水土保持＞有机质生产＞生物多样性保育＞景观游憩＞积累营养物质；中度等级排序为：固碳释氧＞水土保持＞有机质生产＞生物多样性保育＞景观游憩＞积累营养物质；重度等级排序为：水土保持＞固碳释氧＞景观游憩＞有机质生产＞生物多样性保育＞积累营养物质；极重度等级排序为：水土保持＞固碳释氧＞景观游憩＞生物多样性保育＞有机质生产＞积累营养物质。

③贵州省石漠化地区生态系统服务的总价值损失量为210.85亿元/a。在各石漠化等级中，潜在总价值损失量为8.72亿元/a，轻度59.43亿元/a，中度101.15亿元/a，重度35.89亿元/a，极重度5.66亿元/a。在各用地类型的总价值中，林地总价值损失量为146.25亿元/a，耕地55.51亿元/a，草地2.37亿元/a，未利用地6.7亿元/a。

④从空间分布来看，各市（州）石漠化生态系统服务功能的价值损失量位于12.92亿~56.57亿元/a。各市（州）损失量由大到小的顺序为毕节地区＞黔南州＞遵义市＞黔西南州＞安顺市＞铜仁地区＞六盘水市＞黔东南州。各流域石漠化地区生态系统服务价值损失量位于0.22亿~176.50亿元/a，价值损失量由大到小的顺序为长江流域＞乌江流域＞珠江流域＞北盘江流域＞红水河流域＞沅江流域＞赤水河流域＞南盘江流域＞西江干江流域＞清江流域＞桂江流域。

第 11 章　岩溶石漠化地区小流域可持续发展评价

11.1　小流域可持续发展

随着经济和社会的发展，环境问题的日益凸显，倡导一种可持续的发展模式迫在眉睫，因此，可持续发展理论一经提出就受到世界各界的广泛关注。2012年在巴西里约热内卢的联合国可持续发展大会专题会议上，世界各国领导人就可持续发展达成新的政治承诺。可持续发展具体到一个空间地块（即通常所说的区域），要求自然系统、经济系统和社会系统三大系统紧密耦合综合体（James D E et al.，1978）的持续协调发展。

在1992年6月的联合国环境与发展大会上，荒漠化防治已作为可持续发展的重要内容列入《21世纪议程》。石漠化作为新课题，被首次列入国家国民经济和社会发展计划，编写到“十五”计划纲要：“加快小流域治理，减少水土流失。推进黔桂滇喀斯特地区石漠化综合治理。”实现石漠化地区的可持续发展是实现我国西南喀斯特山区乃至整个国家可持续发展的关键所在。由国土资源部、国家林业局等部门在1987年、1999年和2005年的调查统计资料显示：西南地区岩溶面积为44.99万 km^2，石漠化的面积从1987年的9.09万 km^2，到1999年的11.34万 km^2，到2005年的12.96万 km^2，呈现增加的趋势。据全国第二次石漠化监测工作结果显示：截至2011年，中国石漠化土地面积为12.00万 km^2，比2005年减少0.96万 km^2，但石漠化土地面积仍然有很大的基数，治理工作不能松懈。

对于喀斯特地区来说，生态环境恶化，人地矛盾突出，生活困苦，严峻的石漠化问题已成为我国西南喀斯特山区可持续发展的主要障碍，治理石漠化已经到了刻不容缓的地步（刘唐松等，2008）。有研究表明：随着石漠化地区小流域生态系统退耕还林及石漠化综合治理的开展，许多地方的治理已初见成效，这表明喀斯特石漠化生态环境是可以治理改善的（苏孝良，2005）。因此，在2008年，我国已正式启动了西南岩溶地区石漠化综合治理工程试验工作。2008—2010年，我国在100个石漠化县开展岩溶地区石漠化综合治理试点工程，从2011年开始，在“十一五”时期中央预算内投资支持的100个试点县基础上再新增100个县，之后两年继续扩大范围，力争到2013年覆盖全部451个石漠化县，全面展开工程建设。

当今社会，随着科学技术的发展和社会的进步，政府对小流域治理工作的投入越来越多，这些工程建设项目实施的效果如何，其可持续发展的能力有无提高，不同治理模式的效益差距，等等，需要对其进行检验和比较。从该意义上说，对小流域进行可持续发展评价，得出可持续发展程度，找出促进发展的主导因素和制约发展的限制因素，为今后的生态治理和建设提供理论支撑，具有重大的参考及实践价值。

可持续发展的对象大到国家，小到省、市、县、地区、流域，只有逐步实现了小单元的可持续发展，才能最终实现整个地区、国家，乃至全球的可持续发展。小流域是实现流域可持续发展最基本的操作单元，只有实现小流域生态环境的可持续发展，促进经济和社会的可持续发展，才能最终实现全区的可持续发展，造福于子孙后代。

以人为本的社会进步、经济发展和生态环境的改善，是实现可持续发展的重要因素。对研究区的生态环境、经济、社会系统发展的动态进行分析和评价，是区域实现全面、协调和可持续发展的必要措施（马彩虹，2008）。山区小流域综合治理开展效果如何，这是大家普遍关注的问题。有研究者指出：为了对小流域综合治理可持续发展的状况作出判断，并对未来小流域综合治理可持续发展的战略作出抉择，均需把小流域综合治理可持续发展评价放在首要位置（段文标等，2004）。可持续发展评价是以一定的区域为对象，根据一定的评价标准和评价原则，采用一定的评价方法对其可持续发展状态进行评价和剖析，以了解目前可持续发展的状态及其动态变化的规律，找出影响可持续发展的关键因素，从而为该区域可持续发展提供对策依据（郑军南，2006）。

但是目前小流域可持续发展研究尚处于探讨阶段，对于生态脆弱、机理复杂的石漠化区小流域研究更少。本章对石漠化区综合治理小流域进行可持续发展评价研究，运用科学手段对小流域可持续发展进行定量评价，分析石漠化综合治理工程对可持续发展的贡献作用，度量小流域生态 — 经济 — 社会复合系统可持续发展态势，找出目前存在的问题，并据此提出对策和建议，为指导小流域可持续发展提供重要决策依据。

11.2　石漠化区小流域综合治理可持续发展评价指标体系的构建

11.2.1　指标体系构建原则

为构建一套科学实用的石漠化区小流域综合治理可持续发展评价指标体系，既要遵循一般小流域可持续发展评价的基本原则，又要考虑石漠化区小流域的典型特征和发展趋势，主要遵循以下原则。

11.2.1.1　科学性原则

评价指标体系的框架要结构严谨，条理层次，指标的选择需概念明确，代表性强，科学合理，能够度量和体现小流域可持续发展目标的实现程度，并能够实现小流域未来发展趋势的预测。

11.2.1.2　系统性原则

指标体系作为一个有机整体，能够度量和体现小流域自然 — 经济 — 社会复合生态系统的各个方面的内容，能反映和测度评价系统的主要特征和状况，相联系的指标体系反映整个小流域的可持续发展情况。同时，对于影响可持续发展的所有因素，系统分析，力求简洁。

11.2.1.3 独立性原则

既要考虑指标的全面性，又要注意指标信息上的重复，各指标间应该没有交叉，重叠及隶属，在代表含义上应相对独立，能够说明不同问题或问题的不同方面。

11.2.1.4 可比性原则

可持续发展评价结果应具有同一小流域在不同时段的纵向可比性和不同小流域相同层次在同一时间的横向可比性，有助于为实现可持续发展提供政策参考及借鉴。同时，考虑石漠化区小流域具有不同于一般小流域的特征，但是如果过分强调石漠化区小流域的特殊性，就会影响小流域间的可比性（刘渝琳，1999）。

11.2.1.5 可行性及可操作性

评价指标需具备数据便于获取、方便计算，方法简单实用的特点。一定要以合理的成本搜集到高质量的数据，该指标体系应该适当考虑到不同时期的动态对比的要求，以保证该指标体系发挥应有的作用。选择的指标可以通过量化的方式进行比较，这就要求数据能够准确、便捷地进行搜集。如果某个指标的代表性强，但是获取方式非常复杂，必须花费大量的工作才能获取，这种指标其实并不具有很好的可比性及实用性。

同时，关于可持续发展指标体系问题的研究，本身也是一个不断完善、不断发展的过程，原因不仅是研究方法需要逐步完善，而且随着社会经济条件的变化，往往会不断产生和提出一些新的发展问题，从而要求可持续发展评价指标体系能够给以适当反映，就这一点来说，倘若追求使该指标体系尽善尽美，成为一种绝对全面、客观的测度，那将是不现实的，也是无益的，倒不如把它作为考察和分析现实发展中可能存在的问题的有用工具，这样也许不失为一种更为可取的方法（杨灿，2001）。

11.2.2 指标体系构建程序及方法

11.2.2.1 建立评价体系的框架模型

本章首先确立了石漠化区小流域可持续发展评价指标体系的目标层，明确目标所包含的因素及因素间的关系，参考经济 — 环境 — 社会三分量的框架模型，考虑到石漠化区人口对石漠化区资源和环境发展所造成的巨大压力，将框架系统拆分成资源 — 环境 — 经济 — 社会 — 人口五分量。景观格局指数是能够高度浓缩景观格局信息，反映其结构组成和空间配置某些方面特征的简单定量指标，考虑到景观格局能宏观把握石漠化区小流域的土地利用及景观格局的动态变化，以及能较直观地反映石漠化综合治理及其他人类活动对其的影响，因此在五分量的基础上，增加景观格局分量。另外，石漠化区发展落后的根源为思想和观念的陈旧，要改变该区域不发达的局面，实现可持续发展，必须注重科教卫生事业的发展，因此本章最终确立景观格局 — 生态环境 — 资源条件 — 经济发展 — 社会进步 — 人口条件 — 科教卫生七分量的可持续发展评价框架模型。

11.2.2.2 初选评价指标

框架模型做好后，需要指标来填充框架模型。指标选择的好坏，直接关系到整个评价结果的准确性与否。首先，运用理论分析法对小流域可持续发展的内涵进行分析研究，充分结合已有研究成果及石漠化区小流域的典型特征及石漠化综合治理的理论，找出影响可持续发展的主要因素；其次，查阅了大量区域不同尺度（包括小流域、示范区、城市、省、地区等）可持续发展评价、综合治理效益评价等方面200余篇文献及其他资料，利用频度统计法找出使用频率最高的40余项指标，比如森林覆盖率、土壤侵蚀模数、水土流失面积、人均纯收入、人口密度、人口自然增长率、人均受教育年限等，并选择景观格局评价使用率较高的景观格局指数作为可持续发展评价指标。在与课题组成员进行充分的讨论之后，初选45项指标，具体如下。

1. 景观格局方面指标

景观格局指数帮助研究者掌握研究区的景观格局状况，揭示景观格局动态特征及土地利用演变的趋势，分析景观演化的驱动因子和发展趋势，找出景观发展的最优方式，通过组合或引入新的景观要素来调整或构建新的景观结构，以增加景观异质性和稳定性，有助于实现研究区域发展的优化升级。

景观指数分斑块水平、斑块类型水平和景观水平三个层次。斑块水平指数表示每一斑块的特征，对于本章来说，研究单个斑块的指标，对宏观把握景观信息，意义不大。而斑块类型指数代表每一类景观的特征信息指标，该内容在资源条件里有所体现，因此，本文选择景观水平的景观格局指数作为评价指标。

由于景观格局供选指数较多，且很多指数间存在较高的相关性，同时采用多种指数进行描述，多存在信息的重叠，并不增加“新冶的信息”（Hargis C D et al.，1998）。本章在充分分析各景观格局指数定义及代表的景观生态学意义的基础上，综合研究组成员意见，进行指标的选择。

斑块密度（PD）是平均每100 hm^2所包含的斑块数量，具有较强的可比性，比斑块数量（NP）包含的信息量多，因此选择斑块密度（PD）。平均面积分维数（PAFRAC）反映景观斑块形状的复杂程度，可从一定程度上表征人为活动的干扰强度。一般情况下，多样性指数（Diversity）与均匀度指数（Evenness）相关性较高，同时，均匀度指数与优势度指标（Dominance）间可以相互转换（即 Evenness=1 –Dominance），因此本章从多样性指数、均匀度指数和优势度指数三个指标选择均匀度指数，进行景观类型均匀程度的表述。景观形状指数与平均斑块分维数均能表示景观斑块的形状特性，考虑到指标理想值的确定，选择具有区间范围的平均斑块分维数作为评价指标。蔓延度指数（CONTAG）、斑块结合度（COHESION）、景观分裂指数（DIVISION）、集合度（AI）该类指标均包含较多景观空间信息，揭示其连通程度和破碎程度，本章选择应用程度较高的蔓延度指数。

综上所述，景观格局层面共选取斑块密度、平均面积分维数、蔓延度指数和景观均匀度指数四个指标。

2. 生态环境方面指标

生态环境是人类赖以生存和发展的物质基础、能量基础、生存空间基础和社会经济活动基础的综合体，是对人类文明进程的基础承载能力。良好的生态环境是经济持续发展和人们生存质量不断提高的重要保障。对于石漠化区小流域而言，生态环境具有极度脆弱性，加上人类的过度干扰和破坏，已渐渐失去自我调节功能，表现为土地质量退化，生物多样性降低，自然灾害频发，石漠化及水土流失严重，生态环境极度恶化。因此，生态环境是制约该地区整体发展的重要因素，要实现该地区的可持续发展，必须注重生态环境的治理和保护。

对我国西南石漠化地区来说，石漠化及水土流失问题是最大的环境问题。因此，在评价指标的选择上必须注重对石漠化和水土流失问题的表述。从某种意义上说，石漠化面积的减少和水土流失程度的削弱对可持续发展具有巨大推动作用。石漠化面积所占比重可最直观的表示石漠化发展状况。石漠化治理率从侧面反映人类积极干扰带来的响应。25° 以上的坡耕地一直是水土流失的主要来源，是加剧水土流失状况的主要因素，因此 25° 以上坡耕地面积所占比重是水土流失问题的重要体现。土壤侵蚀模数是衡量土壤侵蚀程度的一个量化指标，从定量的角度反映了水土流失情况，是小流域可持续发展评价的一个重要指标。森林在保持水土、涵养水源、调节气候等方面的突出作用，使森林覆盖率成为反映生态环境状况的最常用指标。垃圾处理率对生态环境具有重要作用，可反映村容的整洁及新农村建设的进展成效。

综上所述，生态环境层面选择土壤侵蚀模数、石漠化面积所占比重、石漠化治理率、森林覆盖率、25° 以上坡耕地面积所占比重和垃圾处理率六个指标。

3. 资源条件方面指标

资源是大自然赋予人类的宝贵财富，是有限的。随着人口的持续增长，资源压力与日递增，如何在合理利用有限的资源前提下，积极开发新的替代资源，减轻资源消费增长对生态环境的巨大压力，关系到可持续发展的实现，关系到国家民族的生存与发展。

该地区的资源主要有林草地资源、耕地资源、水资源等。土地利用率反映研究区土地的利用程度，也反映人们尚未利用的土地和难以利用土地的分布状况。人均林地和人均草地面积反映区域林地和草地资源的丰富程度，也可在一定程度上反映资源的可利用程度及对生态环境的保护程度。因此，选择人均林地面积和人均草地面积作为评价指标。该区域主要产业是农业，耕地是保证生存的重要物质基础，可为农村人口提供主要的生活保障，是城市居民生活材料的主要来源。对石漠化地区而言，坡耕地所占比例较大，是水土流失产生的重要来源，因此选择人均耕地面积作为评价指标。石漠化地区水资源缺乏，耕地多为旱地，多靠天吃饭，有效灌溉率既能体现水资源的丰富程度，也能反映抵抗自然灾害的能力和人类进行农业生产的质量和管理水平。人均粮食占有量体现了该地区粮食的供给能力，人均粮食占有量高，可保障居民的基本生活需要，促进社会的稳定发展。对于石漠化地区，水资源严重不足，严重阻碍当地的生产和生活，人均水资源量可有效反映可持续发展能力的大小。泉点饮水工程的建设，安全饮用水的使用，反映居民饮水的保障性和安全性，也体现居民生活质量水平。

综上所述，选择土地利用率、人均林地面积、人均草地面积、人均耕地面积、有效灌溉率、人均粮食占有量、人均水资源量和安全饮用水户数比例8个指标。

4. 经济发展方面指标

经济发展是指一个地区人均收入水平的高低，是衡量一个地区发展水平的重要标准，其最终目的是要提高人民的收入水平和生活水平，是影响可持续发展的重要因素，决定经济发展的直接因素：投资量、劳动量、生产率水平。

人均社会总产值以货币表现的农业、工业、建筑业、运输邮电业和商业五大物质生产部门的总产值之和，具有较强综合性。经济发展的关键在于产业结构合理，保证在充分利用本地区资源的前提下，使生产要素得到最佳组合，而该地区经济发展结构单一，主要依靠农业生产，因此选择非农收入比重作为评价指标。我国西南石漠化地区，植被资源和土地资源尚未得到充分合理的利用，尤其是灌木草本植被资源。通过种植牧草和饲用灌木、家畜杂交配种、农户小群体放牧，形成县域集群畜牧业，发展以放牧为主的现代生态畜牧业，可以修复、重建和合理利用草地、灌木林地、疏林地、坡耕地和荒山荒坡的植被资源及土地资源，生产健康的肉奶产品，既能修复生态，又能脱贫致富，还能成为食物基地（黄黔，2008）。该地区畜牧业的发展具有区位优势，种植适宜规模的草地，减少坡耕地比重，发展畜牧产业，提高经济发展能力，因此将畜牧业占总产值比重单独列出，纳入可持续发展评价指标体系。第三产业对于合理调整产业结构具有重大作用，大力发展第三产业，有利于加快经济发展，提高整体经济素质和经济实力，缓解就业压力，减少人类发展对资源和环境的压力，对实现可持续发展具有战略意义。人均纯收入是反映经济发展水平的重要指标，也是最常用的指标。

综上所述，经济发展层面选择人均社会总产值、人均纯收入、畜牧业占总产值比重、第三产业占总产值比重和非农收入比重五个指标。

5. 社会进步方面指标

社会发展指以个人为基础的社会关系出现从个人发展到社会总体的自由延伸，个人的自由延伸到社会整体关系面，包涵个人的物质及精神自由发展到社会层面，并取得社会化的一致，这其中包含经济、人文、政治等一系列的社会存在的总体发展，主要反映社会的发展水平与状况，可以很好地度量研究区域主体的社会层面的发展。

影响社会发展的因素是多方面的，本章主要选择对社会进步具有重大影响的因素。主要针对贫困山区交通不便，信息闭塞，生活落后的特点，选择电话普及率、广播电视普及率、拥有机动车户数比率来反映其沟通交流能力、接受各种信息的能力以及与外界接触的能力。选择沼气池普及率可反映新能源的使用程度，并可体现石漠化综合治理工程的实施力度。人均砖混结构住房面积反映新农村建设的进程。恩格尔系数是综合反映居民生活水平的一项常用指标。选择农村犯罪人口比重和农民对社会治安的满意度反映农村社会风气问题及改善情况。

综上所述，社会进步层面选择恩格尔系数、电话普及率、广播电视普及率、拥有机动车户数比率、沼气池普及率、人均砖混结构住房面积、农村犯罪人口比重和农民对社会治安的满意度八个指标。

6. 人口条件方面指标

我国西南喀斯特地区具有人口密度大，人口增长快等显著特征。人口压力是制约当地可持续发展的关键因素。人均资源占有量少，非再生性资源储量和可用量不断减少，资源环境对经济增长制约作用越来越大，经济发展和人口资源环境的矛盾会越来越突出，可持续发展的压力会越来越大。因此，人口条件作为石漠化地区小流域综合治理可持续发展评价的单独一个层面，该层面对可持续发展作用重大。

人口条件主要从人口数量、密度、结构、劳动力及转移输出人员等方面来选取指标。用男女人口比例反映人口结构的基本情况。残疾人比例反映人口结构及健康状况。人口密度是表征某一地区人口疏密程度的指标，反映区域人口对资源环境的压力。人口自然增长率反映人口未来的发展趋势，对预测可持续发展具有重要作用。贫困人口比重反映区域发展的总体水平。农业人口比重用人口结构反映城镇化进程。人均抚养系数度量劳动力人均负担的赡养非劳动力人口的数量。目前我国正步入老龄化社会，人均抚养系数是反映该问题的重要指标，人均抚养系数越大，人口抚养压力越大，对可持续发展阻碍越大。对石漠化地区来说，外出打工，转移输出劳动力，能在一定程度上缓解当地的就业压力，减少资源环境的压力，外出打工能带动地区的经济发展，带回的经济收入能促进当地资本的积累，改善家人生活条件。而在石漠化地区，外出打工人员比例逐年增加，是一个衡量人口条件的重要指标。

综上所述，人口条件层面选择男女人口比例、残疾人比例、人口密度、人口自然增长率、农业人口比例、贫困人口比重、人均抚养系数和外出打工人员比例八个指标。

7. 科教卫生方面指标

可持续发展既要考虑满足人类衣、食、住、行等物质层面的需求，又要考虑满足人类接受科技教育、医疗卫生等方面的需求。教育是发展的第一要务，要发展首先要重视教育。科学技术是改变落后山区生活水平及精神面貌的鲜活动力，在科技的带动下，发展才能高效有序。卫生事业对保障居民的医疗救治及晚年生活，促进居民生活质量的提高，构建和谐社会，具有重要作用。

科教卫生准则层指标的选取涵盖科学、教育、卫生三方面的内容。对于落后山区来说，科学技术是脱贫致富的良药，因此选择千人拥有科技人员数量和组织各类培训的次数两项指标可集中反映居民可用科学技术及接受科学技术培训的资源条件情况。要发展就要先抓教育，人均受教育年限反映整体受教育的程度，该指标是反映一个国家或地区劳动力教育程度或国民素质的重要指标之一，也是反映教育发展状况的基本内容。儿童入学率反映儿童教育的落实情况、义务教育普及程度。新型农村合作医疗普及率和新型农村社会养老保险普及率反映社会保障及卫生方面的状况。

综上所述，科教卫生层面选择儿童入学率、人均受教育年限、千人拥有科技人员数量、组织各类培训次数、新型农村合作医疗普及率、新型农村社会养老保险普及率6个指标。

11.2.2.3　复选评价指标

为了使评价指标体系更加完善，采用邮件等方式发放专家调查问卷，进行评价指标的复选。利用专家渊博的知识和丰富的经验，选出最能表现可持续发展能力的指标，去掉意义重复、包含的信息量少、代表性差的指标，并添加遗漏的重要指标或选择替代指标，对指标体系进行调整完善。本章通过电子邮件的形式发放调查问卷36份，最后共收回有效问卷27份，由于各指标间关系明确，运用加法评价型方法将各评价指标所得的分值加法求和，总分即为评价结果。专家调查问卷采用0~10打分法确定指标的重要性程度，0代表最不重要，即指标对评价没有作用；10代表该指标重要性最强。调查问卷收回后，将各指标相对应的27个打分分值进行加法求和，将总得分低于27分的指标删除，如农村犯罪人口比重指标总得分为20分，主要意见为在偏远山区，民风淳朴，经济发展落后，从事偷盗抢劫及杀人放火等犯罪行为的人数很少，因此删除该指标，再如土壤侵蚀模数的打分分值为206分，得分最高，证明其对可持续发展的贡献作用得到一致公认。

最终在综合专家意见的基础上，结合本研究的实际情况，删除斑块密度、石漠化治理率、垃圾处理率、土地利用率、人均水资源量、人均社会总产值、非农收入比重、农村犯罪人口比重、农民对社会治安的满意度、男女人口比例、残疾人比例、农业人口比例12项指标，将人均林地面积、人均草地面积两项指标合为人均林草地面积一项指标，并将组织各类培训次数替换成参加培训人数比例。本文最终确定石漠化区小流域综合治理可持续发展评价指标体系，目标层为石漠化区小流域综合治理可持续发展评价，准则层为景观格局、生态环境、资源条件、经济发展、社会进步、人口条件、科教卫生7个层面，指标层共计32项指标（图11-1）。

本章将评价指标分为三类：正向指标、负向指标和区间指标。正向指标指在可持续发展定量评价时，指标数值越大，越有利于可持续发展的指标，反之称为负向指标。而区间指标是指在某一区间范围属于正向指标，而该区间之外属于负向指标的指标。区间指标包括：B1-1平均面积分维数、B1-2蔓延度指数、B1-3景观均匀度指数、B3-2人均耕地面积4项；负向指标包括：B2-1土壤侵蚀模数、B2-2石漠化面积所占比重、B2-4 25°以上坡耕地面积所占比重、B5-1恩格尔系数、B6-1人口密度、B6-2人口自然增长率、B6-3贫困人口比重、B6-4人均抚养系数八项；其余为正向指标。

之所以将人均耕地面积作为区间指标是因为研究区小流域属高原岩溶山区，耕地资源中大部分为坡耕地，对坡耕地的不合理耕作，造成的水土流失及石漠化问题突出，严重制约可持续发展，而同时又要保证一定的耕地保有量，因此将人均耕地面积作为区间指标，参与可持续发展评价。

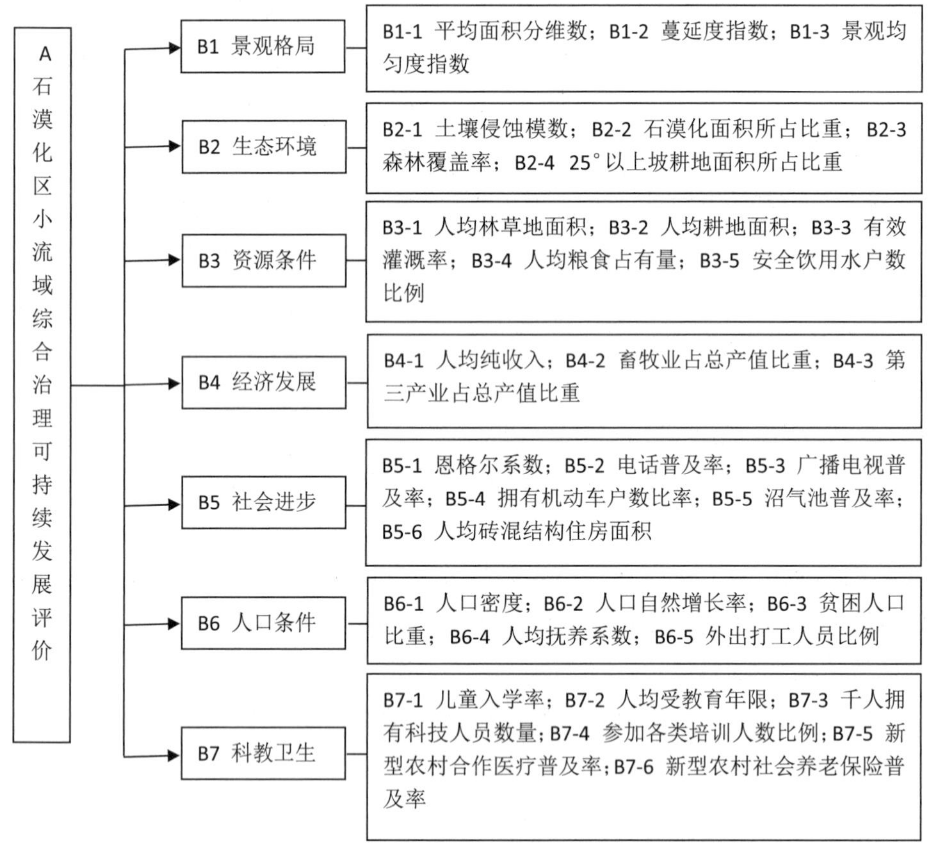

图11-1　石漠化区小流域综合治理可持续发展评价指标体系

11.2.3　评价指标的含义

1. B1-1 平均面积分维数（*PAFRAC*）

平均面积分维数运用了分维理论来测量斑块和景观的空间形状复杂性，主要揭示了由斑块组成的景观形状与面积大小之间的相互关系，反映了在一定的观测尺度上景观类型形状的复杂程度和稳定性。

$$PAFRAC=\sum_{i=1}^{m}\sum_{j=1}^{n}[\frac{2\ln(0.25P_{ij})}{\ln a_{ij}}(\frac{a_{ij}}{N})]$$

其中，斑块类型数目 i=1，2，……，m；斑块数目 j=1，2，……，n；P_{ij} 是斑块 ij

的周长（m），a_{ij} 是斑块 ij 的面积（m^2），N 是景观中斑块总数，$1 \leqslant D_{AWMPF} \leqslant 2$，其值越小表明景观斑块形状越简单，越有规律，表明受干扰程度越大，原因是人类的干扰使斑块的几何形状趋于规则，相似度增加；其值越大，斑块的自相似性越强，斑块几何形状越复杂。

2. B1−2 蔓延度指数（*CONTAG*）

$$CONTAG = 1 + \frac{\sum_{i=1}^{m}\sum_{j=1}^{n}\left[(P_i)\left(\frac{g_{ik}}{\sum_{k=1}^{m} g_{ik}}\right)\right] \times \left[\ln(P_i)\left(\frac{g_{ik}}{\sum_{k=1}^{m} g_{ik}}\right)\right]}{2\ln(m)}$$

式中：

i—— 斑块类型数目 i=1，2，…，m；

j—— 斑块数目，j=1，2，…，n；

P_i—— 景观中各斑块类型所占景观面积；

g_{ik}—— 各斑块类型要素 i 与 k 之间相邻的格网单元数目占总相邻的格网单元数目的比例。

蔓延度指数用来揭示景观里不同斑块类型的团聚程度或延展趋势。$0 < CONTAG \leqslant 100$。*CONTAG* 值较小时表明景观中存在许多小斑块；趋于100时表明景观中有连通度极高的优势斑块类型存在。由于该指标包含空间信息，是描述景观格局的最重要的指数之一。一般来说，高蔓延度值说明景观中的某种优势斑块类型形成了良好的连接性；反之则表明景观是具有多种要素的密集格局，景观的破碎化程度较高。该指标在景观生态学和生态学中运用十分广泛。

3. B1−3 景观均匀度指数（简称 SIEI）

$$E = \frac{H}{H_{\max}} = \frac{-\sum_{k=1}^{m} P_k \ln(P_k)}{\ln(m)}$$

式中：

i—— 斑块类型数目，i=1，2，…，m；

P_k—— 各斑块类型的面积；

E—— 辛普森均匀度指数，$E \leqslant 1$，E=1时，景观斑块类型分布的均匀程度最大；

H—— 辛普森多样性指数；

$H_{\max}$—— 辛普森多样性指数的最大值，指给定景观丰度下的最大可能多样性（各斑块类型均等分布）。

景观均匀度指数反映景观中各斑块类型在面积上分布的均匀程度，是描述景观由少数几个主要景观类型控制的程度。SIEI 越趋近于0，表明景观仅由一种或少数几种优势斑块类型所支配，优势度最高，多样性差；SIEI 越趋近于1，表明各斑块类型均匀分布，优势度低，说明景观中没有明显的优势类型且各斑块类型在景观中均匀分布，多样性高。

4. B2-1 土壤侵蚀模数

土壤侵蚀模数指在自然因素和人为活动的综合作用下，单位面积和单位时间内表层土壤被剥蚀并发生位移的土壤侵蚀量。土壤侵蚀模数是反映水土流失的程度的主要指标。

5. B2-2 石漠化面积所占比重

石漠化面积所占比重指轻度石漠化及以上程度的石漠化面积之和占总土地面积的比重。对石漠化区小流域而言，石漠化面积所占比重可从很大程度上反映该地区生态环境的状况。石漠化面积所占比重越大，生态环境越差，对可持续发展的阻碍作用越大。

6. B2-3 森林覆盖率

森林覆盖率指该地区森林面积占土地面积的百分比，是反映森林资源的丰富程度和生态平衡状况的重要指标。森林面积包括郁闭度0.2以上的乔木林地面积和竹林地面积，国家特别规定的灌木林地面积、农田林网以及四旁（村旁、路旁、水旁、宅旁）林木的覆盖面积。

7. B2-4 25°以上坡耕地面积所占比重

25°以上坡耕地面积所占比重指25°以上坡耕地面积占坡耕地总面积（耕地总面积）比重。对于石漠化区小流域而言，基本农田少，多为坡耕地，因此坡耕地是贵州老百姓的衣食之本、生存之根和发展之基，因此要实现可持续发展，必须保证坡耕地的面积和质量，而25°以上坡耕地，由于坡度较大，蓄水保土能力很差，土壤质量差，加上基本无水源灌溉，在其上进行农业耕种，不仅产出很低，而且极易造成水土流失。应在条件允许后将逐渐进行退耕还林还草，以加强生态建设，改善生态环境，提高可持续发展能力。

8. B3-1 人均林草地面积

人均林草地面积指该区域全部的林地面积与草地面积之和除以该区域总人口，即平均每人拥有的林地和草地面积。人均林地草地面积可反映区域林地草地资源的丰富程度，可在一定程度上反映资源的可利用程度及对生态环境的保护程度。

9. B3-2 人均耕地面积

人均耕地面积指区域平均每人所拥有的耕地面积。耕地为农村人口提供主要的生活保障，是城市居民生活材料的主要来源。稳定一定的耕地面积，保证耕地保存量，不断提高耕地质量，才能保证居民的基本生活。

10. B3-3 有效灌溉率

有效灌溉率指能够保证灌溉的农田总面积占所有农田总面积的比重，有效灌溉率越高，则抗自然灾害的能力越强，农业发展越有保障。

11. B3−4 人均粮食占有量

人均粮食占有量即为该地区的粮食总产量除以区域人口总数。人均粮食占有量的高低体现了该地区粮食的供给能力，人均粮食占有量高，可保障居民的基本生活需要，促进社会的稳定发展。

12. B3−5 安全饮用水户数比例

安全饮用水户数比例是指泉点饮水等统一消毒处理的饮用水使用户数与区域总户数的比值。安全饮用水的普及率越高，表明区域饮水具有保障性和安全性，体现居民生活质量的提高。

13. B4−1 人均纯收入

国家统计局规定的农民纯收入指标是指农民家庭全年总收入中（包括实物收入）扣除家庭经营费用支出、生产固定资产折旧、税收、上交集体承包任务、调查补贴和各种摊派后的农民所有的收入，是反映经济发展水平的重要指标。

14. B4−2 畜牧业占总产值比重

畜牧业占总产值比重是指第一产业中的畜牧业产值占社会总产值的比重。该地区畜牧业的发展具有区位优势，种植适宜规模的草地，减少坡耕地比重，发展畜牧产业，提高经济发展能力。

15. B4−3 第三产业占总产值比重

第三产业占总产值比重是指第三产业产值占社会总产值的比重。第三产业是指在再生产过程中为生产和消费提供各种服务的部门。包括除第一和第二产业外的其他各行业，服务业占大多数。属于第三产业的行业主要有：贸易、饭店餐饮、大众客运、仓储物流、公共服务、个人化服务、社区服务、社会工作及电信通讯产业等。目前服务业在发达国家的产业比重约占70%以上；在部分开发中国家的比重约占55%~65%。

16. B5−1 恩格尔系数

恩格尔系数指总支出中用来购买食物的费用所占的比例。作为衡量居民生活水平高低的一项重要指标，揭示了居民收入和食品支出之间的相关关系，用食品支出占消费总支出的比例来说明经济发展、收入增加对生活消费的影响程度。居民在保证食品需求的前提下，增加的消费支出必然投入到非食品消费上，可以提高穿着水平，可以改善居住条件，可以购买耐用消费品提高生活质量，可以用在教育学习方面提高自身素质，可以外出旅游开阔视野、增长见识等。加快经济发展，大幅度增加居民收入水平，可直接带来恩格尔系数的下降，提高生活消费水平。非食品消费支出增加越多，恩格尔系数越低。恩格尔系数在60%以上的为贫困，50%~59%为温饱，40%~50%为小康，低于40%为富裕。

17. B5-2 电话普及率

电话普及率指按行政区划全部人口计算，区域拥有的移动电话或固定电话数占区域总人数的百分比。计量单位为：部 / 百人。电话普及率可很好地体现居民接受新科技、实现便捷交流与联系的程度。拥有较高的电话普及率是现代化的标志之一。高等现代化国家的电话普及率为80%，中等现代化国家的电话普及率为60%。

18. B5-3 广播电视普及率

广播电视普及率是指拥有广播电视的户数占总户数的比例。对于贫穷落后的石漠化地区，具有生产和传递信息的功能、导向社会资源优化配置的功能、经营信息的功能等，广播电视是交通不畅、信息闭塞、生活落后区域接触外界的重要途径。利用广播电视这一现代化的大众传播媒介，让受众及时掌握重要的信息；利用广播电视向受众传播知识，特别是现代科学技术知识，不断提高全民族的科学文化素质；利用广播电视这种大众传媒对社会经济活动进行监督，对舆论进行监督，以便树立正气，纠正一切不正之风。

19. B5-4 拥有机动车户数比率

拥有机动车户数比率指拥有机动车的居民户占总户数的比例。对于我国西南喀斯特山区，山区道路崎岖道远，交通不便，机动车的出现，使居民出行便利，有利于物资的运输和信息的交流。

20. B5-5 沼气池普及率

沼气池普及率是指一个区域拥有沼气池的户数占总户数的比例。在石漠化山区农村，沼气池作为新型清洁能源，主要原料为秸秆和人畜（含木质纤维多）的粪便等有机废物，来源广泛，可减少对薪炭林等植被的破坏，改善和保护环境；沼气池的废渣和沼液可以做农药添加剂、肥料、饲料，节约能源，大大减少化肥和农业带来的危害，提高农作物的产量和质量；改变农民旧的生活习惯，改善农村居住环境。沼气池的使用，一定程度上能减少原始焚烧薪柴等活动，大大减少了二氧化碳排放，减轻温室效应，促进和带动饲养业的发展等。

21. B5-6 人均砖混结构住房面积

人均砖混结构住房面积是指该地区砖混结构住房总面积除以区域总人口。该指标能反映居民生活居住水平及新农村建设的效果。

22. B6-1 人口密度

人口密度指区域内单位面积的人口数量，用区域人口总数除以区域总面积获得。单位为人 /km^2。人口密度是反映某一地区范围内人口疏密程度的指标，从而反映区域人口对资源环境的压力。

23. B6-2 人口自然增长率

人口自然增长率指在一定时期内（通常为一年）人口自然增加数（出生人数减死亡

人数）与该时期内平均人数（或期中人数）之比，一般用千分率表示。人口自然增长率反映人口未来的发展趋势，对于预测可持续发展具有重要作用。

24. B6-3 贫困人口比重

衡量农村贫困与否的一个重要参考因素就是贫困人口比重。贫困分为两种：绝对贫困和相对贫困。我们这里提到的是绝对贫困，即在一定的社会生产力水平下，个人或家庭通过劳动和其他途径所得的收入不能满足基本的生存需求（李植斌，1998）。该指标为可持续发展障碍因子。

25. B6-4 人均抚养系数

抚养系数是指在人口当中，非劳动年龄人口对劳动年龄人口数之比，即人口中处于被供养年龄（一般指15岁以下和64岁以上）的人口与处于劳动年龄（15~64岁）人口的比，也被称为年龄抚养比。它度量了劳动力人均负担的赡养非劳动力人口的数量。人均抚养系数越大，人口抚养压力越大。

26. B6-5 外出打工人员比例

外出打工人员比例是指当年外出打工人员数量与该区域总人口的比例。对石漠化地区来说，外出打工，转移输出劳动力，能在一定程度上缓解当地的就业压力，减少资源环境的压力，外出打工能带动地区的经济发展，带回的经济收入能促进当地资本的积累，改善家人生活条件。而在石漠化山区，外出打工人员比例逐年增加，是一个衡量人口条件的重要指标。

27. B7-1 儿童入学率

儿童入学率指调查范围内已入小学学习的学龄儿童占校内外学龄儿童总数（包括弱智儿童，不包括盲聋哑儿童）的比重。儿童入学率反映了义务教育普及程度。

28. B7-2 人均受教育年限

人均受教育年限是指某一特定年龄段人群接受学历教育（包括普通教育和成人学历教育，不包括各种非学历培训）的年限总和。该指标是反映一个国家或地区劳动力教育程度或国民素质的重要指标之一，也是反映教育发展状况的基本内容。

29. B7-3 千人拥有科技人员数量

科技人员，广义上来说是掌握一项相关技术的人才，可以是具有农、林、电、工、理、医、法、经济等各个学科领域相关技术的人才。千人拥有科技人员数量是指每千人中科技人员的数量。科技人员将先进的科学技术和经验带给当地，对带动当地的发展具有重大的作用。

30. B7-4 参加各类培训的人数比例

参加各类培训的人数比例是指各类培训活动中参加的人员总数除以该地区总人数所得比例。参加培训的人员，能反映人员主动接受培训的积极性，接收到的信息具有实际应用价值，参加培训的人数比举办多少次的培训更有代表意义。

31. B7-5 新型农村合作医疗普及率

新型农村合作医疗是指由政府组织、引导、支持，农民自愿参加，个人、集体和政府多方筹资，以大病统筹为主的农民医疗互助共济制度。是由我国农民（农业户口）自己创造的互助共济的医疗保障制度，在保障农民获得基本卫生服务、缓解农民因病致贫和因病返贫方面发挥了重要的作用。新型农村合作医疗普及率代表制度的实施程度。

32. B7-6 新型农村社会养老保险普及率

新型农村社会养老保险是针对年满16周岁（不含在校学生）、未参加城镇职工基本养老保险的农村居民，以保障农村居民年老时的基本生活为目的，建立个人缴费、集体补助、政府补贴相结合的筹资模式，养老待遇由社会统筹与个人账户相结合，与家庭养老、土地保障、社会救助等其他社会保障政策措施相配套，由政府组织实施的一项社会养老保险制度，是国家社会保险体系的重要组成部分。新型农村养老保险是加快建立覆盖城乡居民的社会保障体系的重要组成部分，对确保农村居民基本生活，实现农民基本权利，推动农村减贫和逐步缩小城乡差距，维护农村社会稳定意义重大，推动社会和谐。新型农村社会养老保险普及率反映社会保障制度的实施和完善程度，体现居民生活保障的基本情况，对可持续发展具有重要指导作用。

11.3 乌箐河石漠化小流域可持续发展评价量化模型

11.3.1 评价量化方法

曹斌等（2010）概括总结当前主流的评价量化方法有专家咨询法、平均赋权法、主成分分析法、层次分析法和因子分析法等。

11.3.1.1 德尔菲法（Delphi）

德尔菲法，又称“专家询问法”，主要是由调查者根据研究的目的和需要，自拟调查表，表格形式应清楚明了，不易理解处应加注释，以信件、邮件等方式发往该领域的知名专家，进行征询；之后各专家间以匿名的方式提交看法，并进行激烈的讨论争辩，经过多次的反复咨询与反馈，各位专家的意见逐渐趋于统一，最终获得准确性高，可靠性强的统一结论（徐国祥，2008）。

11.3.1.2 层次分析法（AHP）

层次分析法（简称 AHP）是系统工程中的一种有效的分析方法，首先由美国运筹学家 T. L. Sally 教授于20世纪70年代初期提出，是一种简便、灵活而又实用的多准则决策方法（张学志等，2005；马立平，2000）。它符合人们认识事物发展的一般规律，将复杂的问题分解成若干个较小且容易解决的子问题，构建条理化的层次，逐层解决问题，能在众多因素的评价决策中将人们的经验思维数学化和条理化，有利于多因素、多指标的研究对象的定量评价。在1982年召开的中美能源、资源、环境会议上萨第教授的学生高兰尼柴（H. Gholamnezhad）向中国学者介绍了AHP这一新的决策方法，象征着AHP引入我国。从此以后，国内学者对AHP进行了大量的研究，AHP在我国得到迅速发展。1987年9月在我国召开了第一届AHP学术讨论会，1988年在我国召开了第一届国际AHP学术会议，目前AHP在应用和理论方面得到不断发展与完善。在可持续发展评价指标体系的计算中，层次分析法作为在定性分析的基础之上发展起来的定量确定多因素权重的方法，是可对某些较为复杂、较为模糊的问题作出决策的简易方法，是使用频率最高的方法（曹斌等，2010）。

层次分析法的基本原理：通过分析复杂的问题所包含因素的因果关系，将所研究的复杂问题当成一个大系统，将待解决问题分解为不同层次的要素，通过分析，划分出各因素间相互联系的有序层次，构成递阶层次结构；然后通过对各层次的所有因素的相对重要性进行客观判断，给出定量表示，并构造数学模型，运用特定的数学方法计算判断矩阵最大特征值及对应的正交特征向量，即可得出每一层次各要素的权重值，根据特定方法进行一致性检验；在一致性检验通过后，通过归一化方法，计算各层次要素对于所研究问题的组合权重，并加以排序，最后根据排序结果进行分析，解决问题。

11.3.2　石漠化小流域可持续发展评价模型构建

面对众多的量化模型，有研究者指出目前较适用的两种方法专家经验法和层次分析法（金平伟，2007）。近年来，德尔菲法与层次分析法相结合的方法（迈尔斯，1995；阳柏苏等，2005）得到广泛的应用，该方法避开了德尔菲法主观性强的缺点，构建层次考虑和衡量了指标的相对重要性（魏彬等，2009），使判断矩阵所有因素的相对重要性得到较客观的判断，提高了结果的准确度。

本研究采用德尔菲法与层次分析法相结合的方法进行。整个过程分为两部分：首先请专家就各指标的重要性程度进行匿名打分；然后结合专家意见，构造各层次间的判断矩阵，最终求得评价指标的权重。

11.3.2.1　建立递阶层次结构模型

对决策对象调查研究，完全明了研究问题，分析目标体系所涉及因素的关联、隶属关系，进而划分为不同层次，按照要求和需求将问题所含的因素进行分组，把每一组作为一个层次，按照最高层（目标层）、若干中间层（准则层）以及最低层（指标层）的形式排列起来，构建有序的阶梯层次结构模型。这也是我们构造可持续发展评价模型的过程。

11.3.2.2　专家打分

本研究在构造判断矩阵时，首先向研究领域的专家发放专家调查问卷，反复进行多次调查，明确各指标的重要性大小，最终根据数据资料、专家意见和分析者的认识，加以平衡后给出各判断矩阵的权重赋值。选取熟悉本研究领域具有较高的权威性和代表性的专家，对各指标的重要程度进行打分。对专家的档次选择要适宜，研究员职称的专家占到1/3以上。打分分值为[0，10]，分值越高，表示该指标对可持续发展越重要，贡献作用最大；分值越小，表明该指标对可持续发展贡献越小。经过几次反复征询和修改，专家们的意见逐渐趋于统一，最后将收回的专家调查问卷进行指标分数的加权平均，获得具有较高准确率的集体判断结果（张逸昕等，2011）。问卷中各指标的得分代表各指标变量相对可持续发展的重要性程度。对各层次中的各指标的重要程度进行两两比较，比较的结果用于建立层次分析法的判断矩阵，最终用于确定权重。

本研究专家成员包括8位研究员，4位副研究员，2位高级工程师和4位博士生，共收回18份专家打分表，研究员及高级工程师所占比例为55.56%。

11.3.2.3 构造判断矩阵

构造判断矩阵是层次分析法的最关键步骤之一。判断矩阵表示针对上一层次中的某元素而言，评定该层次中各有关元素相对重要性的状况。按照层次结构模型，从上到下逐层构造判断矩阵。每一层元素都以相邻上一层次各元素为准则，根据专家对各指标的打分，并按1~9标度方法两两比较构造判断矩阵。判断矩阵基本形式见表11-1。

表 11-1 判断矩阵基本形式

A_k	B_1	B_2	B_3	…	B_m
B_1	b_{11}	b_{12}	b_{13}	…	b_{1m}
B_2	b_{21}	b_{22}	b_{23}	…	b_{2m}
B_3	b_{31}	b_{32}	b_{33}	…	b_{3m}
…	…	…	…	…	…
B_m	b_{m1}	b_{m2}	b_{m3}	…	b_{mm}

表 11-2 1~9 比例标度法

量化值	代表意义
b_{ij}=1	指标 B_i 与 B_j 相比，同等重要
b_{ij}=3	指标 B_i 与 B_j 相比，认为 B_i 与 B_j 稍微重要
b_{ij}=5	指标 B_i 与 B_j 相比，认为 B_i 与 B_j 明显重要
b_{ij}=7	指标 B_i 与 B_j 相比，认为 B_i 与 B_j 强烈重要
b_{ij}=9	指标 B_i 与 B_j 相比，则认为 B_i 与 B_j 极端重要
b_{ij}=2，4，6，8	对应以上两相邻判断的中间值
倒数	判断矩阵 $b_{ji}=1/b_{ij}$

表11-2中，b_{ij}表示：相对于A_k而言，元素B_i对B_j的相对重要性的判断值。B_{ij}一般取1，3，5，7，9的5个等级标度，即1-9比例标度法（表11-2），其意义为：1表示B_i与B_j同等重要；3表示B_i较B_j稍微重要一点；5表示B_i较B_j明显重要；7表示B_i较B_j强烈重要；9表示B_i较B_j极端重要。而2，4，6，8表示相邻判断的中值。根据矩阵的性质，可知：$b_{ji}=1/b_{ij}$（i，j=1，2，3，…，m），且b_{ii}=1。

11.3.2.4　层次单排序

层次单排序即确定上一层次与之有联系的元素重要性次序的权重值，归根到底就是求解判断矩阵的特征根和对应的特征向量。经过特征向量的归一化处理，即得层次单排序权重向量。

$$BW = \lambda_{\max} W$$

式中：

$\lambda_{\max}$ —— B的最大特征根；

W —— 对应$\lambda_{\max}$的正规化特征向量；

W_i —— W的分量，对应元素单排序的权重值。

11.3.2.5　一致性检验

当判断矩阵B具有完全一致性时，$\lambda_{\max} = n$。但是，因为客观事物的复杂性和人们认识上的多样性，可能会产生片面性，因此要求每一个判断矩阵都有完全的一致性显然是不可能的，特别是因素多、规模大的问题更是如此。为了使判断矩阵的结果具有一定的客观性，需要通过计算它的一致性指标来检验判断矩阵的一致性。检验不合格的要修正判断矩阵，直到符合满意的一致性标准。计算一致性指标：

$$CI = \frac{(\lambda_{\max} - n)}{(n-1)}$$

当CI=0时，判断矩阵具有完全一致性；CI越大，则判断矩阵的一致性就越差。

为了检验判断矩阵是否具有令人满意的一致性，则需将CI与平均随机一致性指标RI（表11-3）进行比较。一般而言，1或2阶判断矩阵总是具有完全一致性。对于2阶以上的判断矩阵，其一致性指标CI与同阶的平均随机一致性指标RI之比，称为判断矩阵的随机一致性比例，记为CR。

$$CR = \frac{CI}{RI}$$

一般地，当$CR < 0.1$，则认为判断矩阵具有令人满意的一致性；否则，当$CR \geq 0.1$时，需要重新调整判断矩阵，直到$CR < 0.1$。

表 11-3　平均随机一致性指标

n	1	2	3	4	5	6	7	8	9	10
RI	0.00	0.00	0.58	0.90	1.12	1.24	1.32	1.41	1.45	1.49

11.3.2.6　层次总排序

层次分析法采用优先权重作为区分指标影响程度的指标，其数值介于0和1之间，在给定的决策准则之下，数值越大，指标重要性越高；反之数值越小，指标的重要性越低。为判断思维的逻辑一致性，层次总排序也需要检验其一致性，只有通过了检验的结果才能达到分析的要求。

利用同一层次中所有层次单排序的结果，就可以计算针对上一层次而言的本层次所有元素的重要性权重值，这就称为层次总排序。层次总排序需要从上到下逐层顺序进行。对于最高层，其层次单排序就是其总排序。

若上一层次所有元素A1，A2，Am的层次总排序已经完成，得到的权重值分别为 a_1，a_2，…，a_m；与Aj对应的本层次元素B1，B2，…，Bn的层次单排序结果 $\left[b_1^j, b_2^j, \cdots, b_n^j\right]^T$（这里，当Bi与Aj无联系时，$b_i^j=0$）；那么B层次的总排序结果如下表11-4。

表 11-4　层次总排序

层次A 层次B	A1	A2	…	Am	B层次的总排序
	a_1	a_2	…	a_m	
B1	b_1^1	b_1^2	…	b_1^m	$\sum_{j=1}^{m} a_j b_1^j$
B2	b_2^1	b_2^2	…	b_2^m	$\sum_{j=1}^{m} a_j b_2^j$
…	…	…	…	…	
Bn	b_n^1	b_n^2	…	b_n^m	$\sum_{j=1}^{m} a_j b_n^j$

显然，$\sum_{i=1}^{n}\sum_{j=1}^{m} a_j b_i^j = 1$，即层次总排序为归一化的正规向量。

11.3.2.7　一致性检验

为了评价层次总排序的计算结果的一致性，类似于层次单排序，也需要进行一致性检验。为此，需要分别计算下列指标：

$$CI=\sum_{j=1}^{m}a_jCI_j$$

$$RI=\sum_{j=1}^{m}a_jRI_j$$

$$CR=\frac{CI}{RI}$$

式中：

CI —— 层次总排序的一致性指标；

CI_j —— 与 a_j 对应的 B 层次中判断矩阵的一致性指标；

RI —— 层次总排序的随机一致性指标；

RI_j —— 与 a_j 对应的 B 层次中判断矩阵的随机一致性指标；

CR —— 层次总排序的随机一致性比例。

同样，当 $CR<0.1$ 时，则认为层次总排序的计算结果具有令人满意的一致性；否则，就需要对本层次的各判断矩阵进行调整，从而使层次总排序具有令人满意的一致性。

11.3.3　评价指标的数量化

11.3.3.1　指标的量化

对于评价指标体系而言，大多数指标是可量化的，可以采用一定的数学方法进行计算，用数值衡量评价结果。但是随着指标体系的不断完善和发展，总会出现一些定性的难以量化的指标，因此需要运用一定的方法对其进行量化，如模糊隶属度方法等。本章涉及到的评价指标均为可量化的指标。

11.3.3.2　指标理想值的确定

表 11-5　指标理想值的确定结果

指标	单位	理想值	说明
平均斑块分维数		1.2500	结合实地情况，专家咨询
蔓延度指数		75.0000	结合实地情况，专家咨询
景观均匀度指数		0.5000	结合实地情况，专家咨询
土壤侵蚀模数	$t/(hm^2·a)$	5.00	水利部标准（2008）
石漠化面积所占比重		2.00%	专家咨询
森林覆盖率		45.00%	《金沙县“十二五”规划纲要》
25° 以上坡耕地面积所占比重		5.00%	结合实地情况，专家咨询
人均林草地面积	亩 / 人	4.00	文献参考（徐瑶，2002）
人均耕地面积	亩 / 人	1.00	《石漠化综合治理设计方案》

续表

指标	单位	理想值	说明
有效灌溉率		85.00%	文献参考（王晋臣，2012）
人均粮食占有量	kg/人	502.00	专家咨询
安全饮用水户数比例		100.00%	专家咨询
人均纯收入	元/人	7388.00	《金沙县“十二五”规划纲要》
畜牧业占总产值比重		35.00%	专家咨询
第三产业占总产值比重		33.00%	全国水平
恩格尔系数		30.00%	生活相对富裕水平标准
电话普及率		85.00%	专家咨询
广播电视普及率		100.00%	专家咨询
拥有机动车户数比率		85.00%	专家咨询
沼气池普及率		100.00%	专家咨询
人均砖混结构住房面积	m^2/人	25.00	专家咨询
人口密度		140.00	文献参考（代亚松等，2011）
人口自然增长率		6‰	《金沙县“十二五”规划纲要》
贫困人口比重		1.00%	专家咨询
人均抚养系数		0.2000	专家咨询
外出打工人员比例		20.00%	专家咨询
儿童入学率		100%	全国水平
人均受教育年限	年	9.00	全国水平
千人拥有科技人员数量		10.00	专家咨询
参加各类培训人数比例		60.00%	专家咨询
新型农村合作医疗普及率		99.00%	《金沙县“十二五”规划纲要》
新型农村社会养老保险普及率		70.00%	《金沙县“十二五”规划纲要》、专家咨询

注：《金沙县国民经济和社会发展第十二个五年规划纲要（2011—2015年）》简称《金沙县“十二五”规划纲要》；《贵州省金沙县岩溶地区石漠化综合治理试点工程（2011—2013年）——2008年初步设计方案》简称《石漠化综合治理设计方案》。

结合现有研究及当地的发展规划，确定指标的理想值。需要指出，目前未有研究者就景观格局指标理想值的确定进行过研究，且由于景观的空间及时间差异较大，很难确定出理想值。因此，主要考虑实施综合治理的石漠化小流域，是受人为活动干扰较大的区域，是半自然半人工型的景观类型，且将人为干扰作为积极方面来确定景观格局指标理想值。如蔓延度指数范围 $1 < CONTAG \leqslant 100$，数值越大，景观聚集程度越大，优势度越强，当蔓延度指数取值50时，斑块类型呈随机分布，本文研究区域为人为实施综合治理工程的小流域，工程的实施目的在于使林地成为优势斑块，因此本文确定蔓延度指数选择50~100的中间值75作为理想值。因此，平均斑块分维数理想值的确定也采用此种方法，最终确定，平均斑块分维数理想值为1.25。均匀度指数取值范围为[0，1]，数值趋近于0，表明景观仅由一种或少数几种优势斑块类型所支配，优势度最高，多样性差；数值趋近于1，表明各斑块类型均匀分布，优势度低，本研究区既要实现林地斑块类型成为优势斑块，但也应保证多种类型景观生态功能的协作稳定性，因此理想值取中值0.5。

11.4　评价评价指标的采集

本章评价指标的采集主要分三类：一是借助遥感、地理信息系统、RUSLE 模型等手段，通过遥感影像、DEM 数字高程、降雨数据、土壤数据等获取景观格局指数、土壤侵蚀模数、石漠化面积比例等指标的数值；二是通过入户调查、发放调查问卷等方法采集电话普及率、人均砖混结构住房面积等指标数据；三是通过查阅统计年鉴、乡镇统计公报、政府工作报告及村统计资料等资料数据来获取其他指标的数据。

通过前期指标的采集和整理工作，得到可持续发展评价指标的原始研究数据，见表11-6。

表 11-6　可持续发展评价指标原始数据表

指标	2004 年	2007 年	2010 年
平均斑块分维数	1.4303	1.4280	1.4204
聚合度指数	48.9864	51.6920	54.0347
景观均匀度指数	0.6142	0.5938	0.5841
土壤侵蚀模数 [t/(hm^2·a)]	30.18	33.82	28.88
石漠化面积所占比重	46.16%	50.52%	41.85%
森林覆盖率	35.49%	24.41%	40.77%
25° 以上坡耕地面积所占比重	9.27%	51.53%	18.02%
人均林草地面积（亩 / 人）	3.54	2.43	3.94
人均耕地面积（亩 / 人）	1.81	2.76	1.29
有效灌溉率	2.26%	3.00%	3.24%
人均粮食占有量（kg/ 人）	339.4	449.2	350.3

续表

指标	2004 年	2007 年	2010 年
安全饮用水户数比例	1.00%	3.00%	67.55%
人均纯收入（元 / 人）	1424	1632	2003
畜牧业占总产值比重	22.50%	30.39%	31.52%
第三产业占总产值比重	1.72%	2.11%	5.72%
恩格尔系数	69.80%	67.22%	56.38%
电话普及率	3.30%	14.88%	20.40%
广播电视普及率	39.18%	80.95%	92.23%
拥有机动车户数比率	5.45%	13.29%	25.20%
沼气池普及率	0.00%	8.49%	34.52%
人均砖混结构住房面积（m^2/ 人）	16.59	17.12	21.39
人口密度（人 /km^2）	228	298	295
人口自然增长率	4.24‰	7.24‰	8.50‰
贫困人口比重	14.41%	11.93%	9.99%
人均抚养系数	0.6973	1.2443	2.4367
外出打工人员比例	6.68%	8.83%	19.70%
儿童入学率	95.00%	98.70%	100.00%
人均受教育年限（a）	5.5	6.2	7.5
千人拥有科技人员数量（人 / 千人）	1.3	2.6	4.5
参加各类培训人数比例	1.40%	3.00%	11.32%
新型农村合作医疗普及率	0.00%	65.51%	74.61%
新型农村社会养老保险普及率	0.00%	5.12%	10.53%

11.5 乌箐河小流域可持续发展评价

11.5.1 指标权重确定

结合专家意见，构建准则层相对于目标层、指标层相对于准则层的各指标间两两比较其重要性的判断矩阵，并运用 MATLAB 7.9.0（R2009b）软件计算各判断矩阵的最大特征值，并需通过一致性检验。最大特征值对应的特征向量即为该层次指标相对于上一层次指标的权重。

11.5.1.1　判断矩阵 *A–B*（表 11–7）

表 11–7　*A–B* 层判断矩阵

A	*B*1	*B*2	*B*3	*B*4	*B*5	*B*6	*B*7
*B*1	1	1/3	3/2	2	7/2	3	5/2
*B*2	3	1	2	5/2	6	4	5
*B*3	3/2	1/2	1	2	4	5/2	7/2
*B*4	1/2	2/5	1/2	1	3	4/3	2
*B*5	2/7	1/6	1/4	1/3	1	1/2	1/2
*B*6	1/3	1/4	2/5	3/4	2	1	5/4
*B*7	2/5	1/5	2/7	1/2	2	4/5	1

$$\lambda_{\max} = 7.2540$$

$$CI = (\lambda_{\max} - n)/(n-1) = (7.2540 - 7)/(7-1) = 0.0423$$

$$CR = \frac{CI}{RI} = \frac{0.0423}{1.32} = 0.0321 < 0.1$$

通过计算 *A-B* 判断矩阵的最大特征值和特征向量，并通过一致性检验，因此，认为该判断矩阵具有良好的一致性，因此接受该最大特征值及特征向量结果。将最大特征值所对应的特征向量归一化处理，得准则层（*B*1景观格局、*B*2生态环境、*B*3资源条件、*B*4经济发展、*B*5社会进步、*B*6人口条件、*B*7科教卫生）相对于目标层 *A* 可持续发展的权重分别为0.1837、0.3323、0.1969、0.1078、0.0745、0.0419、0.0629。

11.5.1.2　判断矩阵 *B*1–*B*1j（表 11–8）

计算 B1-B1j 判断矩阵的最大特征值和最大特征向量，并进行一致性检验，结果如下。

表 11–8　*B*1–*B*1j 层判断矩阵

*B*1	*B*1–1	*B*1–2	*B*1–3
*B*1–1	1	1/3	1/2
*B*1–2	3	1	5/2
*B*1–3	2	2/5	1

$$\lambda_{\max} = 3.0291$$

$$CI = (\lambda_{\max} - n)/(n-1) = (3.0291 - 3)/(3-1) = 0.0146$$

$$CR = \frac{CI}{RI} = \frac{0.0146}{0.58} = 0.0251 < 0.1$$

因此，认为该判断矩阵具有良好的一致性，因此接受该最大特征值及特征向量结果。得指标层（B1-1平均斑块分维数、B1-2蔓延度指数、B1-3景观均匀度指数）相对于准则层B1景观格局的权重分别为0.1602、0.5697、0.1969、0.2702。

11.5.1.3 判断矩阵 B2–B2j（表 11–9）

表 11–9 B2–B2j 层判断矩阵

B2	B2–1	B2–2	B2–3	B2–4
B2–1	1	3/2	4	5
B2–2	2/3	1	3	9/2
B2–3	1/4	1/3	1	2
B2–4	1/5	2/9	1/2	1

$$\lambda_{\max} = 4.0086$$

$$CI = (\lambda_{\max} - n)/(n-1) = (4.0086-4)/(4-1) = 0.0029$$

$$CR = \frac{CI}{RI} = \frac{0.0029}{0.09} = 0.0032 < 0.1$$

通过上述计算结果，认为该判断矩阵具有良好的一致性，因此接受该最大特征值及特征向量结果。得指标层（B2-1土壤侵蚀模数、B2-2石漠化面积所占比重、B2-3森林覆盖率、B2-4 25°以上坡耕地面积所占比重）相对于准则层B2生态环境的权重分别为0.4608、0.3407、0.1168、0.0817。

11.5.1.4 判断矩阵 B3–B3j（表 11–10）

表 11–10 B3–B3j 层判断矩阵

B3	B3–1	B3–2	B3–3	B3–4	B3–5
B3–1	1	4	7/2	3/2	4/3
B3–2	1/4	1	3/4	1/3	2/7
B3–3	2/7	4/3	1	3/7	2/5
B3–4	2/3	3	7/3	1	2/3
B3–5	3/4	7/2	5/2	3/2	1

$$\lambda_{\max} = 5.0131$$

$$CI = (\lambda_{\max} - n)/(n-1) = (5.0131-5)/(5-1) = 0.0033$$

$$CR = \frac{CI}{RI} = \frac{0.0033}{1.12} = 0.0029 < 0.1$$

因此，认为该判断矩阵具有良好的一致性，因此接受该最大特征值及特征向量结果。得指标层（B3-1人均林草地面积、B3-2人均耕地面积、B3-3有效灌溉率、B3-4人均粮食占有量、B3-5安全饮用水户数比例）相对于准则层B3资源条件的权重分别为0.3348、0.0768、0.0996、0.2162、0.2725。

11.5.1.5　判断矩阵 B4–B4j（表 11–11）

表 11–11　B4–B4j 层判断矩阵

B4	B4–1	B4–2	B4–3
B4–1	1	5	2
B4–2	1/5	1	1/3
B4–3	1/2	3	1

$$\lambda_{\max} = 3.0037$$

$$CI = (\lambda_{\max} - n)/(n-1) = (3.0037-3)/(3-1) = 0.0018$$

$$CR = \frac{CI}{RI} = \frac{0.0018}{0.58} = 0.0032 < 0.1$$

因此，认为该判断矩阵具有良好的一致性，因此接受该最大特征值及特征向量结果。得指标层（B4-1人均纯收入、B4-2畜牧业占总产值比重、B4-3第三产业占总产值比重）相对于准则层B4经济发展的权重分别为0.5815、0.1095、0.3090。

11.5.1.6　判断矩阵 B5–B5j（表 11–12）

表 11–12　B5–B5j 层判断矩阵

B5	B5–1	B5–2	B5–3	B5–4	B5–5	B5–6
B5–1	1	7	3	5/2	2	8
B5–2	1/7	1	1/2	2/5	1/3	3/2
B5–3	1/3	2	1	1/2	2/5	2
B5–4	2/5	5/2	2	1	1/2	3
B5–5	1/2	3	5/2	2	1	4
B5–6	1/8	2/3	1/2	1/3	1/4	1

$$\lambda_{\max} = 6.0686$$

$$CI = (\lambda_{\max} - n)/(n-1) = (6.0686-6)/(6-1) = 0.0137$$

$$CR = \frac{CI}{RI} = \frac{0.0137}{1.24} = 0.0111 < 0.1$$

因此，认为该判断矩阵具有良好的一致性，因此接受该最大特征值及特征向量结果。得指标层（$B5$-1恩格尔系数、$B5$-2电话普及率、$B5$-3广播电视普及率、$B5$-4拥有机动车户数比率、$B5$-5沼气池普及率、$B5$-6人均砖混结构住房面积）相对于准则层$B5$社会进步的权重分别为0.3963、0.0637、0.1045、0.1561、0.2294、0.0501。

11.5.1.7 判断矩阵 $B6$–$B6$j（表 11–13）

表 11–13 $B6$–$B6$j 层判断矩阵

$B6$	$B6$–1	$B6$–2	$B6$–3	$B6$–4	$B6$–5
$B6$–1	1	3	4/3	3/2	2
$B6$–2	1/3	1	2/5	3/5	4/3
$B6$–3	3/4	5/2	1	4/3	3/2
$B6$–4	2/3	5/3	3/4	1	5/4
$B6$–5	1/2	3/4	2/3	4/5	1

$$\lambda_{\max} = 5.0630$$

$$CI = (\lambda_{\max} - n)/(n-1) = (5.0630-5)/(5-1) = 0.0157$$

$$CR = \frac{CI}{RI} = \frac{0.0157}{1.12} = 0.0141 < 0.1$$

因此，认为该判断矩阵具有良好的一致性，因此接受该最大特征值及特征向量结果。得指标层（$B6$-1人口密度、$B6$-2人口自然增长率、$B6$-3贫困人口比重、$B6$-4人均抚养系数、$B6$-5外出打工人员比例）相对于准则层$B6$人口条件的权重分别为0.3076、0.1222、0.2445、0.1881、0.1376。

11.5.1.8 判断矩阵 $B7$–$B7$j（表 11–14）

表 11–14 $B7$–$B7$j 层判断矩阵

$B7$	$B7$–1	$B7$–2	$B7$–3	$B7$–4	$B7$–5	$B7$–6
$B7$–1	1	1/2	3	2	4	5/2
$B7$–2	2	1	4	3	5	5/2
$B7$–3	1/3	1/4	1	1/2	2	3/4
$B7$–4	1/2	1/3	2	1	3	5/4
$B7$–5	1/4	1/5	1/2	1/3	1	1/3
$B7$–6	2/5	2/5	4/3	4/5	3	1

$$\lambda_{\max} = 6.0850$$

$$CI = (\lambda_{\max} - n)/(n-1) = (6.0850-6)/(6-1) = 0.0170$$

$$CI=\frac{(\lambda_{\max}-n)}{(n-1)}$$

因此，认为该判断矩阵具有良好的一致性，因此接受该最大特征值及特征向量结果。得指标层（*B*7-1儿童入学率、*B*7-2人均受教育年限、*B*7-3千人拥有科技人员数量、*B*7-4参加各类培训人数比例、*B*7-5新型农村合作医疗普及率、*B*7-6新型农村社会养老保险普及率）相对于准则层*B*7科教卫生的权重分别为0.2420、0.3569、0.0857、0.1414、0.0517、0.1223。

*B*层次总排序随机一致性指标比例为：

$$CR=\frac{\sum_{j=1}^{m}a_jCI_j}{\sum_{i=1}^{m}a_jRI_j}=\frac{0.0108}{1.0136}=0.0107$$

同样，$CR<0.1$，认为层次排序结果具有满意的一致性，各指标所得权重值符合一致性检验，接受该权重排序。

由于上述各判断矩阵计算的权重均为该层相对于上一次的指标权重，我们需要将指标层相对于准则层的权重换算成指标层相对于目标层的权重，结果见表11-15，并将其排序，找出影响可持续发展的主要贡献指标。

从表11-15可知，32个指标权重排名前6位的是：*B*2-1土壤侵蚀模数（0.1531）、*B*2-2石漠化面积所占比重（0.1132）、*B*1-2蔓延度指数（0.1047）、*B*3-1人均林草地面积（0.0657）、*B*4-1人均纯收入（0.0627）、*B*3-5安全饮用水户数比例（0.0536），是可持续发展的主要贡献指标，是影响可持续发展的最关键指标。

表11-15　各指标权重确定结果

准则层	*A*-*B* 权重	指标	*A*-*B*ij 权重
*B*1 景观格局	0.1837	*B*1-1 平均斑块分维数	0.0294
		*B*1-2 聚合度指数	0.1047
		*B*1-3 景观均匀度指数	0.0496
*B*2 生态环境	0.3323	*B*2-1 土壤侵蚀模数	0.1531
		*B*2-2 石漠化面积所占比重	0.1132
		*B*2-3 森林覆盖率	0.0388
		*B*2-4 25° 以上坡耕地面积所占比重	0.0271

续表

准则层	A-B 权重	指标	A-Bij 权重
B3 资源条件	0.1969	B3-1 人均林草地面积	0.0659
		B3-2 人均耕地面积	0.0151
		B3-3 有效灌溉率	0.0196
		B3-4 人均粮食占有量	0.0426
		B3-5 安全饮用水户数比例	0.0536
B4 经济发展	0.1078	B4-1 人均纯收入	0.0627
		B4-2 畜牧业占总产值比重	0.0118
		B4-3 第三产业占总产值比重	0.0333
B5 社会进步	0.0745	B5-1 恩格尔系数	0.0295
		B5-2 电话普及率	0.0047
		B5-3 广播电视普及率	0.0078
		B5-4 拥有机动车户数比率	0.0116
		B5-5 沼气池普及率	0.0171
		B5-6 人均砖混结构住房面积	0.0037
B6 人口条件	0.0419	B6-1 人口密度	0.0129
		B6-2 人口自然增长率	0.0051
		B6-3 贫困人口比重	0.0102
		B6-4 人均抚养系数	0.0079
		B6-5 外出打工人员比例	0.0058
B7 科教卫生	0.0629	B7-1 儿童入学率	0.0152
		B7-2 人均受教育年限	0.0225
		B7-3 千人拥有科技人员数量	0.0054
		B7-4 参加各类培训人数比例	0.0089
		B7-5 新型农村合作医疗普及率	0.0033
		B7-6 新型农村社会养老保险普及率	0.0077

11.5.2 指标标准化处理

指标标准化方法很多，Z-Score 法方法的应用较多，计算公式为：

$$X_i = \frac{x_i - \overline{x}}{S}$$

式中：

X_i —— 某单项指标的评价标准值；

x_i —— 某单项指标的原始值；

$\overline{x}=\frac{1}{n}\sum_{i=1}^{n}x_i$ —— 某单项指标 n 年的平均值；

$S=\sqrt{\frac{1}{n}\sum_{i=1}^{n}(x_i-\overline{x})^2}$ —— 某单项指标的标准差。

另外，有研究者将指标分为“效益型”指标和“成本型”指标两大类（曹利军，1998；Reid W，1989；Cocklin C R，1989），多采用极差正规化法进行指标无量纲化处理的方法。效益型指标是指评价指标数值越大，可持续发展能力越好的指标；成本型指标是指评价指标数值越大，可持续发展能力越差的指标。计算公式如下：

效益型：

$y_{ij}=(x_{ij}-x_{j\min})/(x_{j\max}-x_{j\min})$（$i$=1，2，3，4，…，n；$j$=1，2，3，…，m）

成本型：

$y_{ij}=(x_{j\max}-x_{ij})/(x_{j\max}-x_{j\min})$（$i$=1，2，3，4，…，n；$j$=1，2，3，…，m）

式中：

$x_{j\min}$ —— 某指标的最小值；

$x_{j\max}$ —— 某指标的最大值。

可以看出 Z-Score 法和极差正规化无量纲方法可以消除不同量纲对指标的影响，还可调整指标方向，增强了各指标的可比性（钟霞等，2004），但在数据样本少的情况下，这种方法的准确性有待考究。

有研究者引入理想值，以便于度量研究对象发展现状与可持续发展状态的距离。其中，比重法应用也较多，即采用实际值与理想值或指标极值的比值来进行指标的无量纲处理，方法简单实用。如徐瑶（2002）和段文标等（2004）均采用指标的实际值除以该指标的理想值得出的结果作为指标的标准化值；对于负向指标的标准化处理采用理想值除以实际值的计算结果。该方法操作相对简单，但标准化后的数值不完全在 [0，1] 区间，导致最后计算可持续发展度得分的时候，理想值很可能不为“1”。

本文采用比重法（李春华等，2012）来进行指标的标准化处理。采用此方法既能有效的消除量纲，又考虑到实际值与理想值的差距。同时将标准化值区间设为 [0，1]，若标准化值大于1，则将其设为1。

对于正向指标，其指标值的计算公式为：

$$X_i=x_i / x_{理想值}$$

对于负向指标，其指标值的计算公式为：

$$X_i=x_{理想值}/ x_i$$

对于区间指标，分为两种情况：前正后负型和前负后正型。前正后负型指标是指在指标数值小于理想值时为正向指标，指标数值大于理想值时为负向指标的指标；反之称为前负后正型指标。

前正后负其指标值的计算公式为：

$$X_i=x_i / x_{理想值} \quad (x_i<x_{理想值})$$
$$X_i=x_{理想值} / x_i \quad (x_i>x_{理想值})$$

前负后正其指标的计算公式为：

$$X_i=x_{理想值} / x_i \quad (x_i<x_{理想值})$$
$$X_i=x_i / x_{理想值} \quad (x_i>x_{理想值})$$

式中：

X_i —— 指标标准化值；

x_i —— 指标的原始值；

$x_{理想值}$ —— 指标的理想值。

本章的区间指标均属于前正后负型。计算结果见表11-16。

表 11-16　指标标准化处理结果

指标	2004 年	2007 年	2010 年
平均斑块分维数	0.8739	0.8754	0.8800
聚合度指数	0.6532	0.6892	0.7205
景观均匀度指数	0.8141	0.8420	0.8560
土壤侵蚀模数	0.1657	0.1478	0.1731
石漠化面积所占比重	0.0433	0.0396	0.0478
森林覆盖率	0.7887	0.5424	0.9060
25° 以上坡耕地面积所占比重	0.5394	0.0970	0.2775
人均林草地面积	0.8858	0.6086	0.9851
人均耕地面积	0.5529	0.3627	0.7751
有效灌溉率	0.0266	0.0353	0.0381
人均粮食占有量	0.6761	0.8948	0.6978
安全饮用水户数比例	0.0100	0.0300	0.6755
人均纯收入	0.1927	0.2209	0.2711
畜牧业占总产值比重	0.5625	0.7598	0.7880
第三产业占总产值比重	0.0521	0.0639	0.1733
恩格尔系数	0.4298	0.4463	0.5321

续表

指标	2004 年	2007 年	2010 年
电话普及率	0.0388	0.1751	0.2400
广播电视普及率	0.3918	0.8095	0.9223
拥有机动车户数比率	0.0641	0.1564	0.2965
沼气池普及率	0.0000	0.0849	0.3452
人均砖混结构住房面积	0.6636	0.6848	0.8555
人口密度	0.6140	0.4698	0.4746
人口自然增长率	1.0000	0.8287	0.7059
贫困人口比重	0.0694	0.0838	0.1001
人均抚养系数	0.2868	0.1607	0.0821
外出打工人员比例	0.3342	0.4415	0.9850
儿童入学率	0.9500	0.9870	1.0000
人均受教育年限	0.6111	0.6889	0.8300
千人拥有科技人员数量	0.1300	0.2600	0.4500
参加各类培训人数比例	0.0233	0.0500	0.1887
新型农村合作医疗普及率	0.0000	0.6617	0.7536
新型农村社会养老保险普及率	0.0000	0.0731	0.1504

11.6　可持续发展度及状态判定

选择成熟适用的线性加权评价模型（郭亚军，2007）对评价指标进行合成，计算可持续发展度。可持续发展度的定义为：在一定时期和区域内，生态环境系统结构、功能与经济社会活动方向、规模的相互协调程度和水平（单宜虎等，2002），反映研究对象可持续发展的水平。计算方法是将指标的标准化值与其对应的权重值相乘，得每个指标的可持续发展得分，并进行加权求和，即得可持续发展度。计算公式如下：

$$A=\sum_{i=1}^{n}W_iP_i$$

式中：

A —— 可持续发展度；

W_i —— 各评价指标的相对权重；

P_i —— 各评价指标的标准化值；

n —— 评价指标的总数。

在进行可持续发展状态分析时，依据可持续发展度得分划分可持续发展的阶段（黎建涛，2008；谢洪礼，1999；徐瑶，2002；张依然等，2012）。有研究者仅将可持续发展阶段划分为不可持续发展阶段和可持续发展阶段（齐义军等，2012），该方法简单易行，但较易遗漏信息，不能充分描述可持续发展的状态；胡晓静等（2003）中将流域水土保持可持续发展划分为不可持续发展（Ⅰ）、临界可持续发展（Ⅱ）、初级可持续发展（Ⅲ）、中级可持续发展（Ⅳ）和高级可持续发展（Ⅴ）5个阶段，可持续发展阶段划分详细，但状态间的差异界定不容易把握。

本章假设各评价指标均达到理想状态，其可持续发展度为1，结合上述可持续发展阶段的划分方法，将可持续发展度理想值设为1，将可持续发展分为3种阶段：

①0≤可持续发展度<0.5，为不可持续发展阶段；

②0.5≤可持续发展度<0.7为基本可持续发展阶段；

③0.7≤可持续发展度≤1.0，为可持续发展阶段。

2004—2010年期间乌箐河小流域景观格局趋于合理，社会、经济、科教卫生事业不断发展，生态环境、资源条件和人口条件在2007年间发展下滑，可持续发展能力略低于2004年，在石漠化综合治理工程开展前，2004年和2007年乌箐河小流域可持续发展度分别为0.3932、0.3776，未达到可持续发展水平。在实施石漠化综合治理工程之后，生态环境得到一定改善，资源条件、社会经济等方面也不断发展，使2010年的可持续发展度达到0.4890，小流域的可持续发展能力不断提高，虽仍处于不可持续发展阶段，但即将步入基本可持续发展阶段。

11.7　石漠化综合治理对可持续发展的影响分析

通过对石漠化综合治理工程实施前后可持续发展的定量评价，结果表明乌箐河小流域可持续发展能力在工程实施前的2004年和2007年变化不大，均处于不可持续发展状态。虽然2007年的社会进步、经济发展、科教卫生等方面优于2004年，但由于2007年生态环境、资源条件处于最劣势状态，导致整体可持续发展能力略低于2004年。在实施石漠化综合治理工程之后的2010年，系统整体的可持续发展能力得到一定程度的提升，除人口条件略低于2004年外，其他六大方面的可持续发展能力均优于其他年份，即将达到基本可持续发展阶段。

在石漠化综合治理之前的2004—2007年间，生态环境可持续发展得分由0.0755降为0.0508，可持续发展能力降低较大，主要原因是人类肆意毁林开荒等掠夺式发展经营模式导致生态环境恶化，土壤侵蚀模数由30.18 $t/(hm^2 \cdot a)$ 增加至33.82 $t/(hm^2 \cdot a)$，石漠化面积比重由46.16%增至50.52%，森林覆盖率由35.49%减少到24.41%，25°以上坡耕地面积所占比重由9.27%增加到51.53%。2008年开展石漠化综合治理之后，由于封山育林、人工造林种草及拦沙坝和沉沙池等小型水利水保措施的修建，使乌箐河小流域水土流失得到一定的遏制，土壤侵蚀模数由治理之前（2007年）的33.82 t/(hm^2·a) 降为2010年的28.88 t/(hm^2·a)，森林覆盖率由24.41% 增加到40.77%，同时，由于实施坡改梯及退耕还林等综合治理工程，25° 以上坡耕地面积比重由51.53% 降为18.02%，得到较大下降，石漠化面积比重由50.52% 降至41.85%，最终使生态环境可持续发展得分由0.0508提高到0.0746，但仍略低于2004年。由于我国西南地区近几年的持续大旱，加上边治理边破坏现象屡禁不止等原因，重度石漠化及极重度石漠化有所增加，综合治理的效果没有凸显，在今后加强森林管护的基础上，石漠化治理将取得良好效果，有助于小流域可持续发展能力的提高。

资源条件可持续发展得分在2004—2007年间由0.0966降为0.0860，主要是人均林草地由3.54亩 / 人降为2.43亩 / 人，人均耕地面积由1.81亩 / 人增至2.76亩 / 人等原因所致。在2007—2010年资源条件可持续发展得分由0.0860提高到0.1430，对小流域可持续发展起到很大的贡献作用，主要是综合治理增加了林草地资源量，使人均林草地由2.43亩 / 人增至3.94亩 / 人，退耕还林、种植经果林等退耕措施使人均耕地面积降为1.29亩 / 人，小流域综合治理工程修建60口蓄水池，在一定程度上提高了有效灌溉率，坡改梯工程及田间作业道路的修建等，提高了耕地的质量，但由于持续大旱及坡耕地面积的大量减少使人均粮食占有量由449.2 kg/ 人降为350.3 kg/ 人，相信在今后的科学管理和坡改梯工程的进一步实施下，粮食产量会得到较大的提升，2009年的泉点饮水工程极大地提高了安全饮用水的普及率，以上措施对可持续发展均起到较大的推动作用。

经济发展在综合治理前的2004年和2007年可持续发展得分为0.0205和0.0249，在综合治理后增至0.0321。工程中的种植牧草，建设棚圈及购买饲草机械等措施促进了畜牧业的发展，有助于推动产业结构调整，增加农民收入，促进小流域的可持续发展。

乌箐河小流域2004年、2007年和2010年社会进步可持续发展得分分别为0.0192、0.0261、0.0366，综合治理工程中沼气池的普及率提高到34.52%，有效地调整了农村能源结构，并带动生态环境、科学教育、社会等方面的可持续发展。

另外，石漠化综合治理中政府资助、科技下乡、宣传教育等措施让群众看到了生态环境改善的益处，提高了群众的文化素质和思想觉悟，并带动人口、科教卫生方面的发展，推动可持续发展的进程。

国家林业和草原局张永利在石漠化监测报告中指出：石漠化监测结果显示，石漠化综合治理中，人工造林种草和植被保护对石漠化逆转发挥着主导作用，其贡献率达72%。因此，要实现全面可持续发展，就必须重视林草资源的数量和质量，改善生态环境。同时，要进行合理的土地利用方式，不断优化管理景观格局，依靠科技创新，积极寻求新的经济发展模式，合理开发利用自然资源，大力发展教育卫生文化事业，带动社会进步，提高人口素质，实现小流域的全面可持续发展。

11.8 限制因子分析

各评价指标对小流域可持续发展的限制作用有大有小，通过分析可持续发展的主要限制因子，全面而具体地掌握小流域可持续发展的状况，能够清晰地找出制约可持续发展的最关键因子，并准对性地提出对策建议。本章通过距离法查找可持续发展的主要限制因子，即用理想值1减去指标标准化数值（指标实际值与理想值的比值），区间范围为[0，1]，与可持续发展理想状态距离大于0.900的指标为可持续发展的主要限制因子，该方法简单易懂，可操作性强，可迅速找出小流域可持续发展的主要限制因子，并针对可持续发展的薄弱环节进行政策选择，促进小流域的健康、快速、可持续发展。

从表11-17可知，2004年乌箐河小流域可持续发展的限制因子较多，许多指标实际值与理想值差距较大，与可持续发展的距离较大，沼气池普及率、新型农村社会养老保险普及率、新型农村合作医疗普及率与可持续发展理想状态的距离为1.0000，主要原因是该地区发展落后，社会保障制度不健全，沼气池等新能源并未引进使用。另外，与可持续发展状态差距较大的指标还有安全饮用水户数比例、参加各类培训人数比例、有效灌溉率、电话普及率、石漠化面积所占比重、第三产业占总产值比重、拥有机动车户数比率、贫困人口比重，这些指标与可持续发展理想状态的距离分别为0.9900、0.9767、0.9734、0.9612、0.9567、0.9479、0.9359、0.9306，严重制约了小流域的可持续发展。可见乌箐河小流域2004年可持续发展的主要限制因子多属科教卫生和社会进步方面，这与当时社会不发达的状况相呼应。

表11–17　限制因子分析结果

指标	2004年	2007年	2010年
平均斑块分维数	0.1261	0.1246	0.1200
蔓延度指数	0.3468	0.3108	0.2795
景观均匀度指数	0.1859	0.1580	0.1440
土壤侵蚀模数	0.8343	0.8522	0.8269
石漠化面积所占比重	0.9567	0.9604	0.9522
森林覆盖率	0.2113	0.4576	0.0940
25°以上坡耕地面积所占比重	0.4606	0.9030	0.7225
人均林草地面积	0.1142	0.3914	0.0149
人均耕地面积	0.4471	0.6373	0.2249
有效灌溉率	0.9734	0.9647	0.9619
人均粮食占有量	0.3239	0.1052	0.3022
安全饮用水户数比例	0.9900	0.9700	0.3245
人均纯收入	0.8073	0.7791	0.7289

续表

指标	2004年	2007年	2010年
畜牧业占总产值比重	0.4375	0.2403	0.2120
第三产业占总产值比重	0.9479	0.9361	0.8267
恩格尔系数	0.5702	0.5537	0.4679
电话普及率	0.9612	0.8249	0.7600
广播电视普及率	0.6082	0.1905	0.0777
拥有机动车户数比率	0.9359	0.8436	0.7035
沼气池普及率	1.0000	0.9151	0.6548
人均砖混结构住房面积	0.3364	0.3152	0.1445
人口密度	0.3860	0.5302	0.5254
人口自然增长率	0.0000	0.1713	0.2941
贫困人口比重	0.9306	0.9162	0.8999
人均抚养系数	0.7132	0.8393	0.9179
外出打工人员比例	0.6658	0.5585	0.0150
儿童入学率	0.0500	0.0130	0.0000
人均受教育年限	0.3889	0.3111	0.1700
千人拥有科技人员数量	0.8700	0.7400	0.5500
参加各类培训人数比例	0.9767	0.9500	0.8113
新型农村合作医疗普及率	1.0000	0.3383	0.2464
新型农村社会养老保险普及率	1.0000	0.9269	0.8496

2007年，安全饮用水户数比例、有效灌溉率、石漠化面积所占比重、参加各类培训人数比例与可持续发展理想状态的距离分别为0.9700、0.9647、0.9604、0.9500，均不小于0.9500，距离可持续发展理想状态差距大，对可持续发展的阻碍作用大。另外，第三产业占总产值比重、新型农村社会养老保险普及率、贫困人口比重、沼气池普及率、25°以上坡耕地面积所占比重与可持续发展理想状态的距离分别为0.9361、0.9269、0.9162、0.9151、0.9030。可见乌箐河小流域2007年可持续发展的限制因子多为生态环境、资源条件和科教卫生方面。

2010年，制约乌箐河小流域可持续发展的因子主要有：有效灌溉率、石漠化面积所占比重、人均抚养系数，与可持续发展理想状态的距离分别是0.9619、0.9522、0.9179，集中于资源条件、生态环境和人口素质方面。

可知，在综合治理前限制乌箐河小流域可持续发展的因子主要有新型农村社会养老保险普及率、沼气池普及率、新型农村合作医疗普及率、安全饮用水户数比例、参加各类培训人数比例、有效灌溉率、电话普及率、第三产业占总产值比重、石漠化面积所占比重、拥有机动车户数比率、贫困人口比重、25°以上坡耕地面积所占比重等，限制因子较多。在综合治理之后，乌箐河小流域可持续发展的主要限制因子为有效灌溉率、石漠化面积所占比重、人均抚养系数。有效灌溉率和石漠化面积所占比重在治理前后一直是可持续发展的限制因子，其中，有效灌溉率较低的原因，一是与当地水利设施的不健全有重要关系；二是该地区水资源短缺，加上近几年的持续大旱，水资源严重不足。石漠化面积所占比重在治理之后虽然有所降低，但降低的幅度较小，与理想值差距较大，急需采取有效措施改善石漠化现状。

11.9 乌箐河小流域可持续发展对策建议

针对目前乌箐河小流域可持续发展的主要限制因子，本章从以下几个方面提出对策措施。

11.9.1 积极探索可用水资源，提升水资源的利用效率，提高有效灌溉率

有效灌溉率对可持续发展的权重值为0.0196，对可持续发展的贡献作用较大，而乌箐河小流域2004年、2007年、2010年的有效灌溉率与可持续发展的理想状态差距分别为0.9734、0.9647、0.9619，差距较大，建议从水资源的来源和水资源的利用两方面进行改进。

“地表水贵如油，地下水滚滚流。”这既是岩溶区水资源状况的真实写照，也是该地区干旱的尴尬所在。虽然年平均降水量达到1000mm左右，但由于地形特殊，又没有完善的水利设施，使地表水难以存留。通过现场勘察，发现该地区蓄水池、引水渠、输水管道等水利设施数量较少，无法科学合理地利用地表可利用水资源。有效灌溉率在三年间增长较小，均处于5%以下，距离理想值85%还有很大差距，需继续争取财政投入，加大水利设施的建设力度，提高水资源的利用效率。同时，应积极探索开发地下水资源，加强流域的地下水调查，解决工程性缺水问题，加强水文地质调查，寻找丰富的地下水资源，打造优质供水井，解决人畜饮水困难，也可为灌溉农田增加可用水资源。

11.9.2 加强森林的管护，继续落实退耕还林还草工程，进一步推进石漠化综合治理

一直以来，石漠化面积所占比重与可持续发展理想状态差距较大，分别为0.9567、0.9604、0.9522，而石漠化面积所占比重在可持续发展中的指标权重为0.3407，是影响可持续发展的最重要因子之一，石漠化土地面积的减少对小流域可持续发展具有重要贡献作用，建议采取以下措施。

石漠化综合治理需要科学的管护来维护和支撑，在生态脆弱、自然条件恶劣的地区更应注重治理后的管护工作，否则边治理边破坏的现象会使治理效果事倍功半。如毕节市在1989—1999年开展水土流失治理面积6414 km^2，而根据1999年的遥感监测，水土流失面积仅减少1016 km^2，这除了统计上报数据有水分和自然环境恶劣影响等原因，造林重造轻管是主要原因（姚建陆，2001），治理了不等于不需要保护了。小流域森林覆盖率在治理前从35.49%下降到24.41%，水土流失及石漠化问题加剧，而在综合治理后提高到40.77%，土壤侵蚀模数和石漠化面积均有所降低，但降低幅度不大，要实现水土流失和石漠化土地的治理，必须注重林草地质量的提高，坚持“在保护中建设，在建设中保护”的方针，尊重自然规律，以科学的办法，促进生态脆弱地区和生态破坏区的植被恢复与建设，要责任到人，分区分片管护新造林及原有林地，使其尽快发挥良好的水土保持和水源涵养等生态功能，推动石漠化的正向演替。同时，应继续调整农村能源结构，推广节柴灶、小沼气等新能源的使用，以减少人为对森林植被的破坏。另外，继续优化小流域景观格局，目前该区仍有近20%的坡耕地，实施坡改梯的力度不够，并不能使山上的坡耕地退下来，需要继续推进坡改梯工程，落实25°以上坡耕地的科学改造，改造中低产田，建设稳产高产基本农田，发展“林—果—粮—畜禽—沼气”立体生态农业，促进退耕还林工程的顺利开展，形成农田数量少而精，林地数量多而优的良好局面，进一步巩固石漠化综合治理效果，使石漠化问题得到有效的控制。在调查过程中，村民向我们反映综合治理种植的核桃要5~7年才挂果，达到盛果期所需的时间更久，有部分农民不满核桃结果晚的现状，将其砍掉，改种粮食作物，对综合治理效果的维护极其不利，因此，本章建议进行核桃优良品种的嫁接，并请林业部门组织科技人员进行技术指导及宣传工作，定期为果农进行管理技能培训，转变其陈旧观念，增强经济林生产的信心。同时，推进草地的种植经营管理及养殖业的发展，为沼气的普及做好材料准备，并为林果作物提供有机肥来源，既有利于生态环境的治理，又能改善山区欠发达的局面。

11.9.3　继续严格控制人口增长，提高人口素质，缓解人均抚养压力

由于该区域的人口密度很大，接近300人/km^2，人口增长率较高，人均抚养系数越来越大，2004年、2007年、2010年人均抚养系数距离可持续发展理想状态的差距分别为0.7132、0.8393、0.9179，建议从以下方面进行改善。

必须严格执行计划生育方针政策，减缓人口出生速率，从政治思想、道德修养、文化素质以及身体素质方面全面提升人口素质，从根源上遏制人口的过快增长，减少抚养基数。同时针对日渐突出的老龄化问题，必须尽快完善新型农村社会养老保险制度，而目前该项目与可持续发展理想状态的差距分别为1.0000、0.9269、0.8496，需在国家的政策支持下继续完善社会保障制度。三年中贫困人口比重与可持续发展理想状态的差距分别为0.9306、0.9162、0.8999，急需从资金投入、人才引进和当地人才培养等方面加大

扶贫力度，人才是致富的敲门砖，不能一味地给予金钱，要采取各种优惠政策，鼓励大学生、科技人员进入山区，带去扶贫的动力，为贫困山区输送人才，提高劳动力的素质和劳动技能，带动产业结构的优化调整，大力发展现代服务业，提高城镇化进程，引导各类资源的优化配置，实现经济快速发展，从根源上早日脱贫致富。只有这样才能降低人均抚养系数，减少劳动力的抚养压力，提高居民幸福指数。

另外，在2011年对乌箐河小流域实地考察时，发现村落环境有了较大改观，临近交通道路的村落，已修建了垃圾池进行垃圾集中处理，而稍偏远的村落并未实施此项工程，因此应在乌箐河小流域继续落实垃圾集中处理工作，实现所有村落包含地理位置较偏远村落的生活垃圾集中处理。长期以来，由于没有规范集中的垃圾堆放场所，村民的生活垃圾随处倾倒，不同程度暴露于村前寨后、公路两旁，村容村貌和群众的生活环境造成恶劣的影响。垃圾池的修建能有效防治垃圾乱堆、乱倒的不良现象，使生态卫生环境明显好转，也能提高群众的环保意识。在今后的工作中，必须制定有效的管理制度，明确专人定期负责焚烧可燃垃圾和清运其他生活垃圾，保证工作长期有效运行，并努力扩大规模，争取尽早实现区域垃圾集中处理全覆盖。

在政策措施落实推广过程中，要注意新问题的出现，及时有效解决。继续推进社会保障制度的实施，使居民真正实现“学有所教，劳有所得，病有所医，老有所养，住有所居”。

参考文献

刘再华 . 碳酸盐岩岩溶作用对大气 CO_2 沉降的贡献 [J]. 中国岩溶，2000，19（4）：293-299.

赵景波，岳应利，张晓龙，等 . 西安南郊夏季土壤碳排放量的变化研究 [J]. 干旱区研究，2003，20（9）：206-210.

曲建升，孙成权，张志强，等 . 全球变化科学中的碳循环研究进展与趋向 [J]. 地球科学进展，2003（6）：980-987.

李阳兵，高明，邵景安，等 . 岩溶山区不同植被群落土壤生态系统特性研究 [J]. 地理科学，2005，25（5）：605-613.

吕文强，王世杰，刘秀明 . 喀斯特原生林土壤呼吸动态变化及其影响因素 [J]. 地球与环境，2011，39（3）：313-317.

程建中，李心清，周志红，等 . 西南喀斯特地区几种主要土地覆被下土壤 CO_2-C 通量研究 [J]. 地球化学，2010，39（3）：258-265.

崔晓晓，罗惠宁，俞元春，等 . 喀斯特峡谷区不同恢复阶段土壤微生物量及呼吸商 [J]. 水土保持学报，2011，25（5）：117-120，139.

邹军，崔迎春，刘延惠，等 . 退化喀斯特植被恢复过程中春季土壤呼吸特征研究 [J]. 水土保持学报，2008，22（2）：195-197，201.

白晓永，熊康宁，李阳兵，等 . 喀斯特山区不同强度石漠化与人口因素空间差异性的定量研究 [J]. 山地学报，2006，24（2）：242-248.

鲍士旦 . 土壤农化分析 [M]. 北京：中国农业出版社，2000：30-34.

蔡崇法，丁树文，史志华，等 . 应用 USLE 模型与地理信息系统 IDRISI 预测小流域土壤侵蚀量的研究 [J]. 水土保持学报 .2000，14（2）：19-24.

蔡德所，王魁，黄景新，等 . 喀斯特峰丛洼地原生林区土壤矿质元素空间异质性研究 [J]. 中国水土保持，2010（5）：33-36.

蔡建琼，于慧芳，朱志洪，等 .SPSS 统计分析实例精选 [M]. 北京：清华大学出版社，2006.

蔡运龙 . 中国西南喀斯特山区的生态重建与农林牧业发展研究现状与趋辫 [J]. 资源科学，1999，21（5）：37-41.

曹斌，林剑艺，崔胜辉 . 可持续发展评价指标体系研究综述 [J]. 环境科学与技术，2010，33（3）：99-105.

曹凤中 . 美国的可持续发展指标 [J]. 环境科学动态，1997（2）：5-8.

曹建华，袁道先，潘根兴 . 岩溶生态系统中的土壤 [J]. 地球科学进展，2003，18（1）：

37-44.

曹建华，蒋忠诚，杨德生，等 . 我国西南岩溶地区土壤侵蚀强度分级标准研究 [J]. 中国水土保持科学，2008，6（6）：1-7.

曹建华，袁道先 . 受地质条件约束的中国西南岩溶生态系统 [M]. 北京：地质出版社，2006：3-5.

曹利军，王华东 . 可持续发展评价指标体系建立原理与方法研究 [J]. 环境科学学报，1998，18（5）：526-532.

陈洪松，王克林 . 西南喀斯特山区土壤水分研究 [J]. 农业现代化研究，2008，28（6）：734-738.

陈晋，陈云浩，何春阳，等 . 基于土地覆盖分类的植被覆盖率估算亚像元模型与应用 [J]. 遥感学报，2001，5（6）：416-423.

陈起伟 . 贵州岩溶地区石漠化的时空变化规律及发展趋势研究 [D]. 贵阳：贵州师范大学，2009.

陈晓平 . 喀斯特山区环境土壤侵蚀特性的分析研究 [J]. 土壤侵蚀与水土保持学报，1997，13（4）：31-36.

程建中，李心清，唐源，等 . 贵州喀斯特地区不同土地利用方式土壤 CO_2 体积分数变化及影响因素 [J]. 生态环境学报，2010，19（11）：2551-2557.

储小院，刘绍娟，孙鸿雁 . 云南省岩溶地区石漠化现状、成因及防治对策 [J]. 林业建设，2012（2）：11-16.

崔宁 . 基于系统动力学的资源型城市可持续发展评价研究：以攀枝花市为例 [D]. 成都：成都理工大学，2011.

崔书红 . 湿润地区的荒漠化 [J]. 第四纪研究，1998，11（2）：173-179.

崔向慧 . 陆地生态系统服务功能及其价值评估：以中国西北荒漠生态系统为例 [D]. 北京：中国林业科学研究院，2009.

戴全厚，刘国彬，刘明义，等 . 小流域生态经济系统可持续发展评价：以东北低山丘陵区黑牛河小流域为例 [J]. 地理学报，2005，2（60）：209-218.

戴万宏 . 农田土壤空气 CO_2 动态和土壤 — 大气界面 CO_2 释放的研究 [D]. 陕西：西北农林科技大学，2002：54-58.

但文红，彭思涛，宋江，等 . 基于农村劳动力经济收入分析的石漠化地区贫困机制研究：以贵州省为例 [J]. 贵州大学学报（社会科学版），2011，29（1）：78-83.

丁访军，高艳平，吴鹏，等 . 喀斯特地区 3 种林型土壤呼吸及其影响因子 [J]. 水土保持学报，2010，24（3）：217-221，237.

丁文峰，李占斌 . 土壤抗蚀性的研究动态 [J]. 水土保持科技情报，2001（1）：36-39.

董慧霞，李贤伟，张健，等 . 不同草本层三倍体毛白杨林地土壤抗蚀性研究 [J]. 水土保持学报，2005，19（3）：70-78.

董全．生态公益：自然生态过程对人类的贡献 [J]. 应用生态学报，1999，10（2）：233-240.

董仁才，余丽军．小流域综合治理效益评价的新思路 [J]. 中国水土保持，2008（11）：22-24.

段文标，陈立新，余新晓．北京山区蒲洼小流域综合治理可持续发展评价与分析 [J]. 中国水土保持科学，2004，2（4）：53-57.

段文标，任翠梅，颜永强，等．关于小流域可持续发展几个问题的思考 [J]. 水土保持通报，2006，26（3）：132-135.

段文标，余新晓，侯旭峰，等．北京山区石匣小流域综合治理可持续发展评价与分析 [J]. 水土保持学报，2002，4（16）：86-90.

凡非得，罗俊，王克林，等，桂西北喀斯特地区生态系统服务功能重要性评价与空间分析 [J]. 生态学杂志，2011，30（4）：804-809.

方精云，刘国华，徐嵩龄．我国森林植被的生物量和净生产量 [J]. 生态学报，1996，16（5）：497-508.

方开囊．实用多元统计分析 [M]. 上海：华东师范大学出版社 .1989.

方学敏，万兆惠，徐永年．土壤抗蚀性研究现状综述 [J]. 泥沙研究，1997，6（2）：88-91.

高圭，常磊，刘世海．山区小流域综合治理可持续发展指标体系及其评价初探 [J]. 水土保持通报，2003，23（4）：72-74.

高杨，吕宁，薛重生，等．不同区域土地利用与土壤侵蚀空间关系研究 [J]. 中国水土保持，2006，11：21-23.

贵州省地方志编纂委员会．贵州省志（农业志）[M]. 贵阳：贵州人民出版社，2001.

贵州省林业厅．贵州省喀斯特石漠化地区生态重建工程建设的探讨 [J]. 贵州林业科技，1998，26（4）：3-6.

郭红艳，王月容，卢琦，等．岩溶石漠化地区生态系统服务价值评价 [J]. 中国岩溶，2013，32（2）：211-217.

郭柯，刘长成，董鸣．我国西南喀斯特植物生态适应性与石漠化治理 [J]. 植物生态学报，2011，35（10）：991-999.

郭培才，王佑民．黄土高原沙棘林地土壤抗蚀性及其指标的研究 [J]. 西北林学院学报，1989，4（1）：80-86.

郭培才，张振中，杨开宝．黄土区土壤抗蚀性预报及评价方法研究 [J]. 水土保持学报，1992，6（3）：48-51.

郭旭东，傅伯杰，陈利顶，等．河北省遵化平原土壤养分的时空变异特征：变异函数与

Kriging 插值分析 [J]. 地理学报，2000，55（5）：555-566.

郭旭东，傅伯杰 . 基于 GIS 和地统计学的土壤养分空间变异特征研究 [J]. 应用生态学报，2000，11（4）：555-563.

郭振春 . 贵州地质灾害的主要类型和诱因及其预防建议 [J]. 贵州地质，2003（02）：103-105.

国家林业局 . 中国石漠化状况公报 [R].2012-06.

韩飞，马红燕，刘仕博，等 . 三种可持续发展评价方法的对比分析 [J]. 长春师范学院学报（自然科学版），2008，27（3）：93-95.

韩鲁艳，贾燕锋，王宁，等 . 黄土丘陵沟壑区植被恢复过程中的土壤抗蚀与细沟侵蚀演变 [J]. 土壤，2009，41（3）：483-489.

郝永红，韩文辉，李晓明 . 区域可持续发展指标体系研究 [J]. 生产力研究，2002（3）：119-121.

何诗意，袁道先，DoTuyet. 越南北部岩溶特征及其相关环境问题 [J]. 中国岩溶，1999，18（1）：89-94.

何永彬，张信宝，文安邦 . 西南喀斯特山地的土壤侵蚀研究探讨 [J]. 生态环境学报，2009，18（6）：2393-2398.

何跃军，刘锦春，钟章成 . 重庆石灰岩地区植被恢复过程土壤酶活性与植物多样性的关系 [J]. 西南大学学报（自然科学版），2008，30（4）：139-144.

河南省林业厅，南阳市人民政府 . 河南省岩溶地区石漠化状况公报 [R].2015-03-20.

贺祥，熊康宁，陈洪云 . 喀斯特石漠化地区不同治理措施下的土壤抗蚀性研究：以贵州毕节石桥小流域为例 [J]. 西南师范大学学报（自然科学版）.2009，34（4）：133-139.

侯元兆，王琦 . 中国森林资源价值核算研究 [J]. 世界林业研究，1995（3）：54-56.

李周，黄正夫 . 农村发展与环境 [M]. 北京：中国环境科学出版社，1998.

胡宝清，曹少英，江洁丽，等 . 广西喀斯特地区可持续发展能力评价及地域分异规律 [J]. 广西科学院学报，2006，22（1）：39-43.

胡海波，魏勇，仇才楼 . 苏北沿海防护林土壤可蚀性的研究 [J]. 水土保持研究，2001，8（1）：150-154.

胡宝清 . 基于 RS 和 GIS 的喀斯特石漠化驱动机制分析：以广西都安瑶族自治县为例 [J]. 山地学报，2004，22（5）：583-590.

胡顺光，张增祥，夏奎菊 . 遥感石漠化信息的提取 [J]. 地球信息科学学报，2010，12（6）：870-878.

胡晓静，齐实，朱国平 . 流域水土保持可持续发展评价研究 [J]. 水土保持学报，2003，17（1）：23-28.

胡忠良，潘根兴，李恋卿，等 . 贵州喀斯特山区不同植被下土壤 C、N、P 含量和空间异

质性 [J]. 生态学报，2009，29（8）：19-23.

华红莲，潘玉君．可持续发展评价方法评述 [J]. 云南师范大学学报，2005，25（3）：65-70.

华孟，王坚．土壤物理学 [M]. 北京：北京农业大学出版社，1992：214-243.

黄湘，李卫红．荒漠生态系统服务功能及其价值研究 [J]. 环境科学与管理,2006,31（7）：42-51.

黄秋昊，蔡运龙，刑小士．中国西南喀斯特山区石漠化治理与区域可持续发展 [J]. AMBIO- 人类环境杂志 .2008，37（5）：372-374.

黄秋昊．基于 RBFN 模型的贵州省石漠化危险度评价 [J]. 地理学报，2005，60（5）：771-778.

黄义端，田积莹，雍绍萍．土壤内在性质对侵蚀影响的研究 [J]. 水土保持学报，1989，3（3）：9-14.

贯若祥，刘毅．长江流域区域可持续发展评价及类型划分 [J]. 华侨大学学报（自然科学版），2004，25（2）：65-68.

江洪，汪小钦，陈星．一种以 FCD 模型从 SPOT 影像提取植被覆盖率的方法 [J]. 地球信息科学，2005，7（4）：113-116.

姜丹玲．广东省岩溶地区石漠化分布特性与防治对策分析 [J]. 广东林业科技，2008，24（2）：109-114.

姜付仁，刘树坤，陆吉康．流域可持续发展的基本内涵 [J]. 中国水利，2002（4）：19-21.

蒋定生．黄土高原水土流失与治理模式 [M]. 北京：中国水利水电出版社，1997.

蒋忠诚，曹建华，杨德生，等．西南岩溶石漠化区水土流失现状与综合防治对策 [J]. 中国水土保持科学，2008，6（1）：37-42.

蒋忠诚．中国南方表层岩溶带的特征及形成机理 [J]. 热带地理，1998，18（4）：34-39.

金波，刘坤．旅游地可持续发展指标体系初探 [J]. 曲阜师范大学学报，1999（1）：102-106.

金平伟，李凯荣．蔡川水土保持示范区综合治理可持续发展评价与分析 [J]. 西北林学院学报，2006，21（2）：5-8.

金平伟，蔡川．水土保持示范区综合治理效益及可持续发展评价研究 [D]. 陕西：西北农林科技大学，2007.

靳芳，鲁绍伟，余新晓，等．中国森林生态系统服务功能及其价值评价 [J]. 应用生态学报，2005，16（8）：1531-1536.

景可，王万忠，郑粉莉．中国土壤侵蚀与环境 [M]. 北京：科学出版社，2005：110-111.

刘岩．喀斯特与岩溶的来龙去脉 [J]. 西部资源，2014（4）：74.

兰国良．可持续发展指标体系建构及其应用研究 [D]. 天津：天津大学，2004.

蓝安军.喀斯特石漠化的驱动因子分析:以贵州省为例[J].水土保持通报,2001,21(6):19-23.

蓝安军.喀斯特石漠化过程、演化特征与人地矛盾分析[J].贵州师范大学学报(自然科学版),2002,20(1):40-45.

郎红东,杨剑虹.土壤CO_2浓度变化及其影响因素研究[J].西南农业大学学报(自然科学版),2004,26(6):731-734.

雷志栋,杨诗秀.土壤空间变异性初步研究[J].水利学报,1985(9):10-21.

黎建涛.喀斯特地区小流域可持续发展评价及政策选择:以毕节石桥小流域为例[D].贵阳.贵州师范大学,2008.

李哈滨,王政权.空间异质性定量研究理论与方法[J].应用生态学报,1998,9(6):651-657.

李建勇,陈桂珠.生态系统服务功能体系框架整合的探讨[J].生态科学,2004,23(2):179-183.

李菊梅,李生秀.几种营养元素在土壤中的空间变异[J].干旱地区农业研究,1998,16(2):58-64.

李亮亮,依艳丽,凌国鑫,等.地统计学在土壤空间变异研究中的应用[J].土壤通报,2005,36(2):265-268.

李苗苗,吴炳方,颜长珍,等.密云水库上游植被覆盖度的遥感估算[J].资源科学,2004,26(4):153-159.

李明,顾咏洁.生态足迹分析法及其在可持续发展研究中的应用[J].企业文化,2006(7):132-134.

李瑞玲,王世杰,熊康宁,等.喀斯特石漠化评价指标体系探讨:以贵州省为例[J].贵州科学,2004,30(4):145-149.

李瑞玲,王世杰,周德全,等.贵州岩溶地区岩性与土地石漠化的空间相关分析[J].地理学报,2003,58(2):314-320.

李生,姚小华,任华东,等.喀斯特地区石漠化生态治理与可持续发展[J].江西农业大学学报,2006,28(3):403-408.

李生,姚小华,任华东,等.喀斯特石漠化成因分析[J].福建林学院学报,2009,29(1):84-88.

李双成,郑度.环境与生态系统资本价值评估的区域范式[J].地理科学,2002(3):270-275.

李苇洁,李安定,陈训.贵州茂兰喀斯特森林生态系统服务功能价值评估[J].贵州科学,2010,28(4):72-77.

李苇洁,汪廷梅,王桂萍,等.花江喀斯特峡谷区顶坛花椒林生态系统服务功能价值评估

[J]. 中国岩溶，2010，29（2）：152-154.

李文华，欧阳志云，赵景柱 . 生态系统服务功能研究 [M]. 北京：气象出版社，2002.

李文华，张彪，谢高地 . 中国生态系统服务研究的回顾与展望 [J]. 自然资源学报，2009，24（1）：1-8.

李文华 . 生态系统服务功能价值评估的理论、方法与应用 [M]. 北京：中国人民大学出版社，2008.

李小昱，雷廷武，王为 . 农田土壤特性的空间变异性及 Kriging 估值法 [J]. 西北农业大学学报，2000，28（6）：30-351.

李小昱，雷延武 . 农田土壤特性的空间变异性及分形特征 [J]. 干旱地区农业研究，2000，18（4）：61-65.

李阳兵，王世杰，魏朝富，等 . 贵州省碳酸盐岩地区土壤允许流失量的空间分布 [J]. 地球与环境，2006，34（4）：36-40.

李阳兵，谢德体，魏朝富 . 岩溶生态系统土壤及表生植被某些特性变异与石漠化的相关性 [J]. 土壤学报，2004，41（2）：196-202.

李阳兵，高明，邵景安，等 . 岩溶山区不同植被群落土壤生态系统特性研究 [J]. 地理科学，2005，25（5）：705-802.

李阳兵，高明，魏朝富，等 . 土地利用对岩溶山地土壤质量性状的影响 [J]. 山地学报，2003，21（1）：41-49.

李阳兵，姜丽，白晓永 . 亚热带喀斯特石漠化土地退化特征研究 [J]. 长江流域资源与环境，2006，15（3）：395-399.

李阳兵，王世杰，容丽 . 关于中国西南石漠化的若干问题 [J]. 长江流域与资源环境，2003，12（6）：593-598.

李阳兵，王世杰，谭秋，等 . 喀斯特石漠化的研究现状与存在的问题 [J]. 地球与环境，2006，34（3）：9-14.

李亦秋 . 喀斯特石漠化地区参与式农村社区发展研究 [J]. 贵州师范大学学报（自然科学版），2004，22（1）：43-46.

李勇，朱显谟，田积莹 . 黄土高原植被根系提高土壤抗冲性的有效性 [J]. 科学通报，1991（12）：935-938.

李勇，吴钦孝，朱显漠，等 . 黄土高原植物根系提高十壤抗冲性能的研究 [J]. 水土保持学报，1990，4（1）：1-5，10.

李有斌 . 生态脆弱区植被的生态服务功能价值化研究 [D]. 兰州：兰州大学，2006.

李忠武，曾光明，张棋，等 . 红壤丘陵区土壤有机质空间异质性分析：以长沙市为例 [J]. 湖南大学学报，2006，33（4）：102-105.

李钟山，陈永良 . 地质统计学中结构分析的理论与方法 [J]. 世界地质，1997，16（3）：

70-82.

林昌虎，朱安国 . 贵州喀斯特山区土壤侵蚀与环境变异的研究 [J]. 水土保持学报，2002，16（1）：9-12.

林敬兰，蔡志发，陈明华，等 . 闽南地区地形坡度与土壤侵蚀的关系研究 [J]. 福建农业学报，2002，17（2）：86-89.

刘宝元，谢云，张科利 . 土壤侵蚀预报模型 [M]. 北京：中国科学技术出版社，2001.

刘定辉，李勇 . 植物根系提高土壤抗侵蚀性机理研究 [J]. 水土保持学报，2003，17（3）：34-37.

刘方，王世杰，刘元生，等 . 喀斯特石漠化过程土壤质量变化及生态环境影响评价 [J]. 生态学报，2005，25（3）：639-644.

刘建忠，郭颖，王六平，等 . 贵州喀斯特石漠化地区生态修复现状及治理措施 [J]. 安徽农业科学，2011，39（19）：11684-11686.

刘世德，李建牢 . 罗玉沟流域坡面土壤侵蚀与土壤理化性质 [J]. 水土保持学报，1989，3（1）：43-50.

刘树，刘少华 . 可持续发展指标体系和评价方法 [J]. 河北大学学报，1999（1）：86-88.

刘铁军 . 应用数学模型编制土壤厚度图的探讨 [J]. 水土保持通报，1988，8（5）：23-29.

刘勇，王凯博，上官周平 . 黄土高原子午岭退耕地土壤物理性质与群落特征 [J]. 植物资源与环境学报，2006，15（2）：42-46.

刘渝琳 . 我国可持续发展指标体系的设计和评价方法探索 [J]. 生态经济，1999（6）：17-20.

刘玉，李林立，赵柯，等 . 岩溶山地石漠化地区不同土地利用方式下的土壤物理性状分析 [J]. 水土保持学报，2004，18（5）：142-145.

刘玉龙，马俊杰，金学林，等 . 生态系统服务功能价值评估方法综述 [J]. 中国人口 · 资源与环境，2005，15（1）：88-92.

刘跃建，李强，马明东 . 四川西北部主要森林植被类型土壤养分库比较研究 [J]. 水土保持学报，2010，24（5）：146-152.

刘长成，魏雅芬，刘玉国 . 贵州普定喀斯特次生林乔灌层地上生物量 [J]. 植物生态学报，2009，33（4）：698-705.

龙健，江新荣，邓启琼，等 . 贵州喀斯特地区土壤石质荒漠化的本质特征研究 [J]. 土壤学报，2005，42（3）：417-427.

龙健，黄昌勇，李娟 . 喀斯特山区土地利用方式对土壤质量演变的影响 [J]. 水土保持学报，2002，16（1）：76-79.

龙健，江新荣，邓启琼，等 . 贵州喀斯特地区土壤石漠化的本质特征研究 [J]. 土壤学报，2005，42（3）：419-427.

楼文高 . 基于 BP 网络的水土保持可持续发展评价模型 [J]. 人民黄河，2007，29（8）：52-54.

鲁叶江，王开运，杨万勤，等 . 缺苞箭竹群落密度对土壤养分库的影响 [J]. 应用生态学报，2005，16（6）：996-1001.

罗俊，王克林，陈洪松 . 喀斯特地区土地利用变化的生态服务功能价值响应 [J]. 水土保持通报，2008，28（1）：19-24.

罗海波，宋光煜，何腾兵，等，贵州喀斯特山区石漠化治理过程中土壤质量特性研究 [J]. 水土保持学报，2004，18（6）：113-116.

罗守贵，曾尊固 . 可持续发展指标体系研究述评 [J]. 人文地理，1999，14（4）：54-59.

马骅，安裕伦 . 基于 GIS 的喀斯特地区生态敏感性及生态系统服务功能价值分析评价：以贵州省毕节地区为例 [J]. 安徽农业科学，2010，38（21）：11340-11344.

马建华 . 西南地区近年特大干旱灾害的启示与对策 [J]. 人民长江，2010，41（24）:7-12.

马立平 . 层次分析法:现代统计分析方法的学与用（七）[J]. 北京统计，2000，125（7）：38-39.

马良瑞，梅再美 . 基于“3S”技术的贵州省喀斯特地区坡耕地资源研究 [J]. 安徽农业科学 .2012，40（3）：1897-1898，1911.

迈尔斯 . 发展与社会指标 [M]. 北京：社会科学出版社，1995.

牛文元 . 中国可持续发展战略报告 [M]. 北京：科学出版社，2000.

欧阳昶，邓德明 . 湖南岩溶地区石漠化综合治理探讨 [J]. 湖南林业科技，2007，34（1）：65-67.

欧阳志云，赵同谦，赵景柱，等 . 海南岛生态系统生态调节功能及其生态经济价值研究 [J]. 应用生态学报，2004，15（8）：1395-1402.

欧阳志云，李文华 . 生态系统服务功能内涵与研究进展 [A]. 李文华，欧阳志云，赵景柱 . 生态系统服务功能研究 [C]. 北京：气象出版社，2002.

欧阳志云，王如松，赵景柱 . 生态系统服务功能及其生态经济价值评估 [J]. 应用生态学报，1999，10（5）：635-640.

欧阳志云，王如松 . 生态系统服务功能、生态价值与可持续发展 [J]. 可持续发展与生态学研究新进展，2000，22（5）：45-49.

欧阳志云，王效科，苗鸿 . 中国陆地生态系统服务功能及其生态经济价值的初步研究 [J]. 生态学报，1999，19（5）：607-613.

潘根兴 . 干旱性地区土壤发生性碳酸盐及其在陆地系统碳转移上的意义 [J]. 南京农业大学学报，1999，22（1）：52-57.

潘竟虎，董晓峰 . 基于 GIS 与 QuickBird 影像的小流域土壤侵蚀定量评价 [J]. 生态与农业环境学报，2006，22（2）：1-5.

潘玉君．“区域可持续发展”概念的试定义 [J]. 中国人口 · 资源与环境，2002，12（4）：127-129．

彭熙，黄英，车家骧，等．不同石漠化等级条件下土壤性状变化规律研究：以贵州喀斯特中心普定站为例 [J]. 中国岩溶，2009，28（4）：402-405．

彭本荣，洪华生．海岸带生态系统服务价值评估：理论与应用研究 [M]. 北京：海洋出版社，2006．

彭贤伟，熊康宁．喀斯特地区可持续发展指标体系构建与可持续发展能力评价 [J]. 中国岩溶，2003，22（1）：18-23．

漆良华，周金星，张旭东，等．湘西北小流域不同植被恢复模式土壤养分库效应 [J]. 东北林业大学学报，2010，38（2）：38-41．

乔家君，许萍，王宜晓等．区域可持续发展指标体系研究综述 [J]. 河南大学学报（自然科学版），2002，32（4）：71-75．

秦彦，沈守云，吴福明．森林生态系统文化功能价值计算方法与应用：以张家界森林公园为例 [J]. 中南林业科技大学学报，2010，30（4）：26-30．

全国土壤普查办公室．中国土壤普查技术 [M]. 北京：中国农业出版社，1992．

阮伏水，吴雄海．关于土壤可蚀性指标的讨论 [J]. 水土保持通报，1996，16（6）：68-72．

沈慧，姜凤岐，杜晓军，等．水土保持林土壤抗蚀性能评价研究 [J]. 应用生态学报，2000，11（3）：345–348．

史德明，韦启藩，梁音，等．中国南方侵蚀土壤退化指标体系的研究 [J]. 水土保持学报，2000，14（13）：1-9．

史德明，杨艳生，姚宗虞．土壤侵蚀调查方法中的侵蚀试验研究和侵蚀量测定问题 [J]. 中国水土保持，1983（6）：21-22．

史东梅，吕刚，蒋光毅，等．马尾松林地土壤物理性质变化及抗蚀性研究 [J]. 水土保持学报，2005，19（6）：35-39．

史海滨，陈亚新．土壤水分空间变异的套合结构模型及区域信息估值 [J]. 水利学报，1994（7）：70-77．

史晓梅．紫色土丘陵区不同土地利用类型土壤伉蚀性特征研究 [D]. 重庆：西南大学，2008．

宋同清，彭晚霞，曾馥平，等．喀斯特峰丛洼地不同植被类型土壤水分空间异质性分析：以广西环江毛南族自治县西南峰丛洼地区为例 [J]. 中国岩溶，2010，29（1）：6-11．

苏维词，周济祚．贵州喀斯特山地的“石漠化”及防治对策 [J]. 长江流域资源与环境，1995，4（2）：177-182．

苏维词．贵州喀斯特山区的土壤侵蚀性退化及其防治 [J]. 中国岩溶，2001，20（3）：

217-223

苏维词．中国西南岩溶山区石漠化治理的优化模式及对策 [J]. 水土保持学报，2002，16（5）：24-27.

苏维词．贵州喀斯特山区的土壤侵蚀性退化及其防治 [J]. 中国岩溶，2001，20（3）：217-222.

苏维词．中国西南岩溶山区石漠化的现状成因及治理的优化模式 [J]. 水土保持学报，2002，16（2）：29-32.

孙武，南忠仁，李保生，等．荒漠化指标体系设计原则的研究 [J]. 自然资源学报，2000，15（2）：160-163.

孙承兴，王世杰，周德全，等．碳酸盐岩差异风化成土特征及其对石漠化形成的影响 [J]. 矿物学报，2002，22（4）：308-314.

孙刚，盛连喜，冯江．生态系统服务的功能分类与价值分类团 [J]. 环境科学动态，2000（1）：19-22.

田积莹，黄义端．子午岭连家贬地区土壤物理性质与土壤抗蚀指标的初步研究 [J]. 土壤学报，1964，12（3）：286-296.

田昆，胡慧蓉，陆梅，等．土壤利用方式改变对滇东南岩溶区土壤特性的影响 [J]. 土壤通报，2004，35（2）：112-116.

屠玉麟．贵州喀斯特地区生态环境问题及其对策 [J]. 贵州环保科技，2000，6（1）：1-6.

万军，蔡运龙，张惠远，等．贵州省关岭县土地利用／土地覆被变化及土壤侵蚀效应研究 [J]. 地理科学，2004，24（5）：573-579.

王春晓，谢世友，王灿．重庆南川岩溶山区土壤抗蚀性变化及预测模型研究 [J]. 农业现代化研究，2009，30（6）：756-760.

王德炉，朱守谦，黄宝龙．贵州喀斯特石漠化类型及程度评价 [J]. 生态学报，2005，25（5）：1057-1063.

王德炉，朱守谦，黄宝龙．石漠化的概念及其内涵 [J]. 南京林业大学学报（自然科学版），2004，28（6）：87-90.

王洪翠，吴承祯，洪伟，等．武夷山风景名胜区生态系统服务价值评价 [J]. 安全与环境学报，2006，6（2）：53-56.

王慧敏，流域可持续发展系统理论与方法 [M]. 南京：河海大学出版社，2000.

王慧敏．流域可持续发展系统的建模 [J]. 资源开发与市场，2003，19（3）：131-134.

王嘉学．人地关系视角下的西南喀斯特石漠化发生与控制 [J]. 云南师范大学学报（哲学社会科学版），2009，41（4）：42-47.

王建峰，谢世友．西南喀斯特地区石漠化问题研究综述 [J]. 环境科学与管理，2008，33（11）：147-152.

王健民，王如松．中国生态资产概论 [M]. 南京：江苏科学技术出版社，2002.

王晶，丁德蓉，何丙辉，等．三峡库区撑绿竹护岸林土壤抗蚀性能研究 [J]. 水土保持学报，2004，18（6）：38-40.

王军，傅伯杰，邱扬，等．黄土高原小流域土壤养分空间异质性 [J]. 生态学报，2002，22（8）：1173-1178.

王军，傅伯杰，邱扬，等．黄土丘陵小流域土壤水分的时空变异特征 — 半变异函数 [J]. 地理学报，2000，55（4）：428-438.

王库．植物根系对土壤抗侵蚀能力的影响 [J]. 土壤与环境，2001，10（3）：250-252.

王魁，马祖陆，蔡德所，等．我国岩溶地区水土流失研究进展及发展趋势 [J]. 中国水土保持，2011（9）：30-34.

王礼先．水土保持学 [M]. 北京：中国林业出版社，1994.

王清，喻理飞，朱金兆，等．石漠化地区不同植被类型土壤抗冲性分析 [J]. 湖南农业科学，2011（23）：57-60.

王世杰，李阳兵，李瑞玲．喀斯特石漠化的形成背景、演化与治理 [J]. 第四纪研究，2003，23（6）：657-666.

王世杰，季宏兵，欧阳自远，等．碳酸盐岩风化成土作用的初步研究 [J]. 中国科学，1999，29（5）：441-449.

王世杰．喀斯特石漠化概念演绎及其科学内涵的探讨 [J]，中国岩溶，2002，21（2）：101-105.

王世杰．有关喀斯特石漠化研究的一些认识 [J]. 贵州林业科技，2006，34（1）：9-15.

王学峰．土壤特性时空变异研究方法的评述与展望 [J]. 土壤学进展，1993，21（4）：42-49.

王学军．空间分析技术与地理信息系统的结合 [J]. 地理研究，1997，16（3）：70-73.

王艳洁．郑小贤．可持续发展指标体系研究概述 [J]. 北京林业大学学报，2001（5）：103-106.

王艳艳，杨明川，潘耀忠，等．中国陆地植被生态系统生产有机物质价值遥感估算 [J]. 生态环境，2005，14（4）：455-459.

王尧．喀斯特地区土壤侵蚀模拟研究：以贵州省乌江流域为例 [D]. 北京：北京大学，2011.

王佑民，郭培才，高维森，等．黄土高原土壤抗蚀性研究 [J]. 水土保持学报，1994，8（2）：11-16.

王宇，张贵．滇东岩溶石山地区石漠化特征及成因 [J]. 地球科学进展，2003，18（6）：933-938.

王玉庆．环境经济学 [M]. 北京：中国环境科学出版社，2002.

王月容，卢琦，周金星，等．喀斯特山区不同石漠化等级下土壤养分贮量与价值评估 [J]. 中国岩溶，2012，31（1）：40-45.

王占礼．中国土壤侵蚀影响因素及其危害分析 [J]. 农业工程学报，2000，16（4）：32-36.

王政权．地统计学及在生态学中的应用 [M]. 北京：科学出版社，1999：69-97.

王志强，刘宝元，海春兴．土壤厚度对天然草地植被盖度和生物量的影响 [J]. 水土保持学报，2007，21（4）：164-167.

韦启潘．我国南方喀斯特区土壤侵蚀特点及防止途径 [J]. 水土保持研究．1996，3（4）：72-76.

韦启蟠，陈鸿昭，吴志东，等．广西弄岗自然保护区石灰土的地球化学特征 [J]. 土壤学报，1983，20（1）：30-42.

魏彬，杨校生，吴明，等．生态安全评价方法研究进展 [J]. 湖南农业大学学报（自然科学版），2009，35（5）：572-579.

魏兴萍，杨华．重庆岩溶地区石漠化分布与地理环境因素的关系 [J]. 重庆师范大学学报（自然科学版），2014，05：60-67，159.

温仲明，焦峰，赫晓慧，等．黄土高原森林边缘区退耕地植被自然恢复及其对土壤养分变化的影响 [J]. 草业学报，2007，16（1）：16-23.

文启孝．土壤有机质研究方法 [M]. 北京：农业出版社，1984：316-318.

吴昌广，吕华丽，周志翔，等．三峡库区土壤侵蚀空间分布特征 [J]. 中国水土保持科学，2012，10（3）：15-21.

吴孔运，蒋忠诚，邓新辉，等．喀斯特石山区次生林恢复后生态服务价值评估：以广西壮族自治区马山县弄拉国家药物自然保护区为例 [J]. 中国生态农业学报，2008，16（4）：1011-1014.

吴岚．水土保持生态服务功能及其价值研究 [D]. 北京：北京林业大学，2007.

吴钦孝，李勇．黄土高原植物根系提高土壤抗冲性能的研究 [J]. 水土保持学报，1990，4（1）：11-16.

吴晓莉，赵纯勇，杨华．重庆市沙坪坝区植被覆盖度的遥感估算 [J]. 石河子大学学报（自然科学版），2005，23（3）：323-325.

吴秀芹，张洪岩，李瑞改，等．ArcGIS 地理信息系统应用与实践 [M]. 北京：清华大学出版社，2007.

吴延熊，陈美兰．流域可持续发展的动态评价 [J]. 南京林业大学学报，2001，25（3）：15-20.

吴彦，刘世全，付秀琴，等．植物根系提高土壤水稳性团粒含量的研究 [J]. 土壤侵蚀与水土保持学报，1997，3（1）：45-49.

吴应科，卢东华. 广西石山地区综合开发与规划 [J]. 地理与地理信息科学，1991，7（2）：1-6.

夏焕柏. 茂兰喀斯特植被不同演替阶段的生物量和净初级生产力估算 [J]. 贵州林业科技，2010，38（2）：2-8.

向志勇. 邵阳县石漠化区不同植被恢复模式生物量及营养元素分布 [D]. 长沙：中南林业科技大学，2010.

肖寒，欧阳志云. 森林生态系统服务功能及其生态价值评估初探 [J]. 应用生态学报，2000，11（4）：481-484.

谢高地，肖玉，鲁春霞. 生态系统服务研究：进展、局限和基本范式 [J]. 植物生态学报，2006，30（2）：191-199.

谢高地，鲁春霞，成升魁. 全球生态系统服务价值评估研究进展 [J]. 资源科学，2001，23（6）：5-9.

谢洪礼. 关于可持续发展指标体系的述评（二）：国外可持续发展指标体系研究的简要介绍 [J]. 统计研究，1999（1）：59-63.

谢洪礼. 关于可持续发展指标体系的述评（三）：国外可持续发展指标体系研究的简要介绍 [J]. 统计研究，1999（2）：61-64.

辛馄，肖笃宁. 生态系统服务功能研究简述 [J]. 中国人口·资源与环境，2002，10（3）：20-22.

熊康宁，黎平，周忠发. 喀斯特石漠化的遥感 GIS 典型研究：以贵州省为例 [M]. 北京：地质出版社，2002.

熊康宁，胡顺光. 贵州喀斯特地区水土流失研究进展 [J]. 贵州师范大学学报（自然科学版），2011，29（4）：106-110.

熊康宁，梅再梅，彭贤伟，等. 喀斯特石漠化生态综合治理与示范：以贵州花江喀斯特峡谷为例 [J]. 贵州林业科技，2006，34（1）：5-8.

徐国祥. 统计预测和决策（第三版）[M]. 上海：上海财经大学出版社，2008.

徐劲原，胡业翠，王慧勇. 近10年广西喀斯特地区石漠化景观格局分析 [J]. 水土保持通报，2012，32（1）：181-184.

徐嵩龄. 生物多样性价值的经济学处理：一些理论障碍及其克服 [J]. 生物多样性，2001，9（3）：310-318.

徐新良，庄大方，贾绍凤，等.GIS 环境下基于 DEM 的中国流域自动提取方法 [J]. 长江流域资源与环境，2004，13（4）：343-348.

徐则民，黄润秋，唐正光，等. 中国南方碳酸盐岩上覆红土形成机制研究进展 [J]. 地球与环境，2005，3（4）：29-36.

徐中民，程国栋. 可持续发展定量研究的几种新方法评价 [J]. 中国人口·资源与环境，

2000（2）：60-64.

徐中民，张志强．可持续发展定量指标体系的分类和评价 [J]. 西北师范大学学报（自然科学版），2000，36（4）：82-87.

许月卿，周巧富，李双成．贵州省降雨侵蚀力时空分布规律分析 [J]. 水土保持通报，2005，25（4）：11-14.

严冬春，文安邦，鲍玉海，等．岩溶坡地土壤空间异质性的表述与调查方法：以贵州清镇市王家寨坡地为例 [J]. 地球与环境，2008，36（2）：130-135.

严茂超．生态经济学新论 [M]. 北京：中国致公出版社，2001.

阎长乐．中国能源发展报告 [M]. 北京：经济管理出版社，1997.

阳柏苏，何平．雪峰山周边地区生态环境质量综合评价 [J]. 湖南农业大学学报：自然科学版，2005，31（6）：317-319.

杨灿．地区可持续发展指标体系研究 [J]. 厦门大学学报（哲学社会科学版），2001（1）：28-41.

杨多贵，陈邵锋，朱文元．可持续发展四大代表性指标体系评述 [J]. 科学管理研究，2001（4）：58-61.

杨光梅，李文华，闵庆文．生态系统服务价值评估研究进展：国外学者观点 [J]. 生态学报，2006，26（1）：205-212.

杨凌，元方，李国平．可持续发展指标体系综述 [J]. 统计与决策（理论版），2007（10）：56-59.

杨明德．论喀斯特环境的脆弱性 [J]. 云南地理环境研究，1990，2（1）：21-29.

杨瑞吉，杨祁峰，牛俊义．表征土壤肥力主要指标的研究进展 [J]. 甘肃农业大学学报，2004，39（1）：86-91.

杨胜天，朱启疆．贵州典型喀斯特环境退化与自然恢复速率 [J]. 地理学报，2000，55（4）：459-466.

杨喜田，董惠英，刘明强，等．太行山荒废地土壤厚度与植被类型的关系研究 [J]. 河南农业大学学报，1999（S1）：8-11.

杨小青，胡宝清．喀斯特石漠化生态系统恢复演替过程中土壤质量特性研究：以广西都安县澄江小流域为例 [J]. 生态与农村环境学报，2009，25（3）：1-5.

杨玉盛，何宗明，陈光水，等．不同生物治理措施对赤红壤抗蚀性影响的研究 [J]. 土壤学报，1999，36（4）：528-534.

杨长春．喀斯特地区土壤侵蚀研究进展 [J]. 中国水土保持，2012（3）：15-18.

姚长宏，蒋忠诚，袁道先．西南岩溶地区植被喀斯特效应 [J]. 地球学报，2001，22（2）：159-164.

姚智，张朴，刘爱明．喀斯特区域地貌与原始森林关系的讨论：以贵州荔波茂兰、望谟麻

山为例 [J]. 贵州地质，2002，19（2）：99-102.

叶文虎，栾胜基 . 论可持续发展的衡量与指标体系 [J]. 世界环境，1996（1）：7-10.

叶文虎，仝川 . 联合国可持续发展指标体系述评 [J]. 中国人口·资源与环境，1997，7（3）：83-87.

尹亮，崔明，周金星，等 . 岩溶高原地区小流域土壤厚度的空间变异特征 [J]. 中国水土保持科学，2013，11（1）：51-58.

于天仁，陈志诚 . 土壤发生中的化学过程 [M]. 北京：科学出版社，1990：336-365.

余波，李贤伟，李守剑 . 可持续发展评价指标体系研究综述 [J]. 四川林勘设计，2006（2）：1-4.

余瞰，柯长青 . 遥感与 GIS 支持下的土壤侵蚀强度快速评价方法研究 [J]. 国土资源遥感，2007（3）：82-84，88.

余怡钰 . 贵州喀斯特石漠化地区水土漏失机理研究 [D]. 上海：同济大学，2009.

喻劲松，梁凯 . 中国西南岩溶地区环境问题分析及其对策 [J]. 中国国土资源经济，2005（3）：17-19.

喻权刚，朱小勇，殷宝库 . 小流域可持续发展能力评价系统研究与开发 [J]. 水土保持研究，2008，15（5）：217-220.

袁道先，蔡桂鸿 . 岩溶环学 [M]. 重庆：重庆科技出版社，1988：199.

袁道先 . 我国西南岩溶石山的环境地质问题 [J]. 世界科技研究与发展，1997（5）：93-97.

袁道先 . 岩溶石漠化问题的全球视野和我国的治理对策与经验 [J]. 草业科学，2008，9（25）：19-25.

袁道先 . 中国岩溶学 [M]. 北京：地质出版社，1993：44-52，92-129.

曾凌云，汪美华，李春梅，等 . 基于 RUSLE 的贵州省红枫湖流域土壤侵蚀时空变化特征 [J]. 水文地质工程地质，2011，38（2）：113-118.

曾宪勤，刘宝元，刘瑛娜，等 . 北方石质山区坡面土壤厚度分布特征：以北京市密云县为例 [J]. 地理研究，2007，27（6）：1281-1289.

张殿发，王世杰，周德全，等 . 土地石漠化的生态地质环境背景及其驱动机制 [J]. 农村生态环境，2002，18（1）：6-10.

张殿发，王世杰，周德全，等 . 贵州省喀斯特地区土地石漠化的内动力作用机制 [J]. 水土保持通报，2001，21（4）：1-5.

张恒，刘宗祥，钱江澎，等 . 四川省岩溶石山地区石漠化分布特征及综合治理建议 [J]. 四川地质学报，2011，31（1）：43-46.

张继光，苏以荣，陈洪松，等 . 喀斯特典型洼地土壤水分的垂直变异研究 [J]. 水土保持通报，2008，28（3）：5-11.

张建辉，何敏蓉．丘陵区土地湿度的空间变异性研究 [J]. 土壤通报，1996，27（2）：61-62．

张金池，康立新，卢义山，等．苏北海堤林带树木根系固土功能研究 [J]. 水土保持学报，1994，8（2）：43-47，55．

张俊民，蔡凤歧，何同康．中国的土壤 [M]. 北京：商务印书馆，1996．

张坤民．可持续发展论 [M]. 北京：中国环境科学出版社，1999：382-401．

张鲁，周跃，张丽彤．国内外土地利用与土壤侵蚀关系的研究现状与展望 [J]. 水土保持研究，2008，15（3）：43-48．

张明阳，王克林，陈洪松，等．喀斯特生态系统服务功能遥感定量评估与分析 [J]. 生态学报，2009，29（11）：5891-5901．

张明阳，王克林，刘会玉，等．喀斯特生态系统服务价值时空分异及其与环境因子的关系 [J]. 中国生态农业学报，2010，18（1）：189-197．

张盼盼，胡远满，肖笃宁，等．一种基于多光谱遥感影像的喀斯特地区裸岩率的计算方法初探 [J]. 遥感技术与应用，2010，25（4）：510-514．

张平仓，丁文峰．我国石漠化问题研究进展 [J]. 长江科学院院报，2008，25（3）：1-5．

张启昌，孟庆繁，兰晓龙．黄土低山丘陵土壤抗蚀性影响因素的初步研究 [J]. 水土保持通报，1996，16（3）：23-26．

张清春，刘宝元，翟刚．植被与水土流失综述 [J]. 水土保持研究，2002，9（4）：97-101．

张仁铎．空间变异理论及应用 [M]. 北京：科学出版社，2005．

张伟，陈洪松，王克林．种植方式和裸岩率对喀斯特洼地土壤养分空间分以特征的影响 [J]. 应用生态学报，2007，18（7）：1459-1463．

张卫民．基于熵值法的城市可持续发展评价模型 [J]. 厦门大学学报（哲学社会科学版），2004（2）：109-115．

张雯雯，李新举，陈莉莉，等．泰安市平原土地整理项目区土壤质量评价 [J]. 农业工程学报，2008，24（7）：106-109．

张信宝，王世杰，曹建华，等．西南喀斯特山地水土流失特点及有关石漠化的几个科学问题 [J]. 中国岩溶，2010，29（3）：274-279．

张信宝，王世杰，贺秀斌，等．碳酸盐岩风化壳中的土壤蠕滑与岩溶坡地的土壤地下漏失 [J]. 地球与环境，2007，35（3）：202-206．

张学志，陈功玉．AHP 与 Delphi 法相结合确定供应商评价指标权重 [J]. 物流技术，2005（9）：71-74．

张永利，杨锋伟，王兵，等．中国森林生态系统服务功能研究 [M]. 北京：科学出版社，2008．

张有山，林启美．大比例尺区域土壤养分空间变异定量分析 [J]. 华北农学报，1998，13（1）：122-128．

[317] 张振国，范变娥，白文娟，等．黄土丘陵沟壑区退耕地植物群落土壤抗蚀性研究 [J]. 中国水土保持科学，2007，5（1）：7-13.

张振国，黄建成，焦菊英，等．安塞黄土丘陵沟壑区退耕地植物群落土壤抗蚀性分析 [J]. 水土保持研究，2008，15（1）：28-31.

章文波，谢云，刘宝元．用雨量和雨强计算次降雨侵蚀力 [J]. 地理科学，2002，22（6）：705-711.

赵军，杨凯．生态系统服务价值评估研究进展 [J]. 生态学报，2007，27（1）：346-356.

赵景柱，徐亚骏，肖寒，等．基于可持续发展综合国力的生态系统服务评价研究：13个国家生态系统服务价值的核算 [J]. 系统工程理论与实践，2003，23（1）：121-127.

赵士洞，张永民．生态系统评估的概念、内涵及挑战：介绍《生态系统与人类福利：评估框架》[J]. 地球科学进展，2004，19（4）：650-657.

赵同谦，欧阳志云，郑华，等．中国森林生态系统服务功能及其价值评价 [J]. 自然资源学报，2004，19（4）：480-491.

赵晓光，石辉．水蚀作用下土壤抗蚀能力的表征 [J]. 干旱区地理，2003，26（1）：12–16.

赵英时．遥感应用分析原理与方法 [M]. 北京：科学出版社，2003.

郑继勇，邵明安，张兴昌．黄土区坡面典型土壤容重和饱和导水率空间变异特征 [J]. 水土保持学报，2004，18（3）：53-56.

郑永春，王世杰．贵州山区石灰土侵蚀及石漠化的地质原因分析 [J]. 长江流域资源与环境，2002，11（5）：461-465.

中国科学院可持续发展研究组．中国可持续发展报告 [M]. 北京：科学出版社，1999.

中国森林资源核算及纳入人绿色 GDP 研究项目组编．绿色国民经济框架下的中国森林核算研究 [M]. 北京：中国林业出版社，2010.

中国水土保持小流域可持续发展研讨会．中外官员、专家讲话摘要 [S]. 中国水土保持，2006.

中华人民共和国林业行业标准．森林生态系统服务功能评估规范 [S]. 国家林业局，2008.

中华人民共和国林业行业标准．森林土壤分析方法 [S]. 国家林业局，1999：106-107.

周德全，王世杰，张殿发．关于喀斯特石漠化研究问题的探讨 [J]. 矿物岩石地球化学通报，2003，22（2）：127-132.

周慧珍，龚子同．土壤空间变异性研究 [J]. 土壤学报，1996，33（3）：232-241.

周游游，时坚，刘德深．峰丛洼地的基岩物质组成与土地退化差异分析 [J]. 中国岩溶，2001，20（1）：35-39.

周跃．欧美坡面生态工程原理及应用的发展现状 [J]. 水土保持学报，1999，5（1）：79-85.

周运超，王世杰，卢红梅．喀斯特石漠化过程中土壤的空间分布 [J]. 地球与环境，2010，

38（1）：1-7．

周政贤．茂兰喀斯特森林科学考察集 [M]. 贵阳：贵州人民出版社，1987：1-23．

周政贤．贵州石漠化退化土地及植被恢复模式 [J]. 贵州科学，2002，20（1）：1-6．

朱阿兴，李宝林，杨琳，等．基于 GIS、模糊逻辑和专家知识的土壤制图及其在中国的应用前景 [J]. 土壤学报，2005，42（5）：844-851．

朱安国，林昌虎，杨宏敏，等．贵州山区水土流失影响因素综合评价研究 [J]. 水土保持学报，1994（4）：17-24．

朱启贵．可持续发展评估 [M]. 上海：上海财经大学出版社，1999：112-115．

朱守谦．喀斯特森林生态研究（Ⅲ）[M]. 贵阳：贵州科学技术出版社，2003．

宗文君，蒋德明，阿拉木萨．生态系统服务价值评估的研究进展 [J]. 生态学杂志，2006，25（2）：212-217．

Adger W N，Brown K，Cevrigin R，et al.Total economic value of forest in Mexico[J].Royal Swedish Academy of Sciences，1995，24（5）：286-296.

Hammond A L，Adriaanse，Albert，et a1.Environmental indicators：a systematic approach to measuring and reporting on environmental policy performance in the context of sustainable development[M].Washington，DC，1995.

Yingqi G，Weici S，Tairong H.Analysis of Influencing Factors on Soil Moisture Content in Karst Areas：A Case Study in Guizhou Province，China[J].International Conference on Advanced Management Science，2010（44）：1011-1018.

Anderson J M.Carbon dioxide evolution from two temperate，deciduous woodland soils[J]. Journal of Applied Ecology，1973，10（2）：361-378.

Anne M A，John A L，Michael M，et al.A method of valuing global ecosystem services[J]. Ecological Economies，1998，27（2）：161-170.

Arizona Master Gardener Manual.An essential reference for gardening in the desert southwest. Produced by the Cooperative Extension，College of Agriculture，The University of Arizona，Chapter 2.1998：15-17.

Bathgate J D，Duram L A.A geographic information systems based landscape classification model to enhance soil survey：A southern Illinois case study[J].Journal of soil and water conservation，2003，58（3）：119-127.

Batjes N H.Total carbon and nitrogen in soils of the world[J].European Journal of Soil Science，1996，47（2）：151-163.

Bingham G，Bishop R，Brody M，et al.Issues in ecosystem valuation：Improving information of decision making[J] .Ecological Economics，1995，14（2）：73-90.

Bishop R C，Champ P A，Brown T C，et al.Measuring non-use values：theory and empirical applications[J].Determining the Value of Non-Marketed Goods，1997，10（41）：59-81.

Brown T C，Gregory R.Why the WTA-WTP disparity matters[J].Ecological Economics，1999，28（3）：323-335.

Sundberg C，Svensson G，Sodebreg H.Re-framing the assessment of sustainable stormwater systems[J].Clean Technologies and Environmental Policy，2004，6（2）：120-127.

Constanza R，Arge R，Groot R D，et al.The value of the world's ecosystem services and natural capital[J].Nature，1997，387：253-260.

Daily G C.Introduction：What are ecosystem services？[M].Gretchen C.Daily，2000.

Loomes R，Neil K.Nature's Services：Societal Dependence on Natural Ecosystems[J].Pacific Conservation Biology，2000，6（3）：270-274.

Daly H E.The return of Lauderdale's paradox[J].Ecological Economics，1998，25（1）：21-23.

David D B，Jeffrey J W，Mathew P J，et al.Wind and water erosion and transport in semiarid scrublands，grassland and forest ecosystem：quantifying dominance of horizontal wind-driven transport[J].Earth Surface Processes and Landforms，2003，28（11）：1189-1209.

Davidson E C，Belk E，Boone R D.Soil water content and temperature as independent or confounded factors controlling soil respiration in a temperate mixed hardwood forest[J].Global Change Biology，1998，4（2）：217-227.

Devuyst D，Hens L.Introducing and Measuring Sustainable Development Initiatives by Local authorities in Canada and Flnaders（Belgium）：A Comparative study Environment[J].Development and sustainbaility，2000，2（2）：81-105.

Doner H E，Lynn W C.Carbonate，halide，sulfate，and sulfide minerals[J].Soil Science Society of America，1989：279-330.

Dumanski J.A Framework for Evaluation of Sustainable and Management for the 21st Century [M].University of lethbrige，Canada：1993.

Edwards N T.Effects of temperature and moisture on carbon dioxide evolution in a mixed deciduous forest floor[J].Soil Science Society of America，1974，39（2）：361-365.

England C B，Holtan H N.Geomorphic grouping of soils in watershed engineering[J].Journal of Hydrology，1969，7（2）：217-225.

Eswaran H，Stewart B A，Kimble J M，et al.Global Climate Change and Pedogenic Carbonates[M].Florida：Lewis Publishers，1999.

Farber S C，Costanza R，Wilson M A.Economic and ecological concepts for valuing ecosystem services[J].Ecological Economics，2002，41（3）：375-392.

Fierer N，Allen A S，Schimel J P，et al.Controls on microbial CO_2 production：a comparison of surface and subsurface soil horizons[J].Global Change Biology，2003，9（9）：1322-1332.

Fitzjohn C，Ternan J L，Williams A G.Soil moisture variability in a semiarid gully catchment：Implications for runoff and erosion control[J].Catena，1998，32（1）：55-70.

Flatman G T，England E J，Y fantis A A.Geostatistical approaches to the design of sampling regimes.in：Keith L H（Ed1）.Principles of Environmental Sampling.ACS Professional Reference Book，Washington D C：American Chemical Society，1987.

Ford D C，Williams P W.Karst Geomorphology and Hydrology[M].London：Unwin Hyman Ltd，1989.

Fuping Z，Wanxia P，Tongqing S，et al.Changes in Vegetation after 22 years'natural restoration in the Karst disturbed area in northwestern Guangxi，China[J].Acta Ecologica Sinica，2007，27（12）：5110-5119.

Furley P A.Soil formation and slope development：2.The relationship between soil formation and gradient angle in the Oxford area[J].Zeitschrift fur Geomorphologie，1968，12：25-42.

Gessler P E，Chadwich O A，Chamran F.et al.Modeling soil-landscape and Ecosystem properties using terrain attributes[J].Soil Science society of America，1999，64（6）：2046-2056.

Gillette D A，Stensland G J，Williams A L，et al.Emissions of alkaline elements calcium，magnesium，potassium，and sodium from open sources in the contiguous United States[J].Global Biogeochemical Cycles，1992，6（4）：437-457.

Glinka K D.The great soil groups of the world and Their development[J].University of Chicago Press，1928，36（4）：376-380.

Gregorich E G，Anderson D W.Effects of cultivation and erosion on soils of four toposequences in Canadian pairies[J].Geoderma，1985，36（4）：343-354.

Gutman G，Ignatov A.The derivation of the green vegetation fraction from NOAA/AVHRR data for use in numerical weather prediction models[J].International Journal of Remote Sensing，1998，19（8）：1533-1543.

Hanemann W M.Willingness to pay and willingness to accept：how much can they differ [J].The American Economic Review，1991，81（3）：635-647.

Harden J W，Taylor E M，Hill C，et al.Rates of soil development from four soil chronosequences in the southern Great Basin[J].Quaternary Research，1991，35（3）：383-399.

Howard T，Odum，Eugene P.Odum.The energetic basis for valuation of ecosystem services[J].Ecosystems，2000，3（1）：21-23.

Howarth R B，Farber S.Accounting for the value of ecosystem services[J].Ecological Economics 2002，41（3）：421-429.

Hudson B D.The soil survey as paradigm-based science[J].Soil Science Society of America.1991，56（3）：836-841.

Jassal R S，Black T A，Drewitt G B，et al.A model of the production and transport of CO_2 in soil：predicting soil CO_2 concentrations sand CO_2 efflux from a forest floor[J].Agricultural and Forest Meteorology，2004，124（3）：219-236.

Jenny H.E.W.Hilgard and the Birth of Modern Soil Science[M].Collana Della Rivista Agrochimica，1961.

Khanna P K，Ludwig B，Bauhus J，et al.Assessment and significance of labile organic C pools in forest soils[J].Assessment methods for soil carbon.Lewis Publ.Boca Raton，F L.Assessment and significance of labile organic C pools in forest soils，2001：167-182.

Kiefer R H.Soil carbon dioxide concentrations and climate in a humid subtropical environment[J].The Professional Geographer，1990，42（2）：182-194.

King G J，Action D F，Arnaud R J.Soil-landscape analysis in relation to soil distribution and mapping at a site within the Weyburn association[J].Soil Science，1983，63（4）：657-670.

Kohut C，Dudas M J，Muehlenbachs K.Authigenic dolomite in a saline soil in Alberta，Canada[J].Soil Science Society of America，1994，59（5）：1499-1504.

Lal R，Kimble J M.Inorganic carbon and the global carboin cycle：research and development priorities.In Global Climate Change and Pedogenic Carbonates.Lal R，Kimble J M，Eswaran H，Stewart B A（eds）.Lewis Publishers：Florida，2000：291-302.

Legrand H E.Hydrological and Ecological Problems of Karst Regions Hydrological actions on limestone regions cause distinctive ecological problems[J].Science，1973，179（1）：859-864.

Leprieur C，Verstraete M M，Pinty B.Evaluation of the performance of various vegetation indices to retrieve vegetation cover from AVHRR data[J].Remote Sensing Review，1994，10（4）：265-284.

Li Z P，Han F X，Su Y，et al.Assessment of soil organic and carbonate carbon storage in China[J].Geoderma，2007，138（1）：119-126.

Zhou L，Chen X，Li X，et al.Nitrate vertical transport and simulation in soils of rocky desertification in Karst regions，Southwest China[J].Environmental Earth Sciences，2011，63（2）：273-278.

Liang X，Wood E F，Lettenmaier D P.Surface soil moisture parameterization of the VIC-2L model：Evaluation and modification[J].Global and Planetary Change，1996，13（1）：195-206.

Liu X，Wan S，Su B，et al.Response of soil CO_2 efflux to water manipulation in a tallgrass prairie ecosystem[J].Plant and Soil，2002，240（2）：213-223.

Mccool D K，Brown L C，Foster G R，et al.Revised slope steepness factor for the universal soil loss equation[J].American Society of Agricultural and Biological Engineer, 1987, 30（5）: 1387-1396.

Hans Jenny.Factors of soil formation：A System of Quantitative[M].Dover Publications Inc, 1988.

Mermut A R, Amundson R, Cerling T E.The use of stable isotopes in studying carbonate dynamics in soils（ed.Lal, R.）, Global Climate Change and Pedogenic Carbonates, Florida：CRC Press, 2000：65-85.

Mi N A, Wang S, Liu J, et al.Soil inorganic carbon storage pattern in China[J].Global Change Biology, 2008, 14（10）: 2380-2387.

Mooney H, Cropper A.Ecosystems and Human Well-Being：A Framework for Assessment. Report of the Conceptual Framework Working Group of the Millennium Ecosystem Assessment[M]. Washington：Island Press, 2005.

Norton E A, Smith R S.The influence of topography on soil profile character[J].J.Am.Soc. Agron, 1930, 22：251-262.

Odum H T, Odum E P.The energetic basis for valuation of ecosystem services[J].Ecosystems, 2000, 3（1）: 21-23.

Opschoor J B.The value of ecosystem services：whose values?[J].Ecological Economics, 1998, 25（1）: 41-43.

Parton W J, Scurlock J M O, Ojima D S, et al.Observations and modeling of biomass and soil organic matter dynamics for the grassland biome worldwide[J].Global biogeochemical cycles, 1993, 7（4）: 785-809.

Perrings C, Folke C, Maler K G.The ecology and economics of biodiversity loss：the research agenda[J].Ambio, 1992, 21（3）: 201-211.

Post W M, Kwon K C.Soil carbon sequestration and land-use change：processes and potential[J].Global change biology, 2000, 6（3）: 317-327.

Kheir R B, Abdallah C, Khawlie M.Assessing soil erosion in Mediterranean karst landscapes of Lebanon using remote sensing and GIS[J].Engineering Geology, 2008, 99（3）: 239-254.

Raich J W.Global patterns of carbon dioxide emissions from soils[J].Global Biogeochemical Cycles, 1995, 9（1）: 23-26.

Sugumaran R, Meyer J C, Dvais J.A Web-based environmental decision support system（WEDSS）for environmental planning and Watershed management[J].Journal of Geographical, 2004, 6（3）: 307-322.

Weesies G A, mccool D K, Yoder D C.Predicting soil erosion by water：A guide to conservation planning with the Revised Universal Soil Loss Equation（RUSLE）[M].Washington，DC:United States Department of Agriculture，1997.

Rhoton F E，Lindbo D L.A soil depth approach to soil quality assessment[J].Journal of soil and water conservation，1997，52（1）：66-72.

Costanza R，Arge R，De Groot R，et al.The value of ecosystem services：Putting the issues in perspective[J].Ecological economics，1998，25（1）：67-72.

Hueting R，Reijnders L，Boer B，et al.The concept of environmental function and its valuation[J].Ecological Economics，1998，25：31-35.

Seidl A F，Moraes A S.Global valuation of ecosystem services：Application to the Pantanal da Nhecolandia，Brazil.Ecological Economics，2000（3）：1-6.

Serafy S E.Pricing the invaluable：the value of the world's ecosystem services and natural capital[J].Ecological Economics，1998，25：25-27.

Smith D D.Interpretation of soil conservation data for field use[J].Agricultural Engineering，1941，22：173-175.

Carpenter S R，Turnerl M.Opening the black boxes：Ecosystem science and economic valuation[J].Ecosystems，2000，3（1）：4-10.

Takken I，Govers G，Jetten V，et al.Effects of tillage on runoff and erosion patterns[J].Soil and Tillage Research，2001，61（1）：55-60.

Toman M.Why not to calculate the value of the world's ecosystem services and natural capital[J].Ecological Economics，1998，25：57-60.

United States Department of Agriculture（USDA）.Soil Taxonomy：A Basic System of Soil Classification for Making and Interpreting Soil Survey[M].1999.

Sevreiss V B，Butcher J B，Diamond J，et al.Improving the TMDL process Using watertershed Risk Assessment principles[J].Environmental Management，2005，36（1）：143-151.

Wang S J，Liu Q M，Zhang D F.Karst rocky desertification in southwestern China：Geomorphology，landuse，impact and rehabilitation[J].Land degradation & Development，2004，15（2）：115-121.

Western A W，Bloschl G，Grayson R B.Geostatistical characterisation of soil moisture patterns in the Tarrawarra catchment[J].Journal of Hydrology，1998，205（1）：20-37.

Wischmeier W H，Smith D D.Predicting rainfall erosion losses from cropland east of the Rocky Mountains：a guide to conservation planning[M].Washington D C：USDA，1978.

Wu H B，Guo Z T，Gao Q，et al.Distribution of soil inorganic carbon storage and its changes due to agricultural land use activity in China[J].Agriculture，Ecosystems & Environment，

2009，129（4）：413-421.

Yuan D X.Rock desertification in the subtropical karst of south China[M].Gerbuder Borntraeger，1997.

Zingg A W.Degree and length of land slope as it affects soil loss in run-off[J].Agricultural Engineering，1940，21：59-64.

Lal R，Kimble J M.Inorganic carbon and the global carbon cycle：research and development priorities.In Global Climate Change and Pedogenic Carbonates，Lal R，Kimble J M，Eswaran H，Stewart B A（eds）.Lewis Publishers：Florida.2000：291-302.